21世纪高等学校计算机教育实用规划教材

Java Web项目实训教程

孙道贺 主 编
周建锋 副主编
张 蕊 尉寅玮 编 著

清华大学出版社
北京

内 容 简 介

本书从实用的角度出发，为 Java Web 开发人员提供一个完整的基于 MVC 设计模式的招生考试报名系统；采用软件工程的思想，按照系统需求分析、数据库设计、架构设计、模块编码实现的次序组织内容。全书共分为 13 章，第 1 章侧重讲解系统实现时用到的技术，包括 HTML、CSS、JSP 基本内置对象、EL 表达式、JSTL、Servlet 和过滤器等；第 2 章介绍系统需求；第 3 章是数据库设计；第 4 章是站点资源组织与用户界面设计，体现了系统的 MVC 模式设计，后续人员的分工合作基于此展开；第 5～13 章讲解具体的模块实现代码和使用的关键技术。

书中总结出了 Java Web 项目中常用的技术要点，例如验证码生成与使用、密码的加密与解密、表单验证、数据库连接、中文乱码问题、过滤器与监听器使用、JspSmartUpload 组件应用、Jxl 组件操作 Excel 表等；编制了 Java Web 开发技术要点索引，方便读者查阅。

本书可以作为高等院校和职业院校学生学习 Java Web 应用程序开发课程的教材，也可以作为 Java Web 应用开发人员的参考用书。

图书在版编目(CIP)数据

Java Web 项目实训教程/孙道贺主编. —北京：清华大学出版社，2016（2021.12重印）
21 世纪高等学校计算机教育实用规划教材
ISBN 978-7-302-44171-7

Ⅰ. ①J…　Ⅱ. ①孙…　Ⅲ. ①JAVA 语言－程序设计－高等学校－教材　Ⅳ. ①TP312

中国版本图书馆 CIP 数据核字(2016)第 148586 号

责任编辑：刘向威　薛　阳
封面设计：常雪影
责任校对：梁　毅
责任印制：杨　艳

出版发行：清华大学出版社
　网　　址：http://www.tup.com.cn，http://www.wqbook.com
　地　　址：北京清华大学学研大厦 A 座　　**邮　　编**：100084
　社 总 机：010-62770175　　**邮　　购**：010-83470235
　投稿与读者服务：010-62776969，c-service@tup.tsinghua.edu.cn
　质量反馈：010-62772015，zhiliang@tup.tsinghua.edu.cn
　课件下载：http://www.tup.com.cn，010-83470236
印 刷 者：北京国马印刷厂
经　　销：全国新华书店
开　　本：185mm×260mm　**印　张**：15.75　**字　　数**：385 千字
版　　次：2016 年 9 月第 1 版　**印　　次**：2021 年 12 月第 8 次印刷
印　　数：7501～8500
定　　价：39.00 元

产品编号：067108-02

出版说明

随着我国高等教育规模的扩大以及产业结构调整的进一步完善，社会对高层次应用型人才的需求将更加迫切。各地高校紧密结合地方经济建设发展需要，科学运用市场调节机制，合理调整和配置教育资源，在改革和改造传统学科专业的基础上，加强工程型和应用型学科专业建设，积极设置主要面向地方支柱产业、高新技术产业、服务业的工程型和应用型学科专业，积极为地方经济建设输送各类应用型人才。各高校加大了使用信息科学等现代科学技术提升、改造传统学科专业的力度，从而实现传统学科专业向工程型和应用型学科专业的发展与转变。在发挥传统学科专业师资力量强、办学经验丰富、教学资源充裕等优势的同时，不断更新教学内容、改革课程体系，使工程型和应用型学科专业教育与经济建设相适应。计算机课程教学在从传统学科向工程型和应用型学科转变中起着至关重要的作用，工程型和应用型学科专业中的计算机课程设置、内容体系和教学手段及方法等也具有不同于传统学科的鲜明特点。

为了配合高校工程型和应用型学科专业的建设和发展，急需出版一批内容新、体系新、方法新、手段新的高水平计算机课程教材。目前，工程型和应用型学科专业计算机课程教材的建设工作仍滞后于教学改革的实践，如现有的计算机教材中有不少内容陈旧(依然用传统专业计算机教材代替工程型和应用型学科专业教材)，重理论、轻实践，不能满足新的教学计划、课程设置的需要；一些课程的教材可供选择的品种太少；一些基础课的教材虽然品种较多，但低水平重复严重；有些教材内容庞杂，书越编越厚；专业课教材、教学辅助教材及教学参考书短缺，等等，都不利于学生能力的提高和素质的培养。为此，在教育部相关教学指导委员会专家的指导和建议下，清华大学出版社组织出版本系列教材，以满足工程型和应用型学科专业计算机课程教学的需要。本系列教材在规划过程中体现了如下一些基本原则和特点。

(1) 面向工程型与应用型学科专业，强调计算机在各专业中的应用。教材内容坚持基本理论适度，反映基本理论和原理的综合应用，强调实践和应用环节。

(2) 反映教学需要，促进教学发展。教材规划以新的工程型和应用型专业目录为依据。教材要适应多样化的教学需要，正确把握教学内容和课程体系的改革方向，在选择教材内容和编写体系时注意体现素质教育、创新能力与实践能力的培养，为学生知识、能力、素质协调发展创造条件。

(3) 实施精品战略，突出重点，保证质量。规划教材建设仍然把重点放在公共基础课和专业基础课的教材建设上；特别注意选择并安排一部分原来基础比较好的优秀教材或讲义修订再版，逐步形成精品教材；提倡并鼓励编写体现工程型和应用型专业教学内容和课程体系改革成果的教材。

(4) 主张一纲多本，合理配套。基础课和专业基础课教材要配套，同一门课程可以有多本具有不同内容特点的教材。处理好教材统一性与多样化，基本教材与辅助教材，教学参考书，文字教材与软件教材的关系，实现教材系列资源配套。

(5) 依靠专家，择优选用。在制订教材规划时要依靠各课程专家在调查研究本课程教材建设现状的基础上提出规划选题。在落实主编人选时，要引入竞争机制，通过申报、评审确定主编。书稿完成后要认真实行审稿程序，确保出书质量。

繁荣教材出版事业，提高教材质量的关键是教师。建立一支高水平的以老带新的教材编写队伍才能保证教材的编写质量和建设力度，希望有志于教材建设的教师能够加入到我们的编写队伍中来。

21 世纪高等学校计算机教育实用规划教材编委会

联系人：魏江江 weijj@tup.tsinghua.edu.cn

前　言

云计算、大数据等网络服务是当前计算机行业发展的热点，这些应用大多基于网站作为其应用接入方式。Java 技术因其优越性能，在网络服务方面占有一席之地。在计算机培训市场已经形成了基于 Java 的一系列培训课程。目前有关 Java Web 应用的书籍较多，有的是技术参考书，有的是以技术知识点讲解为主的教材。这些书籍中设计的示例编码规模相对较小，系统设计与实际应用也存在一定差距，学生学会了知识点，却体会不到如何用软件工程的方法去设计软件，不能满足应用技术型人才培养的需要。

天津理工大学中环信息学院 2012 年获批招收专升本学生，结合专升本招生工作的需要，自主开发了一个在线网络报名系统。系统采用 Tomcat 服务器，MySQL 数据库，运用 HTML、JavaScript、JSP、Servlet、过滤器、监听器等编程语言和技术，遵循 MVC 框架模式要求，构建了一个基于 B/S 模式的在线专升本招生报名管理信息系统。在此系统基础上，组织人员按照软件工程的思想，对该系统需求分析、站点资源组织规划、设计与实现等进行了梳理，并编写了本书，以期满足应用技术型计算机人才的培养需要。

本书侧重实践教学，结合实际项目，按照网站开发过程，系统、全面地介绍了如何应用 Java Web 的基本技术开发 Web 应用。本书编写突出以下特点。

(1) 突出“软件工程”的思想，展示一个典型的基于 B/S 的管理信息系统的设计实现过程，尽管软件规模不大，但足以让读者真实体会学习管理信息系统类软件的设计实现过程。

(2) 贯穿“项目驱动”的思想，紧紧围绕系统实现时所使用的技术进行组织安排编写本书，密切结合 MyEclipse 软件，讲解具体技术工程化实现办法。理论部分以够用为度，部分未使用到的技术已经略去。

本书第 1 章侧重系统中所用技术的讲解，包括 HTML、CSS、JSP 基本内置对象、EL 表达式、JSTL、Servlet 和过滤器等。每个知识点都有典型的示例演示，其中，Servlet、过滤器、JSTL 等是结合系统使用方式，使用 MyEclipse 软件，独立设计的小型示例，使读者可以清楚数据的传递流程。第 2 章介绍系统需求，第 3 章是项目数据库设计，第 4 章是站点资源组织与用户界面设计，体现了系统的 MVC 模式设计，后续人员的分工合作是基于此展开的。从第 5 章开始介绍系统的设计实现过程，侧重代码的实现、数据流程讲解。第 5 章介绍过滤器在系统中的使用，第 6 章是用户模块的设计实现，第 7 章是招考信息管理模块的实现，第 8 章介绍监听器的作用，第 9 章是在线报名与打印模块设计，第 10 章是报考信息管理与现场确认模块的实现，第 11 章是考号与考场分配功能模块的实现，第 12 章是成绩管理模块的实现，第 13 章是数据库备份与恢复。

本书可以作为高等院校和职业院校学生学习 Java Web 应用程序开发课程的教材，也可以作为 Java Web 应用开发人员的参考用书。

本书由孙道贺、周建锋、张蕊、尉寅玮编著，孙道贺任主编并负责统稿，周建锋任副主编，其中第 1 章、第 6 章由孙道贺编写，第 2 章、第 4 章、第 5 章、第 8 章由周建锋编写，第 3 章、第 7 章由张蕊编写，第 9～13 章由尉寅玮编写。另外，杨帆参与了系统的设计和测试工作，协助完成本书资料收集与整理工作。

感谢读者选择使用本书，由于作者水平有限，时间仓促，书中难免有疏漏和不当之处，敬请广大读者提出意见和建议，作者将不胜感激。

编　者

目　　录

第1章 Java Web 开发基础

围绕招生报名系统开发需要，本章逐一介绍 HTML、CSS、JSP、Servlet、JavaBean、过滤器、EL、JSTL 等网站开发技术；详细讲解了 JSP 内置对象 request、response 和 session；通过示例描述了数据在这些对象间的流动过程；使用 Servlet、JavaBean、过滤器技术实现 MVC 模式，实现了业务、控制和显示的分离；使用 EL、JSTL 进一步提高了代码的可读性、可维护性。

1.1 Web 应用基础

1.1.1 因特网与万维网

1. 因特网

因特网(Internet)又称互联网。1969 年，美国国防部研究计划管理局(Advanced Research Projects Agency，ARPA)建立了一个名为 ARPANET 的网络，这个网络被认为是因特网的雏形。伴随着计算机技术及通信技术的发展，网络规模、覆盖领域逐渐扩大，网络由军事应用转为商业应用。其中，美国国家科学基金会(National Science Foundation)组建的 NSFNET，高级网络及服务公司(Advanced Network and Service)组建的 ANSNET 对互联网的发展起到了重要作用。

现在 Internet 已连接六万多个网络，Internet 已发展为多元化，不仅单纯为科研服务，正逐步进入到日常生活的各个领域。Internet 主要提供了以下服务。

(1) 万维网 WWW(World Wide Web)服务；

(2) 文件传送服务 FTP；

(3) 电子邮件服务 E-mail(Electronic Mail)；

(4) 电子公告板系统(BBS)；

(5) 远程登录服务 Telnet(Remote Login)。

2. 万维网

WWW 服务是由 Internet 提供的服务，WWW 的中文名字为“万维网”、“环球网”等，常简称为 Web。WWW 可以让 Web 客户端(常用浏览器)访问浏览 Web 服务器上的页面。WWW 提供丰富的文本和图形、音频、视频等多媒体信息，并将这些内容集合在一起，并提供导航功能，使得用户可以方便地在各个页面之间进行浏览。由于 WWW 内容丰富，浏览方便，已经成为互联网最重要的服务。

从技术角度上说，万维网是 Internet 上支持 WWW 协议和超文本传输协议(Hyper Text Transport Protocol，HTTP)的客户机与服务器的集合，透过它可以存取世界各地的丰富的内容信息以及各式各样的软件。

3. IP 地址和域名

网络模型一般是指 OSI 7 层参考模型和 TCP/IP 4 层参考模型。基于 TCP/IP 的参考模型将协议分成 4 个层次，分别是：网络访问层、网际互联层、传输层（主机到主机）和应用层，TCP/IP 参考模型在实际中被广泛采用。WWW 服务在层次划分上属于应用层，Web 编程对应于应用层编程。TCP/IP 是一组用于实现网络互联的通信协议。Internet 体系结构以 TCP/IP 为核心。

1）IP 地址

IP 是英文 Internet Protocol 的缩写，意思是"网络之间互联的协议"，也就是为计算机网络相互连接进行通信而设计的协议。任何厂家生产的计算机系统，只要遵守 IP 协议就可以与因特网互联互通。IP 地址就是被用来给 Internet 上的主机或者设备分配的一个编号，它就是主机在 Internet 上的身份标识。目前 IP 地址正处在由 IPv4 向 IPv6 过渡的阶段。在 cmd 命令窗口中输入 ipconfig 指令，得到本机 IP 地址配置如图 1.1 所示。其中，IPv4 是 172.16.36.206，IPv6 是 fe80::5113:5f0a:60cb:7988%10。

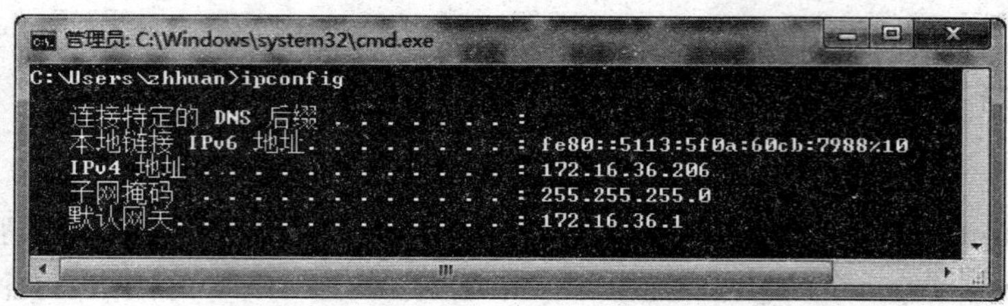

图 1.1　IP 地址示意图

IP 地址现由因特网名字与号码指派公司（Internet Corporation for Assigned Names and Numbers，ICANN）分配。InterNIC 负责美国及其他地区；ENIC 负责欧洲地区；APNIC（Asia Pacific Network Information Center）负责亚洲地区，我国用户可向 APNIC 申请。IP 地址分为公有地址和私有地址。公有地址可直接访问因特网，私有属于非注册地址，专门为组织机构内部网使用，需要借助 NAT 技术，通过网关上网。A 类私有地址为 10.0.0.0～10.255.255.255，B 类私有地址为 172.16.0.0～172.31.255.255，C 类私有地址为 192.168.0.0～192.168.255.255。

2）域名

由于 IP 地址全是数字，不便于用户记忆，给 Internet 资源访问带来困难。为方便记忆，采用域名来代替 IP 地址标识站点地址。域名（Domain Name）是由一串用点分隔的名字组成的 Internet 上某一台计算机或计算机组的名称，用于在数据传输时标识计算机的电子方位（有时也指地理位置，地理上的域名，指代有行政自主权的一个地方区域）。Internet 上引进了域名服务系统（Domain Name System，DNS），为每台主机建立 IP 地址与域名之间的映射关系，使用域名来代替 IP 地址完成对 Internet 资源的访问。当用户在客户机浏览器地址栏中输入某个域名的时候，这个域名信息首先到达提供此域名解析的服务器上，由域名解析服务器将此域名解析为相应网站主机的 IP 地址。客户机得到域名解析后的 IP 地址，就可以访问域名对应的网站了。域名和 IP 地址之间是多对多的关系，IP 地址可以绑定多个域名，一个域名可以对应多个 IP 地址。

DNS 规定，域名中的标号都由英文字母和数字组成，每一个标号不超过 63 个字符，也不区分大小写字母。除了连字符-外不能使用其他的标点符号。不同等级的域名之间使用点号分隔，级别最低的域名写在最左边，而级别最高的域名写在最右边。由多个标号组成的完整域名总共不超过 255 个字符。以 www. sina. com. cn 为例，cn 代表国家（中国），是顶级域名（一级域名）；com 表示类别（公司），是二级域名；sina 代表域名主体，是三级域名；www 是网络名，级别最低。一个单位或组织一般会申请一个域名主体，级别最低的部分可以自行分配。域名解析服务器是逐级树状重复部署的，内容上存在局部重复。根（域名）服务器主要用来管理互联网的主目录。所有根服务器均由美国政府授权的互联网域名与号码分配机构 ICANN 统一管理，负责全球互联网域名根服务器、域名体系和 IP 地址等的管理。在网络安全上升到国家安全的今天，根（域名）服务器管理权成了一个热点问题。

3）设置局域网 IP 地址、DNS、网关

对于 Windows 操作系统，打开本地连接，右击"属性"，选中"Internet 协议版本 4（TCP/IPv4）"，单击"属性"，见图 1.2。输入网管指定的私有 IP 地址、子网掩码、默认网关和 DNS。网关既是内网的一台机器，又是外网的一台机器，所有外网数据的进出都需要经过网关。网关一般有两个 IP 地址，一个是私有 IP 地址，一个是公有 IP 地址，此处填写私有 IP 地址。DNS 设置的是一个公网 IP 地址，如果此处设定不正确，则无法通过域名连接到 Internet。在 cmd 命令窗口中输入"ping　www. sina. com. cn"指令，如果见到"正在 Ping tucana. sina. com. cn [111.161.78.250]具有 32 字节的数据"类似字样，则表明 DNS 设置是正确有效的。一般在上述设置正确情况下，就可以通过浏览器连接 Internet 了。

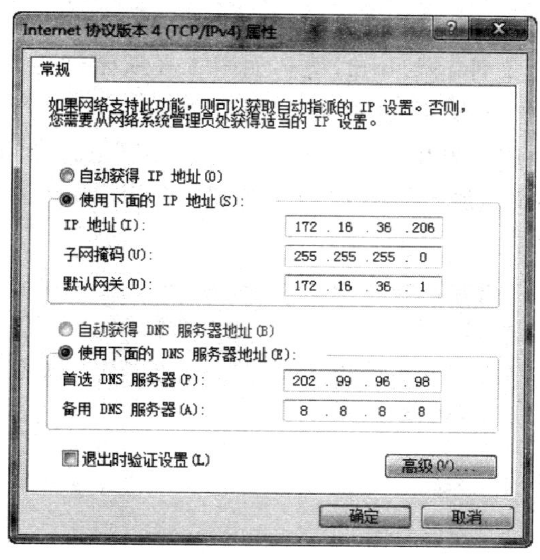

图 1.2　IP 地址设置

1.1.2　浏览器与网页

1. 浏览器

浏览器是指可以显示网页服务器或者文件系统的 HTML 文件（标准通用标记语言的

一个应用)内容,并让用户与这些文件交互的一种软件,是最经常使用到的客户端程序。中国网民计算机上常见的网页浏览器有 QQ 浏览器、Internet Explorer、Firefox、Opera、Google Chrome、百度浏览器、搜狗浏览器、猎豹浏览器、360 浏览器、UC 浏览器、傲游浏览器等。多种浏览器并存并积极争夺市场,一方面有利于促进浏览器的升级换代,另一方面也给开发带来困难,开发者要考虑网站的兼容性问题。比如某功能在开发机上的 Internet Explorer 10 得到了支持,而在客户端机器上可能使用的是 QQ 浏览器或低版本的 Internet Explorer 7,则可能使得网页无法正常显示。如果还要考虑手机端浏览器的正确显示,则兼容性的问题就变得非常复杂了。

1) 浏览器本地访问功能演示

【例 1-1】 Form 表单之输入文本及按钮示例。

创建文件 ex1. htm,输入如下代码。

```
<html>
    <head>
        <title>表单元素演示</title>
    </head>
    <body>
        <p>输入文本及按钮示例</p>
        <form>
            <input type = "text" name = "username" />
            <input type = "button" value = "按钮 ">
        </form>
    </body>
</html>
```

使用本地浏览器打开文件 ex1. htm,得到如图 1.3 所示结果。从显示结果可以看出浏览器把＜title＞、＜p＞标签的内容放到了浏览器页面的不同位置,把抽象的"text","button"类型的输入转换成了形象的文本输入框及按钮样式。需要指出的是,浏览器显示出了按钮的形状,但并不是从服务器端取回了按钮的形状,取回的只是上述 button 的文字描述。

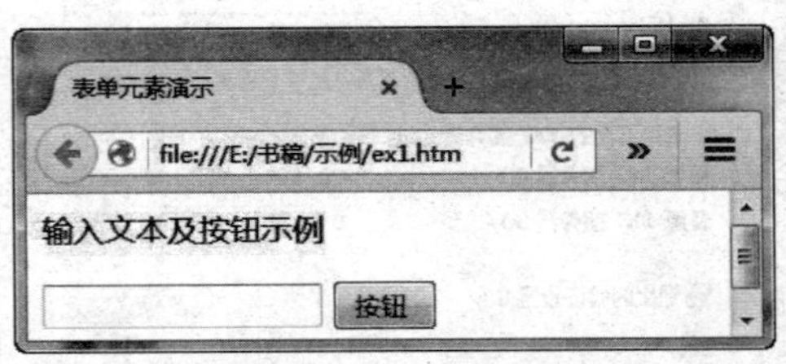

图 1.3 表单元素演示

【例 1-2】 执行 JavaScript 脚本示例。

创建文件 ex2. htm,输入如下代码。

```
<html>
    <body>
        <style>
```

```
4            <!--
5            .initial2{font-weight:bold;background-color:red}
6            //-->
7        </style>
8        <script>
9        <!--
10           function change(color){
11           var el = event.srcElement
12           if (el.tagName == "INPUT"&&el.type == "button")
13           event.srcElement.style.backgroundColor = color
14           }
15           function jumpto2(url){
16           window.location = url
17           }
18       //-->
19       </script>
20       <form onMouseover = "change('yellow')" onMouseout = "change('red')">
21           <input type = "button" value = "理工中环 " class = "initial2" onClick =
"jumpto2('http://www.tjzhic.com')">
22           <input type = "button" value = "搜狐 " class = "initial2" onClick = "jumpto2
('http://www.sohu.com')">
23       </form>
24   </body>
25 </html>
```

使用浏览器打开文件 ex2.htm，得到如图 1.4 所示的结果。当把鼠标移动到“理工中环”上方时，按钮的颜色由红色变为黄色；单击“理工中环”，则链接到相应的网页。代码第 10～14 行的 change 方法，起到改变颜色的作用，第 20 行 onMouseover="change('yellow')"处设置使用了该方法，该方法由“鼠标移动到按钮上”这一事件触发。代码第 15～17 行的 jumpto2 方法起到跳转到其他页面的作用，第 21、22 行 onClick="jumpto2()"处设置调用该方法，该方法由“鼠标单击”事件触发。浏览器与服务器采用的是无连接的传输方式，颜色变化并不是服务器端的行为，而是浏览器执行抽象的、从服务器端取回的 JavaScript 脚本代码形成的效果。从这个意义上讲，浏览器相当于一个代码解释执行器。浏览器可以显示图像，结合复杂的脚本代码及插件，浏览器还可以播放音乐及 Flash 动画等。需要注意的是，上述代码在 Firefox 浏览器中测试时，改变颜色功能不起作用。

图 1.4　JavaScript 脚本演示

2）浏览器网络访问功能演示

打开浏览器，在地址栏中输入“http://lab.tjzhic.com:8080/zsxt/user/login.jsp”，显示结果见图 1.5。此时按下 F12 键，会出现网页调试工具，如图 1.6 所示。在“网络”选项卡中可以查看页面使用到的资源文件，及每个文件的网络传输特性，可以根据这些数据进行初步的网站性能优化。需要注意的是，单击“网络”标签后，还需要在浏览器中再次刷新网页（按 F5 键即可），才能捕获到网络的传输情况。从图 1.6 中可以看到，http://lab.tjzhic.com:8080/zsxt/user/login.jsp 网页需要用到服务器端的/zsxt/user/login.jsp、/zsxt/styles/basic.css、/zsxt/styles/login.css、/zsxt/javascript/login.js、/zsxt/include/code.jsp、/zsxt/images/login_bottom.jpg、/zsxt/images/button.gif、/zsxt/images/header.jpg、/zsxt/images/arrow.jpg、/zsxt/images/footer.jpg 资源文件。

图 1.5 浏览器网络功能演示

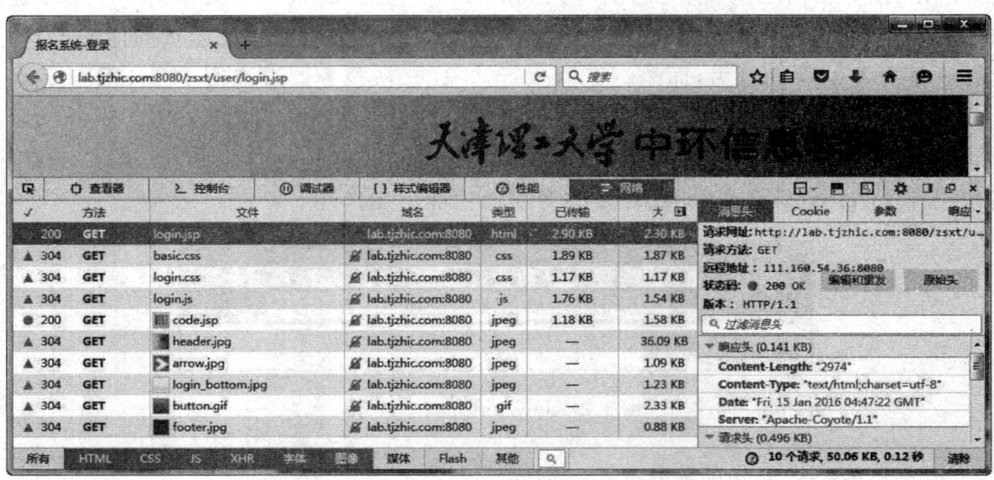

图 1.6 浏览器调试功能演示

在访问时，仅有/zsxt/user/login.js是显性引用的，其他资源都是通过/zsxt/user/login.jsp里的代码隐性链接引用的。浏览器需要进行网络协议的解析，保证正确地从服务器端取得资源文件，在浏览器端缓存下来用于显示。如果选择保存网页，则这些资源文件就会被保存到本地硬盘中，并可以在本地打开。需要强调的是，浏览器取得资源文件后，与服务器端的连接就断开了，除非采用特殊的技术，一般情况下服务器端的变化不会再传递给浏览器。双击图1.6中单行，即可查到该资源文件网络传输内容的更多细节，包括HTTP协议请求标头、响应标头及Cookie等。

3）区分浏览器本地访问与网络访问

通过浏览器的地址栏的内容URL可以区分开浏览器是进行的本地访问还是网络访问。形如file:///E:/ex /ex2.htm的URL是本地访问，形如http://lab.tjzhic.com:8080/zsxt/user/login.jsp的URL是网络访问，形如http://127.0.0.1:8080/index.jsp的URL也应视为网络访问。URL是Uniform Resource Location的简称，译为"统一资源定位器"。URL的构成如下：protocol://machine.name[:port]directory/filename。其中，protocol为访问该资源所采用的协议；machine.name为主机的IP地址，通常使用域名的形式，通过域名解析服务器解析；port为服务器在该主机所使用的端口号；directory和filename是资源的路径和文件名。URL可用来定位Internet上的各种资源。

2. 网页

网页是一个包含HTML标签的纯文本文件，它可以存放在世界某个角落的某一台计算机中，是万维网中的一"页"，是超文本标记语言格式（标准通用标记语言的一个应用，文件扩展名为.html或.htm）。网页集合了浏览器支持的各种资源，借助浏览器，网页可以友好地显示信息、收集信息，促进资源共享和交流。组成网页的最基本的元素主要是文本、超链接、图像、动画、声音、视频、表格和表单。

网页可以分为动态网页和静态网页。所谓静态网页，就是网页里面没有程序代码（这里程序代码不包含JavaScript等脚本代码），不会被服务器端执行。这种网页通常在服务器端以扩展名.htm或.html储存，表示里面的内容是以HTML所撰写的。所谓动态网页，就是网页内含有程序代码（这里程序代码不包含JavaScript等脚本代码），并会被服务器端执行。这种网页通常在服务器端以扩展名asp、aspx、php、jsp等储存，表示里面的内容是动态网页，有需要执行的程序。动态网页一般会因为访问者的不同而返回不同的结果，比如录取查询网页，不同的人登录返回的结果就应该不同，张三返回的结果是"被录取"，而李四返回的结果是"未被录取"。本章中的ex1.htm、ex2.htm是静态网页，尽管ex2.htm网页的按钮会因鼠标的位置不同而变色。http://lab.tjzhic.com:8080/zsxt/user/login.jsp是动态网页，当访问时会生成静态网页返回客户端，在客户端保存网页或查看页面源码时，即可看到页面编码，这个编码与服务器端的原动态网页代码一般是不同的。浏览器只能解释执行HTML或XML等标记语言编写的代码以及JavaScript等脚本语言代码，所有的动态页面在服务器端必须被转换为这样的代码返回给浏览器。

1.1.3 HTML

HTML（Hyper Text Markup Language，超文本标记语言）是标准通用标记语言下的一个应用，也是一种规范，一种标准，它通过标记符号来标记要显示的网页中的各个部分。网页文件就是使用 HTML 的一套标记符(标签)来进行描述的,通过在文本文件中添加标签,可以告诉浏览器如何显示其中的内容(如文字如何处理,画面如何安排,图片如何显示等)。浏览器按顺序阅读网页文件,然后根据标签解释和显示其标记的内容,对书写出错的标记将不指出其错误,且不停止其解释执行过程,编制者只能通过显示效果来分析出错原因和出错部位。HTML 文件的后缀名为.html 或者.htm。纳尔逊对"超文本"的解释是:"非连续性著述,即分叉的、允许读者做出选择、最好在交互屏幕上阅读的文本。"牛津英语词典 1993 年版对"超文本"的解释是:"一种并不形成单一系列、可按不同顺序来阅读的文本,特别是那些使得这些材料(显示在计算机终端)的读者可以在特定点中断对一个文件的阅读以便参考相关内容的方式相互连接的文本与图像。"

HTML 文档包含 HTML 标签和纯文本,其中 HTML 标签是描述性的,用一对<>中间包含标签名称来表示,HTML 标签通常成对出现,也存在一些单标记标签。Web 浏览器的作用是读取 HTML 文档,并以网页的形式显示出它们。浏览器不会显示 HTML 标签,而是使用标签来解释页面的内容。

1. HTML 元素

HTML 文档可理解为是由若干个 HTML 元素定义的,一个 HTML 元素指的是从开始标签到结束标签的所有代码,HTML 元素以开始标签起始,以结束标签终止,元素的内容位于开始标签和结束标签之间。空元素没有内容,可以直接在开始标签中进行关闭,例如用于控制文字换行的换行标签
。

HTML 元素可以嵌套,一个 HTML 元素可以在其内容部分包含其他 HTML 元素,整个 HTML 文档就是由相互嵌套的 HTML 元素构成。编写 HTML 代码时需要注意以下两点:第一,HTML 元素不能随意嵌套,例如不能将"Title 元素"嵌套在"Body 元素"中,也不能将"段落元素"嵌套于"Head 元素"中;第二,要正确书写嵌套格式,以下的代码分别展示了错误的嵌套格式和正确的嵌套格式,嵌套的 HTML 元素一定要完全包含在被嵌套元素的开始标签和结束标签之间。

```
错误的嵌套格式:<div><p>这里是标题</div></p>
正确的嵌套格式:<div><p>这里是标题</p></div>
```

2. HTML 元素的属性和值

HTML 元素可以拥有属性。属性提供了有关 HTML 元素的更多的一些信息。HTML 元素的属性是以"属性名称="属性值""的形式书写,定义在 HTML 元素的开始标签内部。一个 HTML 元素可以有多个属性,多个属性之间使用"空格"分隔。下面是两个 HTML 元素的属性实例,其中超链接元素中的 href 属性定义了链接的 URL 地址,段落元素中的 align 属性定义了该元素内文本的对齐方式,class 属性定义了元素的类名。

```
超链接元素:<a href = "http://www.sohu.com">搜狐</a>
段落元素:<p align = "center"class = "news">新闻段落</p>
```

不同的 HTML 元素可能具有不同的属性。HTML 的属性有些是系统预留的"关键字",比如设定文本的对齐方式,只能给属性 align 赋值,<a>标签的 href 属性,只能给该属性名赋值,才能被浏览器正确解析。但用户也可以自己定义标签的属性,只要该属性不是预留的"关键字"即可,以方便 JavaScript 等脚本代码及 CSS 的代码的编写。

3. 图像、超链接和表单标签

学习 HTML 的权威网站是 http://www.w3school.com.cn，里面有每个标签详细的介绍和演示示例。这里仅介绍几个必用标签。

1）图像

在网页中插入一幅图像使用<img/>标签，它是空标签，只包含属性。要在页面上显示图像，必须使用源属性(src)。源属性的值是图像的 url 地址。基本格式如下：

```
< img src = "url" />
```

其中，url 是指图像所在的路径，路径可以写绝对路径，也可以写相对路径。

【例 1-3】 图像标签的属性。

```
<html>
<head>
<title>图像标签的属性</title>
</head>
<body>
<img src = "images/lab.jpg" alt = "这里是实验室图片" title = "实验室" width = "180px"
height = "120px" />
</body>
</html>
```

title 属性用来定义元素的额外提示信息，如图 1.7 所示，当鼠标指针移动到图片上面时，title 定义的文字“实验室”就会显示出来。width 和 height 两个属性分别定义了图片的宽度和高度，其中属性值中 px 表示像素，属于长度单位，通过设置这两个属性可以随意改变图片的大小。当图像无法显示的时候，通过 alt 属性定义的文字将作为替代信息显示出来。在浏览网页时，有可能会出现图片无法显示的情况，如图像地址错误、图片被删除等，此时图像右上角会显示叉号，同时会显示出预先定义好的替代信息，以文字的形式让用户知道这幅图像要表达的信息。例 1-4 对例 1-3 的代码进行了修改，故意将图像的 url 地址写错，造成图像无法显示，页面显示效果如图 1.8 所示。

图 1.7　图像标签的属性

【例 1-4】 alt 属性示例。

```
<html>
<head>
```

```
<title>图像标签的属性</title>
</head>
<body>
<img src="imas/lab.jpg" alt="这里是实验室图片" title="实验室" width="180px" height
="120px" />
</body>
</html>
```

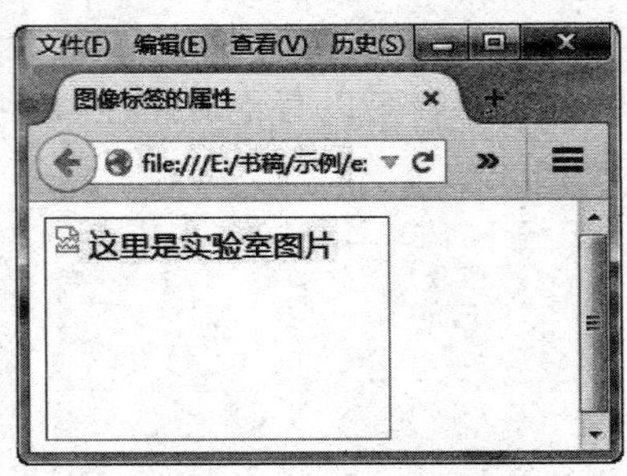

图 1.8　alt 属性示例

2）超链接

在一个网页中用来作超链接的对象，可以是一段文本或者是一个图片。当浏览者单击已经链接的文字或图片后，链接目标将显示在浏览器上，并且根据目标的类型来打开或运行。超链接是网页间建立联系，构成网站的重要标签。

【例 1-5】　超链接。

```
1 <html>
2 <head>
3 <title>超链接示例网页</title>
4 </head>
5 <body>
6 <a href="http://www.tjzhic.com">天津理工大学中环信息学院</a>
7 <a href="http://www.baidu.com"  target="_blank"><img src="images/bdlogo.jpg"
  width="80px"  height="60px" /></a>
8 </body>
9 </html>
```

文字链接即将文字作为标签<a>的内容，见代码第 6 行。图像链接即将图像标签元素作为标签<a>的内容，此时要出现<a>和<img>两个标签的嵌套，要注意书写次序，见代码第 7 行。target 属性定义了网页在浏览器中的打开方式，即被链接的文档在何处显示。属性的取值可以是_blank、_parent、_self 或者_top，这些取值分别代表的含义如下所示。注意书写时不要漏掉字母前的下划线。

（1）_blank：在新浏览器窗口中打开网页。

（2）_self：默认属性值。在当前窗口或者同一框架中打开网页。

（3）_parent：在父框架中打开。

（4）_top：在当前的整个浏览器窗口中打开链接的页面。

这里文字链接 target 选用了默认的_self 方式，图像链接 target 选用了_blank 方式。单击文字链接显示如图 1.9 所示，单击图像链接显示如图 1.10 所示。需要指出的是网页间的跳转还有其他方式，如例 1-2 中的 JavaScript 脚本给 window.location 赋值，表单标签<form>中给 action 属性赋值，jsp 动作中<jsp:forward>给 page 属性赋值等。这些页面跳转的处理方式和适用场合有所不同，需要根据实际情况进行选择。

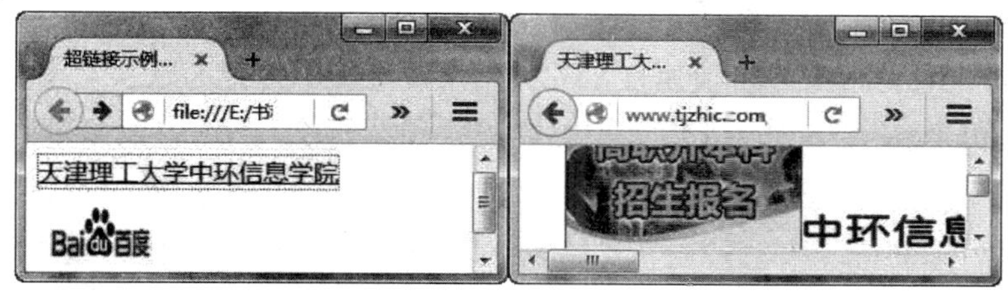

图 1.9　在当前窗口打开文字链接

图 1.10　新窗口打开图像链接

3）表单

HTML 表单用于收集不同类型的用户输入，表单使用<form>标签定义。表单是一个包含表单元素的容器，表单元素允许用户在表单中（比如文本域、下拉列表、单选框、复选框等）输入信息的元素，这些表单元素的输入作为一组数据统一传送给表单的后台处理页面。

表单有两个属性会经常用到，一个是 action 属性，其值是一个 URL 地址，action 是表示表单提交后，服务器端接收处理数据的页面；另一个是 method 属性，它指定了表单的发送方式，发送方式只有两种：GET 及 POST。GET 方法通过 URL 传输用户输入的信息，POST 方法则通过一个单独的 HTTP 请求传输数据。

【例 1-6】　登录表单。

```
<html>
    <head>
        <title>登录</title>
    </head>
    <body>
        <form action = "handle.jsp" method = "post">
            用户名：<input type = "text" name = "username" /><br />
            密     码：<input type = "password" name = "pass" /><br />
            <input type = "submit" value = "登录" />    
```

```
10                <input type="reset" value="重置" />
11            </form>
12        </body>
13    </html>
```

标签<input>的 type 属性可以表示多种类型的输入。常用的类型有以下几种。

(1) <input type="text" />定义单行的输入字段,用户可在其中输入文本。默认宽度为 20 个字符。它可以有一个值属性 value,用来设置文本框里的默认文本。

(2) <input type="password" />像文本框一样,但会以黑点(或星号)回显用户所输入的实际字符。

(3) <input type="checkbox" />是复选框,用户可以多选或者不选一个条目。

(4) <input type="radio" />定义单选框,用户只可在一个组中选择一个单选按钮。

(5) <input type="file" />定义输入字段和"浏览"按钮,供文件上传。

(6) <input type="submit" />定义提交按钮,提交按钮会把表单数据发送到服务器。可以用值属性 value 来控制按钮上显示的文本。

(7) <input type="image" />定义图像形式的提交按钮,以图像代替按钮文本,src 属性是必须的,像 img 标签一样。

(8) <input type="button" />定义可单击按钮(多数情况下,用于通过 JavaScript 启动脚本)。

(9) <input type="reset" />定义重置按钮。重置按钮会清除表单中的所有数据。

(10) <input type="hidden" />定义隐藏的输入字段,不会显示任何东西,它用来传输诸如用户正在用的页面的名字等信息,以建立页面间的联系。

在 HTML 5 中,input 的类型增加了 email,url,color 以及 Date Pickers 等,这些功能原来都是借助 JavaScript 来实现的,现在的趋势是浏览器通过新增输入类型来减少 JavaScript 的编写,从而降低了编程难度,提高了开发速度。代码第 6～11 行定义一个表单,第 6 行的 action 属性值表明处理页面是 head. jsp,method 属性值表明发送方式是 post。代码第 7 行定义了一个单行文本输入框,代码第 8 行定义了一个密码输入框,其中, 在 HTML 中是空格占位符,普通的空格在 HTML 里如果有连续的多个可能被认为只有一个,而   写几个就能占几个空格位,在本例中是为了对齐文本框,使得显示页面效果更好。代码第 9 行定义了一个提交按钮,第 10 行定义了一个重置按钮。运行效果如图 1.11 所示,从图中可以看到用户名和密码显示的区别,"用户名"文本框中输入的文字信息是可见的,"密码"文本框中输入的文字被黑色圆点代替,起到了安全保密的作用。不同的表单元素定义了不同的 name 属性值,在服务器端的 handle. jsp 页面主要依据元素名字进行编程获取输入信息,Java 中大小写是严格区分的,一定要确保名字的一致性,否则会出错。

图 1.11 登录表单

1.1.4 层叠样式表 CSS

起初 HTML 标签被设计为用于定义文档内容，文档布局由浏览器来完成的，而不使用任何的格式化标签，但是渐渐地浏览器默认的布局样式不能够满足人们对美观界面的需求。为了解决这个问题，万维网联盟在 HTML 4.0 之外创造出了 CSS。CSS(Cascading Style Sheets，层叠样式表)用来美化页面设计，能够满足人们对美观界面的需求，使得用户体验更好。CSS 在 HTML、XHTML 和 XML 文件中都可以使用。

1. 内联样式

内联样式又称为行内样式，它定义在 HTML 元素的开始标签里，使用 style 属性设置样式规则，并且样式规则仅对当前 HTML 元素有效果。例 1-7 是通过内联样式对一个段落设置了样式，效果如图 1.12 所示，从图中可以看出，第一个段落(代码第 6 行)应用了样式规则，文本加粗并居中显示，第二个段落(代码第 7 行)没有设置 style 属性，文本呈现为段落的默认显示样式。

【例 1-7】 内联样式示例。

```
1  <html>
2  <head>
3  <title>内联样式示例</title>
4  </head>
5  <body>
6  <p style = "text - align:center;font - weight:bold;">白日依山尽</p>
7  <p>黄河入海流</p>
8  </body>
9  </html>
```

图 1.12 内联样式

2. 内部样式

内部样式表是指将页面中需要应用的所有样式规则集中定义在页面头部分，使用<style>样式标签定义。<style type="text/css">与</style>之间定义样式规则。例 1-8 是通过内部样式对段落设置了样式，代码第 4～9 行是内部样式定义处。效果如图 1.13 所示。从图中可以看出，两个段落皆应用了样式规则，文本加粗并居中显示。

【例 1-8】 内部样式示例。

```
1  <html>
2      <head>
3          <title>内部样式示例</title>
4          <style type = "text/css">
```

```
        p {
        text - align: center;
        font - weight: bold;
        }
        </style>
    </head>
    <body>
        <p>白日依山尽</p>
        <p>黄河入海流</p>
    </body>
</html>
```

图 1.13　内部样式

3. 外部样式

外部样式表将网页的样式信息与网页内容完全分离开来，网页本身存储的是文档内容，而内容如何呈现是在外部的样式表文件中定义的。样式表文件也是普通的文本文件，它的后缀名为“.css”。由于样式表文件与页面文件是两个独立的文件，需要在页面文件的头部使用<link>标签导入 CSS 文件。例 1-9 中文件 ex9.htm 的代码第 4 行使用<link>标签引入的外部样式表，其中<link>标签中的 href 属性指定了要引入的样式表文件 ex9.css 的路径。本例的页面效果如图 1.14 所示，与例 1-8 的效果相同，只是外部样式表的定义放在了 ex9.css 中，实际应用中大多采用外部样式表。

【例 1-9】 外部样式示例。

假设外部样式表文件名为“ex9.css”，样式表文件内容如下。

```
p {
    text - align: center;
    font - weight: bold;
}
```

页面文件 ex9.htm 内容如下。

```
1   <html>
2       <head>
3           <title>外部样式示例</title>
4           <link rel = "stylesheet" type = "text/css" href = "ex9.css" />
5       </head>
6       <body>
7           <p>白日依山尽</p>
8           <p>黄河入海流</p>
9       </body>
10  </html>
```

图 1.14　外部样式

4. CSS 的优先级

如果没有为 HTML 元素定义任何样式，那么元素将按照浏览器的默认设置显示。事实上，允许同时以上述几种方式规定样式信息。也就是说，样式可以写在单个的 HTML 元素内，也可以规定在 HTML 的头部，或者定义于一个外部的 CSS 文件中。如果同一个 HTML 元素同时通过上述多种方式定义了样式规则，内联样式拥有最高的优先权，其次是定义于页面头部的内部样式，然后是外部样式表中的样式声明，优先级最低的则是浏览器中的默认设置，重复定义的样式，按优先级次序生效，这就是层叠样式表的含义。例 1-10 的页面效果如图 1.15 所示，因内联样式的优先级高，使得<p style="font-weight:normal;font-size:21px">黄河入海流</p>的样式显示与第一段不同，字体变大，没有加粗。

【例 1-10】　样式表优先级示例。

假设外部样式表文件名为“ex10.css”，样式表文件内容如下。

```
p {          text - align: center;
font - weight: bold;      }
```

页面文件内容如下。

```
<html>
    <head>
        <title>样式表优先级示例</title>
        <link rel = "stylesheet" type = "text/css" href = "ex10.css" />
    </head>
    <body>
        <p>白日依山尽</p>
        <p style = "font - weight:normal;font - size:21px">黄河入海流</p>
    </body>
</html>
```

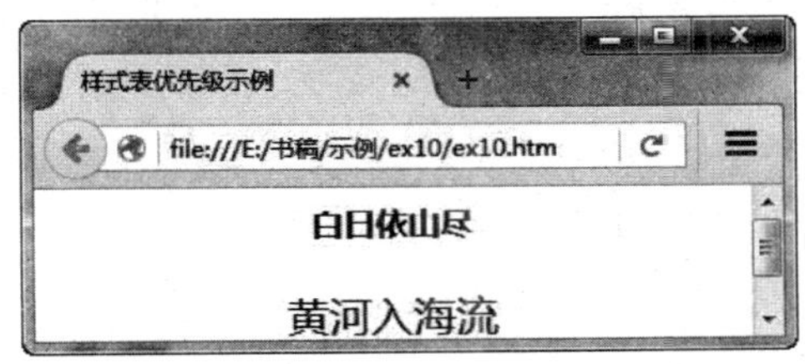

图 1.15　样式表优先级

5. CSS 语法

CSS 语法规则并不复杂，对于内联样式来说，只需要在需要定义样式的 HTML 元素开始标签中加入 style 属性即可。格式如下，属性和属性值之间以冒号隔开，每条样式规则都要以分号结束。需要注意的是，书写分号、引号和冒号必须是英文的，否则会显示出错。可以借助高级编辑器来观察颜色是否正确显示，或借助 CSS 检测工具来避开这些错误。

```
style = "属性 1:属性值 1;属性 2:属性值 2;"
```

对于内部样式和外部样式表，CSS 的语法是一样的，格式如下。

```
选择器 {                     /* 选择页面中的元素 */
    属性 1: 属性值 1;        /* 一条样式规则 */
    属性 2: 属性值 2;        /* 又一条样式规则 */
}
```

其中，选择器用于指定选择哪个或者哪类 HTML 元素，对所选择的 HTML 元素应用定义于花括号中的样式规则，每条样式规则中声明的属性和属性值之间以冒号隔开，每条规则都要以分号结束。/ * 和 * /之间的内容是 CSS 注释。

6. CSS 选择器

选择器指明了花括号中所定义的样式规则的作用对象，也就是样式规则对页面中的哪些元素起作用。下面介绍一些常用的 CSS 选择器。

1）标签选择器

标签选择器就是对 HTML 元素标签应用相应的 CSS 样式，例 1-10 的样式定义采用了标签选择器：段落标签 p。

2）类选择器

HTML 中的元素可以定义一个 class 的属性，多个不同的 HTML 元素可以定义同一个类名，类名相同的元素可以由 CSS 类选择器选取并定义相同的样式规则。标签选择器可以选出一类 HTML 元素定义统一的样式，类选择器也可以选出一类 HTML 元素定义统一的样式。

CSS 类选择器的写法为“. 类名”。例 1-11 通过类选择器选取页面中的所有具有类名“demo”的段落元素，并定义了它们的样式，页面效果如图 1. 16 所示，属性 class＝"demo"的段落应用了已经定义好的样式。类选择器还可以和标签选择器结合使用，用于更精确地选择元素。例如，选择器“p. demo”表示选择所有类名为“demo”的段落元素。本示例即适用。

【例 1-11】 类选择器示例。

```
<html>
    <head>
        <title>类选择器示例</title>
            <style type = "text/css" />
            .demo {                    /* 选择类名为 demo 的元素 */
                font - size:13px;
            }
            </style>
    </head>
    <body>
```

```
            <p>白日依山尽</p>
            <p class="demo">黄河入海流</p>
            <p>欲穷千里目</p>
            <p class="demo">更上一层楼</p>
        </body>
</html>
```

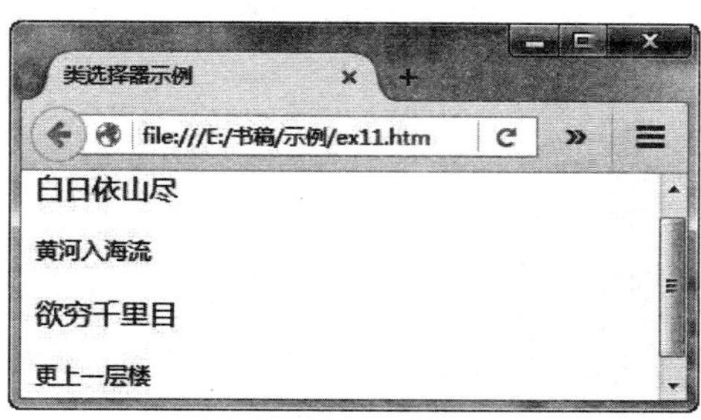

图 1.16　类选择器

3）id 选择器

可以对 HTML 元素定义一个 id 属性，然后根据元素 id 选择元素，id 名称就是这个元素的唯一标识符，不允许在一个页面中对多个 HTML 元素定义相同的 id 名称。id 选择器的写法为＃id。例 1-12 通过 id 选择器选择页面中的属性 id="demo"的段落，并定义了该段落的样式，页面效果如图 1.17 所示。

【例 1-12】 id 选择器示例。

```
<html>
    <head>
        <title>id选择器示例</title>
            <style type="text/css" />
            #demo {                  /* 选择 id 为 demo 的元素 */
                font-size:13px;
            }
            </style>
    </head>
    <body>
        <p>白日依山尽</p>
        <p id="demo">黄河入海流</p>
    </body>
</html>
```

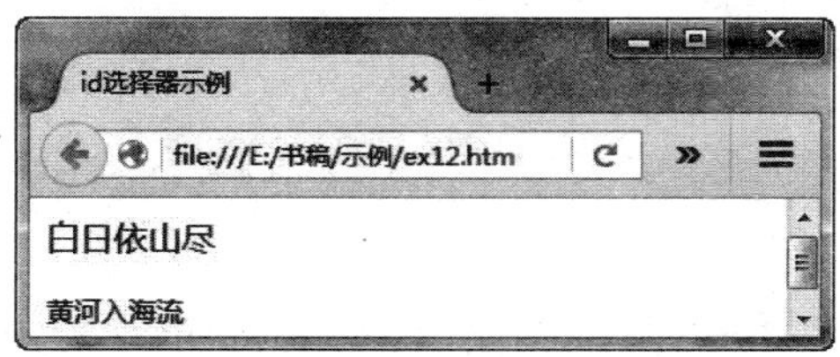

图 1.17　id 选择器

4) 分组选择器

当几种元素样式属性相同时,可以共同调用一个声明,元素之间用逗号分隔。例如:

```
p, h1, .demo, #foot {     /* 选择段落、一级标题、类名为 demo 和 id 为 foot 的元素 */
    font-size: 15px;      /* 设置字体大小为 15px */
}
```

表示页面中所有的段落、一级标题、类名为"demo"的元素和 id 名称为"foot"的元素具有相同的样式,字体大小为 15px。

5) 通用选择器

通用选择器用 * 来表示,例如:

```
* {                          /* 选择页面中所有元素 */
    font-size: 12px;         /*  设置字体大小为 12px  */
}
```

表示选择页面中所有元素,将字体大小都设置为 12px。

6) 后代选择器

后代选择器也称为包含选择器,用来选择特定元素或元素组的后代,后代选择器用两个常用选择器,中间加一个空格表示。其中前面的常用选择器用于选择父元素,后面的常用选择器用于选择子元素,样式最终会应用于选定的子元素。使用浏览器文件 ex13. htm,按 F12 键,单击图中红色圈内的按钮,单击"入海"所在位置,得到页面效果如图 1.18 所示。如果 CSS 编写有误,比如把 span 写成 sapn,则右下角的规则处不会有对应的样式出现,这是 CSS 样式显示不对时常用的调试办法。

【例 1-13】 后代选择器示例。

```
<html>
    <head>
        <title>后代选择器示例</title>
            <style type="text/css" />
            p span{               /* 选择 p 标签内 span 标签的元素 */
                font-size:13px;
            }
            </style>
    </head>
    <body>
        <p>白日依山尽</p>
        <p>黄河<span>入海</span>流</p>
    </body>
</html>
```

7. 伪类选择器

有时候还会需要用文档以外的其他条件来应用元素的样式,比如鼠标悬停、鼠标经过某个 HTML 元素等。这时就需要用到伪类,以下是超链接伪类选择器的写法。

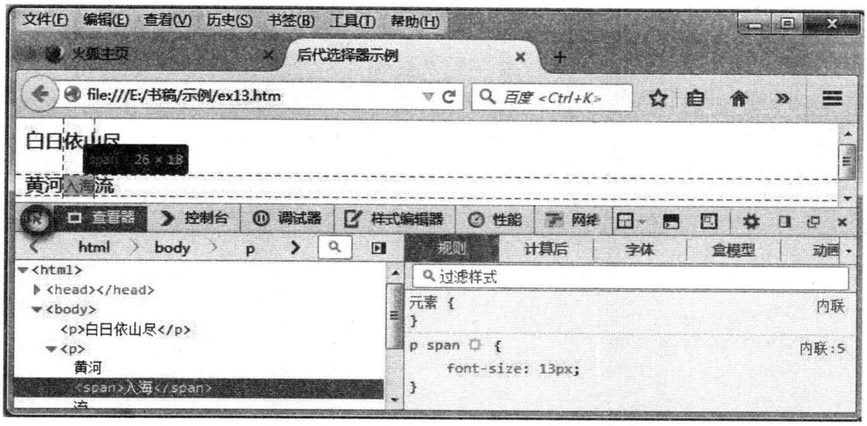

图 1.18　后代选择器

```
a:link {…}                    /* 选择未被访问的链接 */
a:visited {…}                 /* 选择已访问的链接 */
a:hover {…}                   /* 当鼠标移到链接上 */
a:active {…}                  /* 已选定的链接 */
```

以上代码分别定义超链接未被访问时的链接样式，已访问过的超链接样式，鼠标移动到超链接上的样式和选定的超链接样式。之所以称之为伪类，也就是说它不是一个真实的类，正常的类是以点开始，后边跟一个类名，而它是以 a 开始后边跟个冒号，再跟状态限定字符。比如在"a:hover"选择器中定义的样式，只有当鼠标移动到该链接上时它才生效，而"a:visited"只对已访问过的超链接生效。

1.2　JSP 技术

1.2.1　JSP 技术简介

JSP(Java Server Page)是一种运行在服务器端的脚本语言，是用来开发动态网页的，该技术是 Java Web 程序开发的重要技术。JSP 是一种动态网页技术标准，它是在静态网页 HTML 代码中加入 Java 程序片段(Scriptlet)和 JSP 标签(Tag)，构成 JSP 网页文件，其扩展名为 jsp。当客户端请求 JSP 文件时，Web 服务器执行该 JSP 文件，然后以 HTML 的格式返回给客户(浏览器显示)，即 JSP 程序的执行是由 Web 服务器(这里用 Tomcat 服务器)来完成的。所以，要运行 JSP 必须安装并配置服务器。Java、Tomcat、MyEclipse 的安装与配置参见第 4 章。需要注意的是，本章的代码需要放置在 Tomcat 安装目录的 webapps 文件夹下才能正确访问，使用 MyEclipse 组织编写的代码请使用其发布工具进行发布，发布过程在具体示例中有讲解。

1. JSP 页面结构

例 1-14 展示了基本的 JSP 页面结构，在 HTML 页面中嵌入了 JSP 指令、Scriptlet、JSP 表达式、JSP 内置对象等。

【例 1-14】 JSP 页面结构示例。

```
1   <!-- ex14.jsp  -->
2   <%@page contentType = "text/html"    pageEncoding = "UTF - 8" %>
3   <html>
4       <head><title>JSP 文档结构示例</title>
5       <style type = "text/css" />
6       p{    font - size:13px;color:red;margin:1px 0;padding:1px 0; line - height:1px}
7       </style>
8       </head>
9       <body>
10      <h5>display *</h5>
11          <%!int i = 0; %>
12          <%   for(i = 1;i<4;i++) {
13                  out.print("<p>");
14                  for(int j = 1;j<= i;j++) {
15                      out.print(" * ");          //out 是 JSP 的内置对象,在这里用于输出信息
16                  }
17                  out.print("</p>");
18                 out.println("<br/>");          //实现换行控制
19              }
20          %>
21        <p>the value of variable i is: <% = i%></p>
22      </body>
23  </html>
```

其中,处于＜％和％＞之间的是 JSP 代码,其余部分是 HTML 代码。

(1) 第 2 行是 JSP 指令,规定该页面类型、所使用的字符编码、使用的工具 jar 包等信息;

(2) 第 5～7 行是 CSS 代码段,定义了段落标签＜p＞的显示样式;

(3) 第 11 行是 JSP 的变量声明,并提供初始值;

(4) 第 12～20 行是 JSP 的 Java 代码段(Scriptlet),其功能是打印 * 号,使用到了 JSP 的内置对象 out;

(5) 第 21 行中的＜％＝ i ％＞是 JSP 表达式。

将 chapter01/ex14.jsp 放置到 Tomcat 服务器的 webapps 目录下,启动 Tomcat 服务器,在浏览器地址栏中输入"http://127.0.0.1:8080/chapter01/ex14.jsp"。执行该程序后的运行结果如图 1.19 所示。单击浏览器,右键"选择查看源代码",得到下面的代码,如果将该代码另存为 ex14.htm,在本地打开,会得到与图 1.19 相同的运行结果。比较 ex14.jsp 与 ex14.htm 代码可以发现:ex14.jsp 的第 2 行 jsp 指令,第 11 行的 JSP 的变量声明不存在了;ex14.jsp 的第 12～20 行的 Java 代码段(Scriptlet)转换成了 ex14.htm 的第 11～14 行;ex14.jsp 的第 21 行中的"＜％＝ i ％＞"的 JSP 表达式转换成了 ex14.htm 代码第 15 行的"4";ex14.jsp 的其他代码没有变化地复制到了 ex14.htm 中。

```
1   <!-- ex14.jsp  -->
2   <html>
3     <head><title>JSP 文档结构示例</title>
```

```
        <style type = "text/css" />
                p{
                font - size:13px;color:red;margin:1px 0;padding:1px 0; line - height:1px
                }
                </style>
</head>
    <body>
            <h5>display * </h5>
            <p>* </p><br/>
            <p>** </p><br/>
            <p>*** </p><br/>
            <p>the value of variable i is: 4 </p>
    </body>
</html>
```

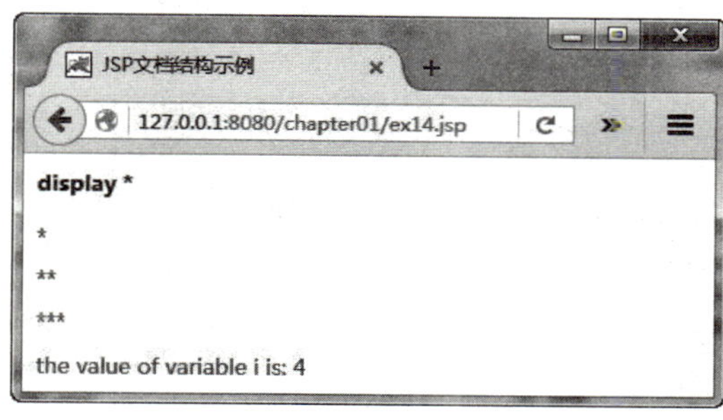

图 1.19　JSP 文档结构示例运行结果

2. JSP 程序运行的主要过程

JSP 程序是在服务器端(JSP 容器)运行的。服务器端的 JSP 引擎解释执行 JSP 代码，然后将结果以 HTML 页面形式发送到客户端。JSP 程序的运行主要过程如下，以 ex14.jsp 为例。

(1) 客户端在浏览器地址栏中输入“http://127.0.0.1:8080/chapter01/ex14.jsp”发出页面请求。

(2) Web 服务器先判断是否为 JSP 页面请求，如果只是 HTML/XML 页面请求，则直接将 HTML/XML 页面代码传给浏览器端；如果是 JSP 页面请求，则由 JSP 引擎检查该 JSP 页面，若该 JSP 页面是第一次被请求，或不是第一次被请求但已经修改，JSP 引擎将此 JSP 页面代码转换为 Servlet 代码。若该 JSP 页面不是第一次被请求且未修改过，则直接跳转到(4)执行字节码(.class)文件 ex14_jsp.class。对于笔者配置的 Tomcat 服务器而言，ex14.jsp 代码对应的 Servlet 位于 work\Catalina\localhost\chapter01\org\apache\jsp 目录下，对应的文件名为 ex14_jsp.java。打开文件可以看到，ex14.jsp 文件中的 HTML 代码都被转换成形如下面格式的纯 Java 代码。

```
out.write("  <head><title>JSP 文档结构示例</title>\r\n");
```

(3) 编译 ex14_jsp.java 生成字节码(.class)文件 ex14_jsp.class。

(4) 执行 ex14_jsp.class 生成 HTML 代码，将 HTML 代码返回给 Web 浏览器。

1.2.2 JSP语法

JSP页面主要是将JSP代码放在特定标签中，再嵌入到HTML代码中形成的。JSP的标签一般是以“<%”开始，以“%>”结束的，而被标签包围的部分则称为JSP元素的内容。开始标签、结束标签和元素内容三部分组成的整体，称为JSP元素(Elements)。JSP元素分为三种类型：基本元素，指令元素，动作元素。在实际项目中更多地采用MVC的模式，在HTML页面中嵌入JSP代码的做法不被提倡，因此其使用频率较低，这里仅简单介绍。

1. 基本元素

基本元素规范JSP网页所使用的Java代码，包括JSP注释、声明、表达式和脚本段。

1) JSP注释

在JSP程序中，增加了程序的可读性。当在发布网页时完全被忽略，不以HTML格式发给客户。

语法格式：

```
<% -- 要添加的文本注释 -- %>
```

另外，在JSP程序中，也可以使用“HTML注释”和“Java注释”。

HTML注释的语法格式：

```
<!-- 要添加的文本注释 -->
```

Java注释语法格式：

```
<%//要添加的文本注释%>或<%/*要添加的文本注释*/%>
```

修改ex14.jsp的第1行HTML注释<!-- ex14.jsp -->为JSP注释<%-- ex14.jsp --%>，在浏览器地址栏中输入“http://127.0.0.1:8080/chapter01/ex14.jsp”访问页面，单击右键查看页面源代码会发现第1行的<%-- ex14.jsp --%>不见了，即JSP注释不以HTML格式发给客户。

2) JSP声明

在JSP页面中可以声明变量和方法，声明后的变量和方法可以在本JSP页面的任何位置使用，并在JSP页面初始化时被初始化。

语法格式：

```
<%! 声明变量、方法和类%>
```

例如：

```
<%! int a,b,c;     %>        //声明整型变量a、b、c
```

3) JSP表达式

JSP的表达式是由变量、常量组成的算式，它将JSP生成的数值转换成字符串嵌入HTML页面，并直接输出(显示)其值。

语法格式：

```
<% =表达式 %>
```

需要注意不能用(“；”)作为表达式的结束符；<%=是一个完整标记，中间不能有空格，表达式元素包含任何在 Java 语言规范中有效的表达式。示例见 ex14.jsp 的第 21 行<%=i%>。

4) JSP 代码块

JSP 代码段可以包含任意合法的 Java 语句。

语法格式：

```
<% 符合 java 语法的代码块 %>
```

需要注意的是，代码块中定义的变量是当前页面的局部变量，而声明变量是页面的全局变量。示例见 ex14.jsp 的第 12～20 行。

2. 指令元素

JSP 指令是被服务器解释并被执行的。通过指令元素可以使服务器按照指令的设置执行动作或设置在整个 JSP 页面范围内有效的属性。在一条指令中可以设置多个属性，这些属性的设置可以影响到整个页面。JSP 指令不直接产生可见输出，JSP 指令包括 page 指令、include 指令和 taglib 指令。

(1) page 指令：定义整个页面的全局属性。

(2) include 指令：用于包含一个文本或代码的文件。

(3) taglib 指令：引用自定义的标签或第三方标签库。

JSP 指令的语法格式：

```
<%@ 指令名称 属性 1 = "属性值 1" 属性 2 = "属性值 2" … %>
```

1) page 指令

page 指令用来定义 JSP 页面中的全局属性，它描述了与页面相关的一些信息，其作用域为它所在的 JSP 文件页面和其包含的文件。

page 指令的语法规则：

```
<%@ page language = "脚本语言"
         extends = "继承的父类名称"
         import = "导入的 Java 包或类的名称"
         session = "true/false"
         buffer = "none/8KB/自定义缓冲区大小"
         autoflush = "true/false"
         isThreadSafe = " true/false"
         info = "页面信息"
         errorPage = "发生错误时所转向的页面相对地址"
         isErrorPage = "true/false"
         pageEncoding = "页面编码类型"
         contentType = "MIME 类型和字符集"
%>
```

使用时需要注意的是，一个页面可以使用多个<%@ page%>指令来分别描述不同的属性；除 import 属性可以被多次使用，其他属性只能使用一次；<%@ page%>指令区分大小写。在使用中常用的格式如下。

```
<%@ page language="java" contentType="text/html; charset=utf-8"
pageEncoding="UTF-8" import="java.util.*" %>
```

contentType="text/html; charset=utf-8"设置的是请求后，Tomcat 服务器返回的 HTML 页面代码的编码设置，pageEncoding="UTF-8"设置的是 JSP 页面自身的编码，在页面有中文的情况下建议两者都使用 UTF-8，可以避免很多乱码问题。需要注意保存文件时也要将文件的存储格式设置为 UTF-8，记事本选择“文件”→“另外为”菜单项，选择 UTF-8 存储编码的位置见图 1.20 圆圈处；MyEclipse 选择 UTF-8 存储编码的方式方法见第 4 章“使用 MyEclipse 创建 Web 项目”。当 JSP 页面中使用了某些 Java 类库时才需要设置 import 属性，如果采用 MVC 模式去设计项目，一般是不需要在 JSP 页面设置 import 属性的。

图 1.20　记事本选择 UTF-8 存储编码

2) include 指令

include 指令称为文件加载指令，可以将其他的文件插入 JSP 网页，被插入的文件可以是 JSP 文件、HTML 文件或者其他文本文件，必须保证插入后形成的新文件符合 JSP 页面的语法规则。

include 指令语法格式：

```
<%@ include file="filename" %>
```

其中，include 指令只有一个 file 属性，filename 指被包含文件的名称（相对路径），被插入的文件必须与当前 JSP 页面在同一 Web 服务目录下。

【例 1-15】 include 指令示例。

创建文件 time_inc.jsp，内容如下。

```
<%=(new Date()).toLocaleString()%>
```

创建文件 ex15.jsp，内容如下。

```
<%@ page language="java" contentType="text/html; charset=utf-8"
pageEncoding="UTF-8"    import="java.util.*" %>
<html>
        <body>
        现在的日期和时间是：
        <%@ include file="time_inc.jsp" %>
```

```
6        </body>
7  </html>
```

在浏览器地址栏中输入"http://127.0.0.1:8080/chapter01/ex15.jsp"访问页面，运行结果如图 1.21 所示。JSP 指令 include 是静态插入，即将 time_inc.jsp 的内容复制到 ex15.jsp 中，运行前就合成为一个文件。打开 work\Catalina\localhost\chapter01\org\apache\jsp 目录，该目录下只有 ex15_jsp.java 文件，打开查看会发现代码 out.print((new Date()).toLocaleString())，可见其内容已经被合并到了一个文件中。

图 1.21　include 指令运行结果

3）taglib 指令

taglib 指令用来定义一个标记库以及标记的前缀，不要用 jsp，jspx，java，javax，servlet，sun 和 sunw 为自定义标签的前缀。其语法规则如下。

```
<%@ taglib uri="URIToLibrary"    prefix="标记前缀" %>
```

例如，使用 JSTL 核心标签库的用法如下，详解见 1.7 节。

```
<%@ taglib uri="http://java.sun.com/jsp/jstl/core" prefix="c" %>
<c:set var="title" value="考生登录" />
```

3. 动作元素

JSP 动作元素是用来控制 JSP 引擎的行为，JSP 标准动作元素均以"jsp"为前缀，主要有如下 6 个动作元素。

（1）<jsp:include>：在页面得到请求时动态包含一个文件。

（2）<jsp:forward>：引导请求进入新的页面(转向到新页面)。

（3）<jsp:plugin>：连接客户端的 Applet 或 Bean 插件。

（4）<jsp:useBean>：应用 JavaBean 组件。

（5）<jsp:setProperty>：设置 JavaBean 的属性值。

（6）<jsp:getProperty>：获取 JavaBean 的属性值并输出。

对 JSP 动作，这里仅介绍<jsp:include>及<jsp:forward>，<jsp:useBean>、<jsp:setProperty>和<jsp:getProperty>将在 JavaBean 中介绍。

1）<jsp:include>动作

语法格式：

```
<jsp:include page="文件的名字"/>
```

功能：当前 JSP 页面动态包含一个文件，即将当前 JSF 页面、被包含的文件各自独立编译为字节码文件。执行到该动作标签处，才加载执行被包含文件的字节码。

【例 1-16】 <jsp:include>指令示例。

创建文件 ex16.jsp，内容如下。

```
<%@ page language="java" contentType="text/html; charset=utf-8"
 pageEncoding="UTF-8"   import="java.util.*"%>
<html>
        <body>
        现在的日期和时间是：
        <jsp:include page="time_inc.jsp"/>
        </body>
</html>
```

在浏览器地址栏中输入“http://127.0.0.1:8080/chapter01/ex16.jsp”访问页面，会出现错误提示“Date cannot be resolved to a type”。

需要修改 time_inc.jsp：

```
<%@ page language="java" contentType="text/html; charset=utf-8"
pageEncoding="UTF-8"   import="java.util.*"%>
<%=(new Date()).toLocaleString()%>
```

再次运行，才可获得与图 1.21 同样的结果，这是因为当 time_inc.jsp 独立运行时，需要相应的 java.util.* 库的支持。

2）<jsp:forward>动作

语法格式：

```
<jsp:forward page="文件的名字"/>
```

功能：该动作用于停止当前页面的执行，转向另一个 HTML 或 JSP 页面，该动作用于控制页面间的前后跳转，跳转时携带着内置对象 request 中的信息。

【例 1-17】 创建文件 ex17.jsp，内容如下。

```
<jsp:forward page="ex15.jsp"/>
```

在浏览器地址栏中输入“http://127.0.0.1:8080/chapter01/ex17.jsp”访问页面，运行结果与图 1.21 相同。

1.2.3 JSP 内置对象

1. JSP 内置对象概述

为了便于页面之间数据信息的保存、传递、获取等操作，JSP 专门设置了 9 个内置对象，如表 1.1 所示。内置对象体现在这些对象是预先设定的，不需要创建，在编写代码时，可以直接使用。

表 1.1 JSP 内置对象

对象名称	所属类型	有效范围	说明
application	javax.servlet.ServletContext	application	代表应用程序上下文，允许 JSP 页面与包括在同一应用程序中的任何 Web 组件共享信息

续表

对象名称	所属类型	有效范围	说明
config	javax. servlet. ServletConfig	page	允许将初始化数据传递给一个 JSP 页面
exception	java. lang. Throwable	page	该对象含有只能由指定的 JSP“错误处理页面”访问的异常数据
out	javax. servlet. jsp. JspWriter	page	提供对输出流的访问
page	javax. servlet. jsp. HttpJspPage	page	代表 JSP 页面对应的 Servlet 类实例
pageContext	javax. servlet. jsp. PageContext	page	是 JSP 页面本身的上下文，它提供了唯一一组方法来管理具有不同作用域的属性
request	javax. servlet. http. HttpServletRequest	request	提供对请求数据的访问，同时还提供用于加入特定请求数据的上下文
response	javax. servlet. http. HttpServletResponse	page	该对象用来向客户端输入数据
session	javax. servlet. http. HttpSession	session	用来保存在服务器与一个客户端之间需要保存的数据，当客户端关闭网站的所有网页时，session 变量会自动消失

对象的作用域描述了内置对象网站内一个、几个和所有页面的有效作用范围，见表 1.2。application 对所有页面有效，session 对有共享关系的几个页面有效，request 对有前后跳转关系的几个页面有效，page 对当前创建对象的一个页面有效。还需要注意生存周期的问题，application 生存时间最长，创建后，只有服务器关闭或重新启动时才结束生命；session 创建后在设定的时间内不发送请求时失效，客户端关闭网站的所有网页时，session 变量也会自动消失；request 在创建后，请求被处理返回后即失效。

表 1.2　内置对象的作用域

作用域	说明
page	对象只能在创建它的 JSP 页面中被访问
request	对象可以在与创建它的 JSP 页面监听的 HTTP 请求相同的任意一个 JSP 中被访问
session	对象可以在与创建它的 JSP 页面共享相同的 HTTP 会话的任意一个 JSP 中被访问
application	对象可以在与创建它的 JSP 页面属于相同的 Web 应用程序的任意一个 JSP 中被访问

这里重点讲解 request、response 和 session 对象，略讲 application 和 out 对象，其他对象略去，如有需要可以参考相关资料。

2. request 对象

request 对象是从客户端向服务器发出请求，包括用户提交的信息以及客户端的一些信息，request 对象可以在相关处理页面间传递。当客户端通过 HTTP 请求一个 JSP 页面时，JSP 容器会自动创建 request 对象并将请求信息包装到 request 对象中，当 JSP 容器处理完请求后，request 对象就会销毁。request 对象的主要方法见表 1.3。

表 1.3　request 对象的主要方法

方　法	说　明
setAttribute(String name, Object obj)	用于设置 request 中的属性及其属性值
getAttribute(String name)	用于返回 name 指定的属性值,若不存在指定的属性,就返回 null
removeAttribute(String name)	用于删除请求中的一个属性
getParameter(String name)	用于获得客户端传送给服务器端的参数值,若不存在,就返回 null
getParameterNames()	用于获得客户端传送给服务器端的所有参数名字(Enumeration 类的实例)
getParameterValues(String name)	用于获得指定参数的所有值
getCookies()	用于返回客户端的所有 Cookie 对象,结果是一个 Cookie 数组
getCharacterEncoding()	返回请求中的字符编码方式
getRequestURI()	用于获取发出请求字符串的客户端地址
getRemoteAddr()	用于获取客户端 IP 地址
getRemoteHost()	用于获取客户端名字
getSession([Boolean create])	用于返回和请求相关的 session。create 参数是可选的。为 true 时,若客户端没有创建 session,就创建新的 session
getServerName()	用于获取服务器的名字
getServletPath()	用于获取客户端所请求的脚本文件的文件路径
getServerPort()	用于获取服务器的端口号

1）使用 getParameter 方法获取客户端请求数据

【例 1-18】 getParameter 方法示例。

创建文件 ex18_login.jsp,内容如下。

```
<%@ page language = "java" contentType = "text/html; charset = utf - 8"
 pageEncoding = "UTF - 8"   import = "java.util. * " %>
<html>
        <body>
            <form name = "login" method = "post"     action = "ex18_handle.jsp">
            姓名:<input name = "userName" type = "text"/><br />
            密码:<input name = "passWord" type = "password"/>     <br />
                <input type = "submit" name = "Submit" value = "提交">
                <input type = "reset value = "重置">
            </form>
        </body>
</html>
```

创建文件 ex18_handle.jsp,内容如下。

```
<%@ page language = "java" contentType = "text/html; charset = utf - 8"
 pageEncoding = "UTF - 8"   import = "java.util. * " %>
<html>
    <body>
    <%
        String username  =  "";
        String password  =  "";
        request.setCharacterEncoding("UTF - 8");
```

```
9            if(request.getParameter("userName")!= null){
10            username = request.getParameter("userName");
11             }
12             if (request.getParameter("passWord")!= null){
13                password = request.getParameter("passWord");
14             }
15       %>
16       用户名称是: <% = username %><br/>
17       用户密码是: <% = password %>
18       </body>
19  </html>
```

ex18_handle.jsp 的第 8 行的作用是设置对客户端请求进行重新编码为 UTF-8，在网页中涉及中文时，需要加入该设置。第 9 行的 request.getParameter("userName")即为获取客户端输入的数据（用户姓名），必须保证参数名 userName 与 ex18_login.jsp 的第 6 行中<input name="userName" type="text"/>的 name 属性值 userName 一致，严格区分大小写。如果将 request.getParameter("userName")写为 request.getParameter("username")，则返回 null，所以需要判断取出数据是否有效。

在浏览器地址栏中输入"http://127.0.0.1:8080/chapter01/ex18_login.jsp"访问页面，录入数据，单击"提交"按钮，结果如图 1.22 所示。

图 1.22 getParameter 方法运行结果

除了以表单的形式提交客户端数据外，还有以下两种常见的方式。

(1) 在网址后追加参数，形式如下。

```
http://127.0.0.1:8080/chapter01/ex18_handle.jsp?userName = sundaohe&passWord = 123456
```

(2) 在超链接后面追加参数，形式如下。

创建文件 ex18_login_a.jsp，内容如下，单击链接会得到与图 1.22 相似的结果。

```
<% @ page language = "java" contentType = "text/html; charset = utf - 8"
 pageEncoding = "UTF - 8"  import = "java.util. * " %>
<html>
         <body>
              <a href = "http://127.0.0.1:8080/chapter01/ex18_handle.jsp
            ?userName = sundaohe&passWord = 123456">超链接上传参数</a>
         </body>
</html>
```

2）属性的设置和获取

在页面中使用 request 对象的 setAttribute("name",obj)方法，可以把数据 obj 设定在 request 范围(容器)内，请求转发后的页面使用 getAttribute("name")就可以取得数据 obj 的值。

设置数据的方法格式：

```
void request.setAttribute("key",object);
```

其中，参数 key 是键，为 String 类型，属性名称；参数 object 是键值，为 Object 类型，它代表需要保存在 request 范围内的数据。

获取数据的方法格式：

```
Object request.getAttribute(String name);
```

其中，参数 name 表示键名，所获取的数据类型是由 setAttribute("name",obj)中的 obj 类型决定的。

【例 1-19】 setAttribute 和 getAttribute 方法示例。

创建文件 ex19_login.jsp，内容如下。

```
<%@ page language="java" contentType="text/html; charset=utf-8"
 pageEncoding="UTF-8"   import="java.util.*"%>
<html>
        <body>
            <%
                request.setAttribute("userName", "sundaohe");
                request.setAttribute("passWord", "123456");
            %>
            <jsp:forward page="ex19_handle.jsp"></jsp:forward>
        </body>
</html>
```

创建文件 ex19_handle.jsp，内容如下。

```
<%@ page language="java" contentType="text/html; charset=utf-8"
 pageEncoding="UTF-8"   import="java.util.*"%>
<html>
    <body>
    <%
        String username = "";
        String password = "";
        request.setCharacterEncoding("UTF-8");
        username = (String) request.getAttribute("userName");
        password = (String) request.getAttribute("passWord");
    %>
    用户名称是:<%=username%><br/>
    用户密码是:<%=password%>
    </body>
</html>
```

在浏览器地址栏中输入"http://127.0.0.1:8080/chapter01/ex19_login.jsp"访问页面,结果如图 1.23 所示。request 对象设置和获取属性信息有效范围是 request,ex19_login.jsp 的第 9 行<jsp:forward page="ex19_handle.jsp"></jsp:forward>是关键,此时 IP 地址栏不变。采用 form 表单提交处理页面时用 request 对象设置属性无效。ex19_handle.jsp 的第 9、10 行进行了强制类型转换,键名需要与 ex19_login.jsp 的第 6、7 行的键名前后一致,区分大小写。

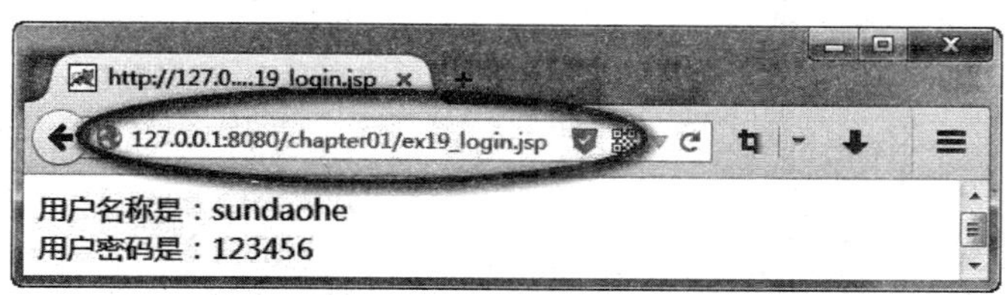

图 1.23　setAttribute 和 getAttribute 方法运行结果

3. response 对象

response 对象和 request 对象相对应,用于响应客户请求,由服务器向客户端输出信息。当服务器向客户端传送数据时,JSP 容器会自动创建 response 对象并将信息封装到 response 对象中,当 JSP 容器处理完请求后,response 对象会被销毁。response 和 request 结合起来完成动态网页的交互功能。response 对象的主要方法见表 1.4。

表 1.4　response 对象的主要方法

方　法	说　明
sendRedirect(String url)	使用指定的重定向位置 url 向客户端发送重定向响应
setDateHeader(String name,long date)	使用给定的名称和日期值设置一个响应报头,如果指定的名称已经设置,则新值会覆盖旧值
setHeader(String name,int value)	使用给定的名称和整数值设置一个响应报头,如果指定的名称已经设置,则新值会覆盖旧值
setContentType(String type)	为响应设置内容类型,其参数值可以为 text/html,text/plain,application/x_msexcel 或 application/msword
setCharacterEncoding()	为响应设置编码
setContentLength(int len)	为响应设置内容长度
setLocale(java.util.Locale loc)	为响应设置地区信息

这里着重对 setCharacterEncoding()和 sendRedirect()加以说明。

1) setCharacterEncoding()

response.setCharacterEncoding 设置 HTTP 响应的编码。当所设计的系统涉及中文时,建议使用 response.setCharacterEncoding("UTF-8")设置,以免出现乱码。

2) sendRedirect()

使用 response 对象中的 sendRedirect()方法实现重定向到另一个页面。与转发<jsp:forward page=" "/>的区别如下。

(1) <jsp:forward>在本网站内跳转,response.sendRedirect 可以跳转到任何一个地址的页面。

(2) <jsp:forward>带着 request 中的信息跳转；sendRedirect 不带 request 信息跳转。

(3) 使用<jsp:forward>网页地址栏保持不变，sendRedirect 网页地址栏变为跳转地址。

【例 1-20】 sendRedirect 方法示例。

创建文件 ex20_login.jsp，内容如下。

```
<%@ page language = "java" contentType = "text/html; charset = utf - 8"
 pageEncoding = "UTF - 8"   import = "java.util. * " %>
<html>
        <body>
            <%
                request.setAttribute("userName", "sundaohe");
                request.setAttribute("passWord", "123456");
                response.sendRedirect("ex19_handle.jsp");
            %>
        </body>
</html>
```

在浏览器地址栏中输入“http://127.0.0.1:8080/chapter01/ex20_login.jsp”访问页面，会发现网页的地址栏中内容变为“http://127.0.0.1:8080/chapter01/ex19_handle.jsp”，网页显示结果为“用户名称是：null，用户密码是：null”，说明 sendRedirect 不带 request 信息跳转。

4. session 对象

用户在浏览某个网站时，从进入网站到浏览器关闭所经过的这段时间称为一次会话。当客户重新打开浏览器建立到该网站的连接时，JSP 引擎为该客户再创建一个新的 session 对象，属于一次新的会话。session 主要用于解决单个客户访问同一网站不同页面资源的信息传递和控制。session 对象的主要方法见表 1.5。

表 1.5 session 对象的主要方法

方 法	说 明
Object getAttribute(String attriname)	用于获取与指定名字相联系的属性，如果属性不存在，将会返回 null
void setAttribute(String name,Object value)	用于设定指定名字的属性值，并且把它存储在 session 对象中
void removeAttribute(String attriname)	用于删除指定的属性(包含属性名、属性值)
Enumeration getAttributeNames()	用于返回 session 对象中存储的每一个属性对象，结果集是一个 Enumeration 类的实例
long getCreationTime()	用于返回 session 对象被创建的时间，单位为毫秒
long getLastAccessedTime()	用于返回 session 最后发送请求的时间，单位为毫秒
String getId()	用于返回 session 对象在服务器端的编号
long setMaxInactiveInterval()	用于返回 session 对象的生存时间，单位为秒
boolean isNew()	用于判断目前 session 是否为新的 session，若是则返回 true，否则返回 false
void invalidate()	用于销毁 session 对象，使得与其绑定的对象都无效

【例 1-21】 session 的 setAttribute 和 getAttribute 方法示例。

网站上的资源有些需要在登录成功后才能访问。一般的方法是登录成功后将用户名和密码写入 session 中，在访问后续网页时如果需要验证身份，则可通过读取 session 中的信息进行判断，调整网页访问流程。下面的 ex21_login.jsp 是登录页面；ex21_handle.jsp 是登录验证页面，这里设定只有用户名为 sundaohe，密码为 123456 才能通过验证，见代码第 11 行，真实的系统中此处一般会查询数据库进行验证；ex21_resource.jsp 是虚拟资源页面，目的在于展示如何读取 session 信息进行验证。

创建文件 ex21_login.jsp，内容如下。

```
<%@ page language = "java" contentType = "text/html; charset = utf - 8"
 pageEncoding = "UTF - 8"   import = "java.util. * " %>
<html>
        <body>
            <form name = "login" method = "post"     action = "ex21_handle.jsp">
            姓名:<input name = "userName" type = "text"/><br />
            密码:<input name = "passWord" type = "password"/>     <br />
                <input type = "submit" name = "Submit' value = "提交">
                <input type = "reset" value = "重置">
            </form>
        </body>
</html>
```

创建文件 ex21_handle.jsp，内容如下。

```
1   <%@ page language = "java" contentType = "text/html; charset = utf - 8"
2    pageEncoding = "UTF - 8"   import = "java.util. * " %>
3   <html>
4       <body>
5       <%
6           String username  =  "";
7           String password  =  "";
8           request.setCharacterEncoding("UTF - 8");
9           username  =  request.getParameter("userName");
10          password  =  request.getParameter("passWord");
11          if("sundaohe".equals(username)&&"123456".equals(password)){
12              session.setAttribute("userName", username);
13              session.setAttribute("passWord", password);
14              response.sendRedirect("ex21_resource.jsp");
15          }
16          else{
17              response.sendRedirect("ex21_login.jsp");
18          }
19      %>
20      </body>
21  </html>
```

代码第 9 行、10 行获取 ex21_login.jsp 输入的用户名和密码。第 11 行进行验证，判断用户名是否为 sundaohe，密码是否为 123456，注意这里代码写为"sundaohe".equals(username)而没有写成 username. equals("sundaohe")，防止 request. getParameter("userName")返回为 null 时，引起空指针异常；如果验证成功，代码 12、13 行调用 setAttribute()方法将用户名密码写入 session，然后调用 sendRedirect()方法跳转到 ex21_resource. jsp 页面；如果验证失败，跳转到 ex21_login. jsp 页面，重新登录。

创建文件 ex21_resource. jsp，内容如下。

```
1  <%@ page language = "java" contentType = "text/html; charset = utf - 8"
2   pageEncoding = "UTF - 8"   import = "java.util. * " %>
3  <html>
4      <body>
5      <%
6      String username = "";
7      username = (String)session.getAttribute("userName");
8      if(username!= null)
9          out.println("欢迎" + username + "访问网站资源");
10      else
11         response.sendRedirect("ex21_login.jsp");
12      %>
13     </body>
14 </html>
```

代码第 7 行调用 getAttribute 方法获取 session 中保存的用户名，这里需要进行强制类型转换。第 8 行进行简单的是否为 null 的判断，如果不为空输出欢迎语句，如果为空则跳转到 ex21_login. jsp 页面，重新登录。

在浏览器地址栏中输入"http://127. 0. 0. 1:8080/chapter01/ex21_login. jsp"访问页面。输入不正确的用户名和密码，如用户名为 sundao，密码为 123，观察页面反应；再输入正确的，用户名为 sundaohe，密码为 123456，观察页面反应。注意如果先输入正确的，再输入不正确的，则看不到想要的测试效果。因为 session 内已经写入信息 userName，则需关闭浏览器，重新打开测试。

5. application 对象

application 对象用于保存应用程序中的公有数据，在服务器启动时对每个 Web 程序都自动创建一个 application 对象，只要不关闭服务器或重新启动服务器，application 对象将一直存在，所有访问同一网站的用户可以共享 application 对象。application 主要用于解决多个客户访问同一网站不同页面资源的信息传递和控制。application 的典型应用是统计网站的到访用户数量，这里不再举例。

6. out 对象

out 对象的主要功能是向客户输出响应信息。其主要方法为 print()和 println()，可以输出任意类型的数据，HTML 标记可以作为 out 输出的内容。主要用于 Servlet 中输出简单数据，或 JSP 页面中为了编码连贯、可读性，输出简单格式语句。下面给出一个输出 HTML 表单的示例，主要用到转义字符(\)将双引号(")转为普通字符输出，写成为\"方可正确输出，这样会使代码的可读性变差。

【例 1-22】 out 对象示例。

创建文件 ex22_out. jsp，内容如下，其作用是生成一个有文本输入框的表单。

```
<%@ page language="java" contentType="text/html; charset=utf-8"
 pageEncoding="UTF-8"   import="java.util.*" %>
<html>
        <body>
        <%
    out.println("<form name=(\")login(\") method=\"post\"
    action=\"ex21_handle.jsp\">");
    out.println("姓名:<input name=\"userName\" type=\"text\"/><br />");
        out.println(    "</form>"         );
        %>
        </body>
</html>
```

在浏览器地址栏中输入"http://127.0.0.1:8080/chapter01/ex22_out.jsp"访问页面，页面效果与纯 HTML 表单效果相同。

1.3 Servlet 技术

1.3.1 Servlet 技术简介

Servlet 是用 Java 语言编写的服务器端程序，是由服务器端调用和执行的，按照 Servlet 自身规范编写的 Java 类，它被用来扩展服务器的性能。与传统的从命令行启动的 Java 应用程序不同，Servlet 由 Web 服务器进行加载。Servlet 可以处理客户端传来的 HTTP 请求，并返回一个响应。

1.3.2 Java Servlet 与 JSP 的比较

JSP 页面编写完毕后，在 Web 引擎运行前也会被编译器先转换为 Servlet，再编译成字节码(ByteCode)。一般对 Tomcat 服务器而言，JSP 转换后的 Servlet 放在 work 目录中，如 ex14.jsp 代码对应的 Servlet 位于 work\Catalina\localhost\chapter01\org\apache\jsp 目录下，对应的文件名为 ex14_jsp.java。因此，JSP 页面和 Servlet 是一一对应的。

JSP 是一种实现普通静态 HTML 和动态 HTML 混合编码的技术，JSP 并没有增加任何本质上不能用 Servlet 实现的功能。但是，在 JSP 中编写静态 HTML 更加方便，不必再用 println 语句来输出每一行 HTML 代码，且提供 request、session、response 和 out 等几个重要的内置对象，简化了数据传递与控制的编程。从网络三层结构的角度看 JSP 和 Servlet 的区别，一般一个网络项目最少分为三层：数据层(Data Layer)、业务层(Business Layer)、表现层(Presentation Layer)。Servlet 一般用来写业务层，JSP 则主要是为了方便写表现层而设计的。借助内容和外观的分离，使得页面制作中不同性质的任务可以方便地分开，人员分工更细致、明确，有助于软件开发的实施。

1.3.3 Servlet 示例

1. 使用 MyEclipse 创建 Servlet

1) 创建 Java Web 工程 login

打开 MyEclipse，选择 File→New→Web Project，打开 New Web Project 窗口，在其中

设置项目名称为 login,J2EE 版本选用 Java EE 6.0。

2) 创建 Servlet

选中工程 login,右击 src 目录,选择 New→Servlet,并按图 1.24 和图 1.25 填写内容。Servlet 名为 LoginHandle,注意图 1.24 和图 1.25 中所圈处的选择与填写。其中,图 1.25 的 Servlet/JSP Mapping URL 需要以/开始。

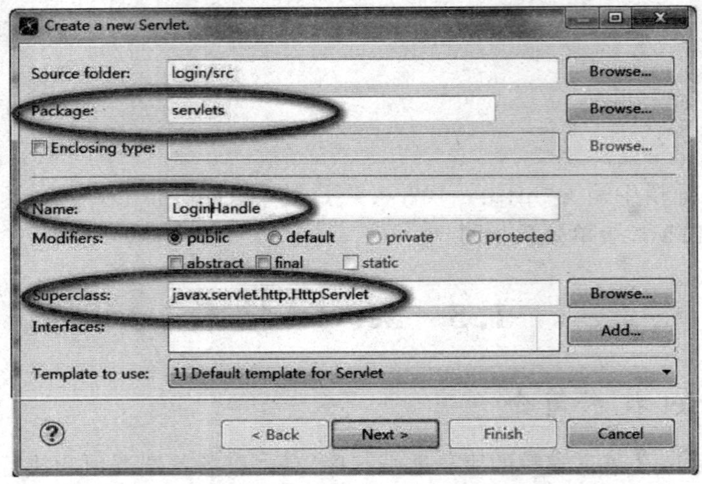

图 1.24 Servlet 创建对话框

图 1.25 Servlet 创建对话框

单击 Finish 按钮后,就完成了 Servlet 的创建并自动在 web.xml 中完成 Servlet 的设置。单击"部署 J2EE 项目"的快捷菜单,把 login 工程部署到 Tomcat 的 Web 应用发布目录 webapps 中,见图 1.26。注意此处选择很重要,不要往 webapps 下的子目录中部署,否则会出错。在浏览器地址栏中输入"http://127.0.0.1:8080/login/LoginHandle",得到的运行结果见图 1.27,这是 MyEclipse 自动生成的 Servlet 的运行结果。Servlet 可以直接在浏览器地址栏中访问,这是 Servlet 与一般的 Java 类的典型区别。

2. Servlet 解析

1) Servlet 程序的基本结构

创建 Servlet LoginHandle 在 src 目录下生成了 LoginHandle.java 文件,并修改了 WebRoot/WEB-INF/web.xml 文件的内容,完成对 Servlet LoginHandle 的配置。查看

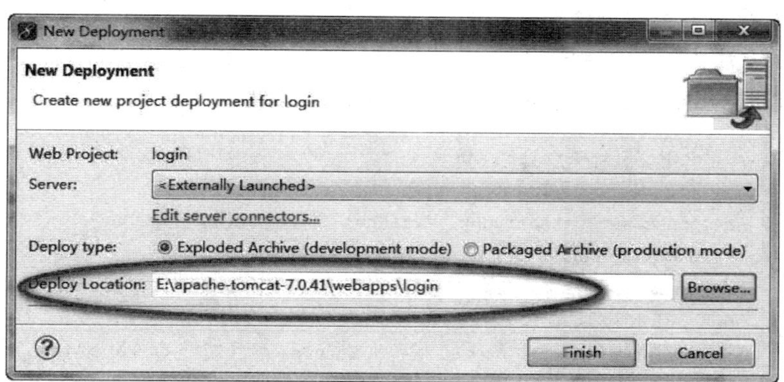

图 1.26　选择 Servlet 部署位置

图 1.27　自动生成的 Servlet 运行效果

LoginHandle.java 的内容，可知自动生成 Servlet 程序的基本结构如下。

```
1   package servlets;
2   import java.io.PrintWriter;
3   ...
4   public class LoginHandle extends HttpServlet {
5       public LoginHandle() {      }
6       public void destroy() { }
7       public void doGet(HttpServletRequest request, HttpServletResponse response)
  throws ServletException, IOException {      }
8       public void doPost(HttpServletRequest request, HttpServletResponse response)
  throws ServletException, IOException {      }
9       public void init() throws ServletException {      }
10  }
```

代码的第 1 行定义了一个包名，第 2 行引入需要的类库，第 4 行开始是 ServletLoginHandle 类的主要内容，其继承类 HttpServlet。类 HttpServlet 中包含几个重要方法，其作用分别如下。

init()：初始化方法，Servlet 对象创建后，接着执行该方法。

doGet()：当请求类型是 get 时，调用该方法。

doPost()：当请求类型是 post 时，调用该方法。

destroy()：Servlet 对象注销时自动执行。

这里还有一个 service()没有出现在 LoginHandle.java 中，Servlet 处理请求时自动执行 service()方法，该方法根据请求的类型(get 或 post)，调用 doGet()或 doPost()方法，因此，在建立 Servlet 时，一般只需要重写 doGet()和 doPost()方法。在由 jsp 转化而来的

Servlet 中可以看到该类似方法。

2）doGet 方法内容

自动创建 Servlet LoginHandle 的 doGet 方法内容如下。

```
1   public void doGet(HttpServletRequest request, HttpServletResponse response)
    throws ServletException, IOException {
2           response.setContentType("text/html");
3           PrintWriter out = response.getWriter();
4           out.println("<!DOCTYPE HTML PUBLIC \"-//W3C//DTD HTML 4.01 Transitional//EN\">");
5           out.println("<HTML>");
6           out.println("  <HEAD><TITLE>A Servlet</TITLE></HEAD>");
7           out.println("  <BODY>");
8           out.print("    This is ");
9           out.print(this.getClass());
10          out.println(", using the GET method");
11          out.println("  </BODY>");
12          out.println("</HTML>");
13          out.flush();
14          out.close();
15  }
```

这里也用到 response、request 等对象，但是在 Servlet 编程中，不存在 JSP 内置对象的概念，所有用到的对象和变量必须定义，这与一般的 Java 编程相同。对象 request、response 是由 doGet 方法的参数传入的，见代码的第 1 行。代码第 3 行定义了 out 对象，然后使用 response 的 getWriter()方法进行赋值。第 4～15 行使用 out 对象输出了一个基本 HTML 文档结构。要注意第 13、14 行在编程时不要漏掉。初建时 doPost 方法与 doGet 方法相同，这里不再赘述。

3）Servlet 配置

修改 web.xml 内容，可以完成 Servlet 的重新配置，建议不要修改。与初建的 Servlet 相关的 web.xml 内容如下。

```
1   <servlet>
2     <description>This is the description of my J2EE component</description>
3     <display-name>This is the display name of my J2EE component</display-name>
4     <servlet-name>LoginHandle</servlet-name>
5     <servlet-class>servlets.LoginHandle</servlet-class>
6   </servlet>
7   <servlet-mapping>
8     <servlet-name>LoginHandle</servlet-name>
9     <url-pattern>/LoginHandle</url-pattern>
10  </servlet-mapping>
```

第 9 行的＜url-pattern＞的值/LoginHandle 是 Web 访问名称，通过＜url-pattern＞的值找到第 8 行的＜servlet-name＞，通过第 8 行的＜servlet-name＞的值（这里是 LoginHandle）匹配到第 4 行的＜servlet-name＞，然后找到第 5 行的＜servlet-class＞。Tomcat 容器加载运行＜servlet-class＞（这里的值是 servlets.LoginHandle，servlets 是包

名，LoginHandle 是类名）完成 Servlet 的一次执行。

3. Servlet 编程

1）Servlet 生命周期

Servlet 的生命周期图见 1.28。

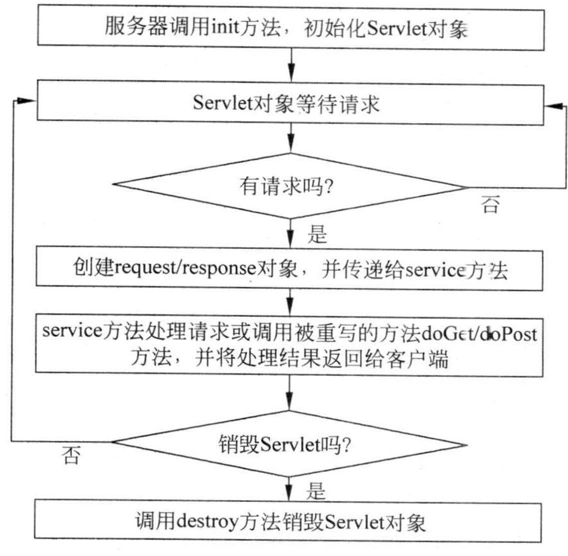

图 1.28 Servlet 生命周期

2）Servlet 编程接口

设计 Servlet 要在 Servlet 框架约束下进行，并遵守其中所要求的规则。Servlet 框架中所组成的类和接口见表 1.6。

表 1.6 Servlet 编程接口

功　能	类和接口
Servlet 实现	javax. servlet. Servlet，javax. servlet. SingleThreadModel
	javax. servlet. GenericServlet，javax. servlet. http. HttpServlet
Servlet 配置	javax. servlet. ServletConfig
Servlet 异常	javax. servlet. ServletException，javax. servlet. UnavailableException
请求和响应	javax. servlet. ServletRequest，javax. servlet. ServletResponse
	javax. servlet. ServletInputStream，javax. servlet. ServletOutputStream
	javax. servlet. http. HttpServletRequest，javax. servlet. http. HttpServletResponse
会话跟踪	javax. servlet. http. HttpSession，javax. servlet. http. HttpSessionBindingListener
	javax. servlet. http. HttpSessionBindingEvent
Servlet 上下文	javax. servlet. ServletContext
Servlet 协作	javax. servlet. RequestDispatcher
其他	javax. servlet. http. Cookie，javax. servlet. http. HttpUtils

3）Servlet 常用对象及其方法

JSP 内置对象与 Servlet 类（接口）密切相关，其对应关系见表 1.7。重写 Servlet 方法时，需要使用对应类进行定义创建对象，然后即可使用与 JSP 内置对象相同名称的方法进行编程。这里不再对 Servlet 的相似方法做介绍。

表 1.7　JSP 内置对象与 Servlet 类(接口)对应关系

JSP 内置对象	Servlet 类或接口
out	javax. servlet. http. HttpServletResponse。由 PrintWriter 类定义 Servlet 的 out 对象，使用 response. getWriter()方法创建(获取)对象
request	javax. servlet. http. HttpServletRequest。一般为 doGet 和 doPost 方法的参数
response	javax. servlet. http. HttpServletResponse。一般为 doGet 和 doPost 方法的参数
session	javax. servlet. http. HttpSession。由 HttpSession 类定义 Servlet 的 session 对象，使用 request. getSession()方法创建(获取)对象
application	javax. servlet. ServletContext。由 ServletContext 类定义 Servlet 的 application 对象，使用 this. getServletContext()方法创建(获取)对象
config	javax. servlet. ServletConfig
exception	javax. servlet. ServletException

4. Servlet 应用示例

【例 1-23】 使用 Servlet 进行用户登录验证。

在 login 工程的 WebRoot 目录下创建文件 ex23_login. jsp，提供用户登录界面。内容与文件 ex21_login. jsp 相似，仅处理页面不同，action 改为 Servlet LoginHandle。变化行代码如下。

```
<form name = "login" method = "post" action = "LoginHandle">
```

打开文件 LoginHandle. java，修改 Servlet LoginHandle 的 doGet 方法如下。

```
1   public void doGet(HttpServletRequest request, HttpServletResponse response)
            throws  ServletException, IOException {
2           String username = "";
3           String password = "";
4           HttpSession session = request.getSession();
5           request.setCharacterEncoding("UTF-8");
6           username = request.getParameter("userName");
7           password = request.getParameter("passWord");
8           if("sundaohe".equals(username)&&"123456".equals(password)){
9               session.setAttribute("userName", username);
10              session.setAttribute("passWord", password);
11              response.sendRedirect("ex23_resource.jsp");
12          }
13          else{
14              response.sendRedirect("ex23_login.jsp");
15          }
16      }
```

代码第 4 行定义并获取 session 对象，代码第 6、7 行获取 ex23_login. jsp 输入的用户名和密码。第 8 行进行验证，判断用户名是否为 sundaohe，密码是否为 123456，实际系统一般需要访问数据库进行验证。如果验证成功，代码第 9、10 行调用 setAttribute()方法将用户名密码写入 session,然后跳转调用 sendRedirect()方法跳转到 ex23_resource.jsp 页面;如果验证失败,跳转到 ex23_login.jsp 页面,重新登录。与 sendRedirect ("ex23_resource.jsp")相似的常用方法还有:

```
request.getRequestDispatcher("/ex23_resource.jsp").forward(request, response)
```

通常需要将上一网页的某些信息向后传递时,使用 forward 方法。doPost 方法修改为调用 doGet(request,response),其他方法不变。

在 WebRoot 目录下创建文件 ex23_ resource.jsp,提供处理的信息展示界面。内容与文件 ex21_ resource.jsp 相似,仅变化第 11 行代码如下。

```
response.sendRedirect("ex23_login.jsp");
```

单击"部署 J2EE 项目"的快捷菜单,重新把 login 工程部署到 Tomcat 的 Web 应用发布目录 webapps 中。在浏览器地址栏中输入"http://127.0.0.1:8080/login/ex23_login.jsp",即可测试 Servlet LoginHandle 的功能。如果输入用户名不为 sundaohe 或密码不为 123456,则重新转回到 ex23_login.jsp;如果输入用户名为 sundaohe,且密码为 123456,则跳转到 ex23_resource.jsp,显示欢迎信息。如果直接访问 http://127.0.0.1:8080/login/ex23_resource.jsp 而没有登录,也会跳转到 ex23_login.jsp。观察 Servlet 代码可以发现,其编程规则与一般 Java 类相同,从这方面讲 Servlet 是实现了 HTTP 的 Java 类,同时实现了与页面显示的分离。复杂的逻辑控制会调用很多其他 Java 对象,这与普通的 Java 对象间相互调用相似。

1.4 JavaBean 技术

1.4.1 JavaBean 技术简介

JavaBean 是 Java Web 程序的重要组成部分,是一个可重复使用的软件组件,是用 Java 语言编写的、遵循一定标准的类,它封装了数据和业务逻辑,供 JSP(Servlet)调用,完成数据封装和数据处理等功能。JavaBean 的设计需要遵循的规则如下。

(1) JavaBean 是一个公共类。

(2) JavaBean 类具有一个公共的无参的构造方法。

(3) JavaBean 所有的属性定义为私有的。

(4) 在 JavaBean 中,需要对每个属性提供两个公共方法。

假设属性名字是×××,要提供的两个公有方法如下。

set×××():用来设置属性×××的值。

get×××():用来获取属性×××的值。

若属性类型是 boolean,则需要增加一个公有方法名为 is×××()。

(5) 定义 JavaBean 时,通常放在一个命名的包下。

1.4.2 JSP+JavaBean 应用示例

本示例使用 JavaBean 把用户登录处理的过程再实现一次。

1. 创建 JavaWeb 工程 Stu

打开 MyEclipse,选择 File→New→Web Project,打开 New Web Project 窗口,在其中设置项目名称为“Stu”,J2EE 版本选用 Java EE 6.0。

2. 创建 JavaBean

选中工程 Stu,右击 src 目录,选择 New→class,类名为 Student,包名为 entity。声明私有成员变量 userName、passWord。注意成员变量的名字与提交表单名字一般要保持一样(区分大小写),以方便使用。之后按照 JavaBean 的设计规则要求为每个成员变量提供两个(boolean 型三个)公有的成员方法。在 MyEclipse 中通过下列步骤可以快速生成各属性的 set/get 方法：声明各私有成员变量后,右击代码窗口空白处,依次选择 Source→Generate Getters and Setters,选中“全选”属性,单击“Finish”按钮。Java Bean Student 代码如下。

```
1   package entity;
2   public class Student {
3       private String userName;
4       private String passWord;
5       public String getUserName() {
6           return userName;
7       }
8       public void setUserName(String userName) {
9           this.userName = userName;
10      }
11      public String getPassWord() {
12          return passWord;
13      }
14      public void setPassWord(String passWord) {
15          this.passWord = passWord;
16      }
17      public String test(){
18          return "just a test";
19      }
20  }
```

这是一个普通的 Java 代码,这里不做详细说明。要注意第 17 行的 test 成员方法是为了 JSP 页面引用测试加入的,没有实际意义。对于 Java Bean 有两种不同的看法,一种严格的看法是只能有成员变量、set 和 get 方法；另一种是可以增加成员方法,使得 Bean 是一个具有特定意义的对象,如定义一个圆(Circle Bean),除了圆心、半径等成员变量、get 和 set 方法,还增加计算面积、周长的方法等。在招生报名系统中基本采用的是第一种,定义的 JavaBean 都只有成员变量、get 和 set 方法,且成员变量一般和数据库中的某个表的字段是一一对应的,以便于完成实体关系的映射。业务逻辑单独放在另外的类中供 Servlet 类调用。

设计的 JavaBean Student 类经过编译后,需部署到“Stu/WEB-INF/classes”下；如果是打包类 jar 需部署到“Stu/WEB-INF/lib”下。在 MyEclipse 开发环境中,当部署 Web 工程时,JavaBean 就会自动部署到正确位置,这里不再赘述。

3. 使用 JavaBean

【例 1-24】 使用 JSP+JavaBean 处理用户登录。

在 WebRoot 目录下创建文件 ex24_login.jsp，提供用户登录界面。内容与文件 ex23_login.jsp 相似，仅处理页面不同，action 改为 ex24_showStu.jsp。变化行代码如下。

```
<form name="login" method="post" action="ex24_showStu.jsp">
```

需要注意的是，输入文本框“用户”的 name 属性值必须为 userName，输入文本框“密码”的 name 属性值必须为 passWord，需要与 JavaBean Student 的成员变量名一致。

创建文件 ex24_showStu.jsp，内容如下。

```
1   <%@ page language="java" contentType="text/html; charset=utf-8" pageEncoding=
    "UTF-8"import="java.util.*" %>
2     <%@ page import="entity.Student" %>
3     <html>
4       <body>
5       <% request.setCharacterEncoding("UTF-8"); %>
6       <jsp:useBean id="stu" class="entity.Student"  scope="request"/>
7       <jsp:setProperty name="stu" property="*" />
8       您的用户名是:<jsp:getProperty name="stu" property="userName" />   <br/>
9       您的密码是:<jsp:getProperty name="stu" property="passWord" />   <br/>
10      <%
11      String username="";
12      username=stu.getUserName();
13      out.println(stu.test());
14      if(username!=null)
15          out.println("欢迎"+username+"访问网站资源");
16       else
17          response.sendRedirect("ex24_login.jsp");
18       %>
19      </body>
20  </html>
```

代码第 2 行导入 entity.Student，第 6 行使用 JavaBean Student。<jsp:useBean>动作标签的语法如下。

```
<jsp:useBean id="对象名" class= "类名" scope= "有效范围"/>
```

其功能是在指定的作用范围内，调用由 class 所指定类的无参构造方法创建对象实例。若该对象在该作用范围内已存在，则不生成新对象，而是直接使用。其属性说明如下。

(1) class 属性：用来指定 JavaBean 的类名，注意，必须使用完全限定类名。

(2) id 属性：指定所要创建的对象名称，在后续的编程中主要使用该名称。

(3) scope 属性：指定所创建对象的作用范围。其取值有 4 个：page、request、session、application，默认值是 page。分别表示页面、请求、会话、应用 4 种范围，其意义与内置对象的作用域的含义相同。

代码第 7 行是获取 ex24_login.jsp 输入的值，并赋值给 JavaBean Student 相应的成员变量。<jsp:setProperty>动作标签一种的语法如下：

```
<jsp:setProperty name = "beanname" property = "propertyname" value = "beanvalue"/>
```

其功能是为 beanname 对象的指定属性 propertyname 设置指定值 beanvalue。其中，beanname 代表 JavaBean 对象名，对应<jsp:useBean>标记的 id 属性；propertyname 代表 JavaBean 的成员变量名；beanvalue 是要设置的值。在设置值时，自动实现类型转换(将字符串自动转换为 JavaBean 中属性所声明的类型)。示例如下所示，为 stu 对象 userName 成员变量赋值 john。

```
<jsp:setProperty name = "stu" property = "userName" value = "john"/>
```

<jsp:setProperty>动作标签另一种的语法是针对客户端所提交的请求参数，格式如下。

```
<jsp:setProperty name = "beanname" property = "propertyname" param = "paramname"/>
```

获取 ex24_login.jsp 的输入文本框“用户”的值，并赋值给 JavaBean Student 成员变量 userName 的语句为：

```
<jsp:setProperty name = "stu" property = "userName" param = "userName"/>
```

因为 property 属性和 param 属性的值相同，所以可以省略 param，系统会自动关联，可写为：

```
<jsp:setProperty name = "stu" property = "userName" />
```

如果 property 属性和 param 属性的值不相同，则不可以省略。在本示例中，因为 ex24_login.jsp 的两个输入文本框的属性值与 JavaBean Student 成员变量名是相同的，所以以下语句：

```
<jsp:setProperty name = "stu" property = "userName" param = "userName"/>
<jsp:setProperty name = "stu" property = "passWord " param = "passWord "/>
```

可以简写为：

```
<jsp:setProperty name = "stu" property = "userName" />
<jsp:setProperty name = "stu" property = "passWord " />
```

并进一步简写为：

```
<jsp:setProperty name = "stu" property = " * " />
```

其功能是将提交页面中表单输入域所提供的输入值提交到 JavaBean 对象中相同名称的成员变量中。

这里只是为了演示说明<jsp:setProperty>动作标签使用方法，在本书报名系统中采用 Servlet 的方式，使用 getParameter 方法获取数据，进行数据类型转换和数据验证，基本没有使用该动作标签，因为对于输入的数据还需要进行服务端验证，而使用该动作标签多有不便。

代码第 8、9 行是显示输入的值。<jsp:getProperty>动作标签语法格式如下。

```
<jsp:getProperty name = "beanname" property = "propertyname"/>
```

其功能是获取 JavaBean 对象指定属性的值，并显示在页面上。<jsp:getProperty>动作标签是通过 JavaBean 中的 get 方法获取对应的成员变量值。

第 10～18 行演示了如何在 Scriptlet 代码中访问 JavaBean，此时只需把 JavaBean 看作一个普通的 Java 类来访问其成员方法即可，如第 13 行的 stu. test()。在本书报名系统中一般采用 EL 表达式显示 JavaBean 中的数据，后面会对此进行讲解。

单击"部署 J2EE 项目"的快捷菜单，把 Stu 工程部署到 Tomcat 的 Web 应用发布目录 webapps 中。启动服务器，在浏览器地址栏中输入"http://127. 0. 0. 1:8080/Stu/ex24_login. jsp"，得到的运行结果见图 1. 29。

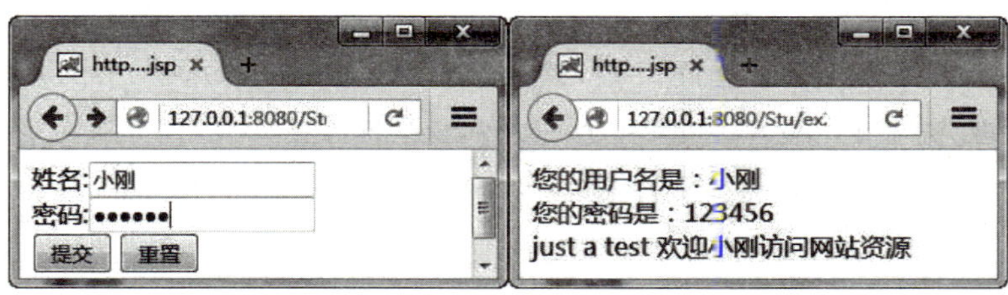

图 1. 29　JavaBean 使用示例

1. 4. 3　Servlet+JavaBean 应用示例

【例 1-25】　使用 Servlet+JavaBean 处理用户登录。

在 WebRoot 目录下创建文件 ex24_login_servlet. jsp，提供用户登录界面。内容与文件 ex24_login. jsp 相似，仅处理页面不同，action 改为 LoginHandle。变化行代码如下。

```
<form name = "login" method = "post" action = "LoginHandle">
```

选中工程 Stu，右击 src 目录，选择 New→Servlet，Servlet 名为 LoginHandle，打开文件 LoginHandle. java，使用 import entity. Student 在文件头部导入 JavaBean Student，修改 Servlet LoginHandle 的 doGet 方法如下。

```
public void doGet(HttpServletRequest request, HttpServletResponse response)
        throws ServletException, IOException {
            response.setContentType("text/html");
            String userName = "";
            String passWord = "";
            Student stu = new Student();
            HttpSession session = request.getSession();
            request.setCharacterEncoding("UTF-8");
            userName = request.getParameter("userName");
            passWord = request.getParameter("passWord");
            if("sundaohe".equals(userName)&&"123456".equals(passWord)){
```

```
11              stu.setUserName(userName);
12              stu.setPassWord(passWord);
13              session.setAttribute("stu", stu);
14              response.sendRedirect("ex24_resource.jsp");
15          }
16          else{
17              response.sendRedirect("ex24_login_servlet.jsp");
18          }
19      }
```

代码第 5 行创建一个 Student 对象 stu，代码第 6 行定义并获取 session 对象，代码第 8、9 行获取 ex24_login_servlet.jsp 输入的用户名和密码。第 10 行进行验证，判断用户名是否为 sundaohe，密码是否为 123456。如果验证成功，代码第 11、12 行给 stu 对象赋值，代码第 13 行调用 setAttribute()方法将对象 stu 写入 session，然后调用 sendRedirect()方法跳转到 ex24_resource.jsp 页面；如果验证失败，跳转到 ex24_login_servlet.jsp 页面，重新登录。doPost 方法修改为调用 doGet(request，response)，其他方法不变。

在 WebRoot 目录下创建文件 ex24_ resource.jsp，提供处理的信息展示界面，内容如下。

```
1  <%@ page language="java" contentType="text/html; charset=utf-8" pageEncoding=
   "UTF-8"  import="java.util.*"%>
2    <%@ page  import="entity.Student"%>
3    <html>
4      <body>
5      <%
6      String userName="";
7      Student stu=(Student)session.getAttribute("stu");
8      if(stu!=null&&(userName=stu.getUserName())!=null){
9      }
10      else     response.sendRedirect("ex24_login_servlet.jsp");
11      %>
12     欢迎<%=userName%>访问网站资源  <br/>
13     </body>
14  </html>
```

代码第 7 行从 session 对象获取一个 Student 对象，第 8 行代码较复杂，要考虑到直接访问该资源时 stu 为空，stu.getUserName()会出现空指针异常的情况。第 9 行是一个空条件执行体什么也没做，当登录成功时就会转到第 12 行执行，如果没有登录或用户名密码错误，则跳转到 ex24_login_servlet.jsp 页面。使用 JavaBean 把零散用户名、密码等信息整合成一个 Student 对象，增加了程序的可读性。这仅是一个资源访问模拟页面，在学习过滤器后，将会替换掉第 5～11 行的代码，实现统一的资源访问权限控制。

单击“部署 J2EE 项目”的快捷菜单，重新把 Stu 工程部署到 Tomcat 的 Web 应用发布目录 webapps 中。在浏览器地址栏中输入“http://127.0.0.1:8080/Stu/ex24_login_servlet.jsp”，即可测试相应的功能。如果输入用户名不为 sundaohe，或密码不为 123456，则重新转回到 ex24_login_servlet.jsp；如果输入用户名为 sundaohe，且密码为 123456，则跳转到 ex24_resource.jsp，显示欢迎信息。如果直接访问 http://127.0.0.1:8080/Stu/ex24_resource.jsp 而没有登录，也会跳转到 ex24_login_servlet.jsp。

1.5 Servlet 过滤器技术

1.5.1 Servlet 过滤器技术简介

过滤器技术是 Servlet 2.3 新增加的功能，于 2000 年 10 月发布，并在 Servlet 2.4 规范中得到增强。Java 中的过滤器并不是一个标准的 Servlet，主要用于对客户端请求以及服务器响应进行预处理，完成一些通用的操作。例如，对传输数据的编码设置、对传输的数据进行加密、用户认证与授权管理、实现 Web 应用的日志处理等操作。

过滤器的工作原理如下：当 Web 容器获得一个对资源的请求时，Web 容器判断是否存在过滤器和这个资源关联。如果存在关联就把请求交给过滤器去处理，在过滤器中可以对请求的内容做出改变，然后再将请求转交给被请求的资源。当被请求的资源做出响应时，Web 容器同样会将响应先转发给过滤器，在过滤器中可以对响应做出处理然后再将响应发送给客户端。在这整个过程中客户端和目标资源是不知道过滤器的存在的。

在一个 Web 应用程序中可以配置多个过滤器，从而形成一条过滤器链。在请求资源时，过滤器链中的过滤器依次对请求做出处理，并按照相反的顺序对响应做出处理。

1.5.2 Servlet 过滤器示例

1. 创建 JavaWeb 工程 login_filter 及相关资源

打开 MyEclipse，选择 File→New→Web Project，打开 New Web Project 窗口，在其中设置项目名称为“login_filter”，J2EE 版本选用 Java EE 6.0。

选中工程 login_filter，右击 src 目录，选择 New→Class，类名为 Student，包名为 entity。声明私有成员变量 userName，passWord。内容与工程 Stu 的 JavaBean Student 相同。

选中工程 login_filter，右击 WebRoot 目录，新建 stu 目录。右击 stu 目录，创建文件 ex26_resource.jsp，内容如下。

```
<%@ page language = "java" contentType = "text/html; charset = utf - 8" pageEncoding =
"UTF - 8"  import = "java.util. * " %>
  <%@ page  import = "entity.Student" %>
  <html>
    <body>
        欢迎<% = ((Student)session.getAttribute("stu")).getUserName() %>
        访问网站资源<br/>
    </body>
</html>
```

ex26_resource.jsp 的内容由 ex24_resource.jsp 改造而来，去掉了 ex24_resource.jsp 中访问权限控制的内容，文件放在了 stu 目录下，由过滤器来实现访问权限的控制。

选中工程 login_filter，右击 src 目录，选择 New→Servlet，创建 Servlet LoginHandle，包名为 servlets。Servlet LoginHandle 的 doGet 方法内容如下。

```
1   public void doGet(HttpServletRequest request, HttpServletResponse response)
2               throws ServletException, IOException {
3           response.setContentType("text/html");
4           String userName = "";
5           String passWord = "";
6           Student stu = new Student();
7           HttpSession session = request.getSession();
8           request.setCharacterEncoding("UTF-8");
9           userName = request.getParameter("userName");
10          passWord = request.getParameter("passWord");
11          if("sundaohe".equals(userName)&&"123456".equals(passWord)){
12              stu.setUserName(userName);
13              stu.setPassWord(passWord);
14              session.setAttribute("stu", stu);
15      response.sendRedirect("/login_filter/stu/ex26_resource.jsp");
16          }
17          else{
18              request.setAttribute("stuLoginMess", "密码或用户名错误!");
19              request.getRequestDispatcher("/index.jsp").forward(request, response);
20          }
21      }
```

代码与项目 Stu 的 Servlet LoginHandle 的 doGet 方法内容相似，这里不做过多解释。需要注意第 15 行，"/login_filter/stu/ex26_resource.jsp"为 ex26_resource.jsp 加上了目录限制，这是添加 stu 目录后引入的新问题，如果编码不当会出现资源无法访问的问题。第 19 行的"/index.jsp"也添加了目录限制，这是指网站根目录的 index.jsp。第 18 行在 request 对象中添加了 stuLoginMess 属性，当通过 index.jsp 登录时，如果密码或用户名错误，反馈给出提示信息。

选中工程 login_filter，右击 WebRoot 目录，创建文件 index.jsp，内容如下。

```
1   <%@ page language="java" contentType="text/html; charset=utf-8" pageEncoding=
    "UTF-8"import="java.util.*"%>
2   <html>
3           <body>
4               <%
5               if(request.getAttribute("stuLoginMess")!= null)
6               out.println(request.getAttribute("stuLoginMess"));
7               %>
8               <form name="login" method="post" action="/login_filter/LoginHandle">
9               姓名:<input name="userName" type="text"/><br />
10              密码:<input name="passWord" type="password"/>    <br />
11                  <input type="submit" name="Submit" value="登录">
12                  <input type="reset" value="重置">
13              </form>
14          </body>
15  </html>
```

代码第 5、6 行用于获得并显示 request 对象的 stuLoginMess 属性的信息，该属性由过滤器和 Servlet LoginHandle 根据情况进行相应设置。代码第 8 行"/login _ filter/LoginHandle"为 LoginHandle 加了目录限制，这是添加 stu 目录后引入的新问题。如果写为"LoginHandle"，当直接访问 http://127.0.0.1:8080/login_filter/stu/ex26_resource.jsp 时，因过滤器使用 forward 跳转到 index.jsp，浏览器地址栏不变，当输入用户名密码登录时，浏览器地址变为 http://127.0.0.1:8080/login_filter/stu/ LoginHandle，这与设计初衷相悖。以上内容一试便知，这里不再做更多解释。添加 stu 目录后引入的新问题，与本示例的编码有关，也许有更好的解决方案，但在网站设计时，要清醒认识文件路径，避免出错。

2. 创建过滤器

选中工程 login_filter，右击 src 目录，选择 New→class，创建过滤器，包名为 filters，类名为 LoginFilter，单击 Add 按钮，添加 Filter 接口，得到的 LoginFilter.java 文件主要内容如下。

```
public class LoginFilter implements Filter {
    @Override
    public void destroy() {
        //TODO Auto - generated method stub
    }
    @Override
    public void doFilter(ServletRequest arg0, ServletResponse arg1,
            FilterChain arg2) throws IOException, ServletException {
        //TODO Auto - generated method stub
    }
    @Override
    public void init(FilterConfig arg0) throws ServletException {
        //TODO Auto - generated method stub
    }
}
```

三个方法的解释说明如下。

(1) init(FilterConfig arg0)：用于初始化过滤器，并获取 web.xml 文件中配置的初始化参数，该方法在过滤器的生命周期中仅执行一次。

(2) doFilter(ServletRequest arg0, ServletResponse arg1, FilterChain arg2)：用于进行过滤操作，arg0 对应于 request 对象给过滤器提供了对输入的信息(表单数据、Cookie 和 HTTP 请求头等)的完全访问；arg1 对应于 response 对象，响应信息使用 arg1 对象，arg3 对应于 FilterChain 对象，用来调用过滤器中的下一个资源，用于访问链条中的后续过滤器。

(3) destory()：这个方法在 Web 容器卸载过滤器实例之前被调用，在 Filter 的生命周期中仅执行一次，用于释放 Servlet 过滤器占用的资源。

修改 doFilter 方法，实现特定意义的过滤器。本示例的 doFilter 方法内容如下。

```
public void doFilter(ServletRequest arg0, ServletResponse arg1,
        FilterChain arg2) throws IOException, ServletException {
    //TODO Auto - generated method stub
    HttpServletRequest req = (HttpServletRequest)arg0;
    HttpServletResponse resp = (HttpServletResponse)arg1;
```

```
6           HttpSession session = req.getSession();
7           if(session!= null&&session.getAttribute("stu") != null){
8               arg2.doFilter(req, resp);
9           }else{
10              req.setAttribute("stuLoginMess", "*请先登录!");
11              req.getRequestDispatcher("/index.jsp").forward(req, resp);
12          }
13      }
```

代码第 4、5 行进行 HttpServletRequest 类型转换。代码第 7 行判断是否登录成功过，如果成功登录过，则执行第 8 行，遍历后续过滤器链，直到访问所需资源文件。如果没有成功登录，则执行代码第 10、11 行，设置 request 对象的 stuLoginMess，用作给 index.jsp 的反馈信息，调用 forward 跳转到 index.jsp。

3. 设置过滤器

若使过滤器能够正常工作，还需要在 web.xml 中配置该过滤器，过滤器的配置不像 Servlet 可以自动完成，需要手动添加。打开 WebRoot/WEB-INF/web.xml 文件，本示例中与 filter 相关内容如下。

```
<filter>
    <filter-name>Filter_Login</filter-name>
    <filter-class>filters.LoginFilter</filter-class>
  </filter>
  <filter-mapping>
    <filter-name>Filter_Login</filter-name>
    <url-pattern>/stu/*</url-pattern>
  </filter-mapping>
```

Servlet 过滤器的配置包括以下两部分。

(1) 第一部分是过滤器在 Web 应用中的定义，由<filter>元素表示，包括<filter-name>和<filter-class>两个必需的子元素，其中，<filter-name>定义过滤器的名称，<filter-class>声明过滤器的实现类。此外，<filter>元素还可以包含<init-param>、<icon>、<display-name>和<description>4 个可选子元素。

(2) 第二部分是过滤器映射的定义，由<filter-mapping>元素表示，可以采用<url-pattern>子元素将<filter-name>子元素中指定的过滤器映射到任意特征的 URL，也就是说将过滤器与特定的 Web 资源进行关联。

过滤器本身的配置比较简单，也没什么过多的变化，但是在使用过滤器的时候，需要特别注意的是过滤器的过滤顺序。过滤器的过滤顺序取决于 web.xml 配置文件中的<filter-mapping>元素的排列顺序。因此在一个程序中如果使用了多个过滤器，在配置<filter-mapping>元素时需要特别小心，要按照预期的设想排列<filter-mapping>元素，否则会出现意想不到的错误。

4. 运行测试过滤器

如果浏览器地址栏中的内容为 http://127.0.0.1:8080/login_filter/stu/ex26_resource.jsp，则会触发过滤器。先匹配到<url-pattern>/stu/*</url-pattern>，依据

<filter-name>的 Filter_Login 去查找匹配<filter>，找到相应的 filter 后，依据<filter-class>的内容调用 filters.LoginFilter，调用 init 方法进行初始化，调用 doFilter 方法，发现没有成功登录过，转去 index.jsp 并提示相应信息。如果浏览器地址栏的内容为 http://127.0.0.1:8080/login_filter/index.jsp，则不会触发过滤器；输入用户名和密码，登录访问 http://127.0.0.1:8080/login_filter/ LoginHandle 处理页面，也不会触发过滤器。使用过滤器要考虑把相同访问控制权限的资源放到一个目录中，这样方便<url-pattern>的设置，这个工作在开始设计时就要进行。如果设计不当会增加编写过滤器的难度。没有登录，直接访问 ex26_resource.jsp 的结果见图 1.30，椭圆标记处为过滤器作用的结果。先访问 index.jsp 并成功登录后的结果见图 1.31。

图 1.30　直接访问 ex26_resource.jsp 示意图

图 1.31　成功登录访问 ex26_resource.jsp 示意图

1.6　EL 表达式语言

1.6.1　EL 表达式简介

EL(Expression Language)表达式用于在 JSP 页面中输出动态信息，使 JSP 写起来更加简单。自动完成了指针是否为空的判断，自动处理了指针异常的情况，减少了 Scriptlet 的使用，使得页面代码看起来更简洁。

1. EL 的语法形式

EL 表达式都是以 ${开始，以}结尾的，语法格式：

```
${expression}
```

其功能为在页面上显示表达式 expression 的值。即获取范围变量的值，所谓范围变量就是使用 setAttribute()方法存到 page、request、session、application 4 种范围内的对象。

例如,将用户名 john 以属性 userName 存放在 session 范围内:

```
session.setAttribute("userName","john");
```

为了取得存到 session 范围内的属性名 userName 的属性值,通常的代码为:

```
1  String userName = "";
2  if( (userName = ( String)session.getAttribute("userName"))!= null){
3  out.print(userName);
4  }
```

而使用 EL,则可简写为:

```
${sessionScope.userName}  或 ${userName}
```

其中,sessionScope 是 EL 中表示作用范围的内置对象,代表 session 范围,即在 session 中寻找 userName。若不指定范围,即写为 ${userName},则依次在 page、request、session、application 范围中查找。若中途找到 userName,就返回其值,不再继续找,但若在全部范围内没有找到,就返回 null。实际使用中,如果项目较大,建议指定查找范围。在 Web 程序设计中,对 JSP 页面常利用 EL 表达式代替脚本代码显示输出内容。这样就避开了代码第 2 行的判断。

2. 存取运算符

在 EL 表达式中,对数据值的存取是通过[]或“.”实现的。

其格式为:

```
${name.property} 或 ${name["property"]} 或 ${name[property]}
```

说明:

(1) []主要用来访问数组、列表或其他集合对象的属性。

(2) “.”主要用于访问对象的属性。

(3) []和“.”在访问对象属性时可通用,但也有区别:当存取的属性名包含特殊字符(如.或-等非字母和数字符号)时,就必须使用“[]”运算符。如${ user. My-Name}应当改为${user["My-Name"]}。

[]中可以是变量,“.”后只能是常量。如当 data 值动态变化时只能使用${user[data]}。

3. 存取运算符

EL 表达式支持的运算符和 Java 语言运算符类似,主要有算术运算符、关系运算符、逻辑运算符等。Tomcat 7 自带了关于 EL 表达式的示例,访问 http://127.0.0.1:8080/examples/jsp/即可获得代码并查看运行效果。这里不再赘述。

4. EL 内部对象

EL 内部(隐式)对象见表 1.8,其作用与 JSP 内置对象相当,在使用 EL 表达式时会经常用到这些对象。尽管 JSP 和 EL 隐式对象中只有一个公共对象(pageContext),但通过 EL 也可以访问其他 JSP 隐式对象。原因是 pageContext 拥有访问所有其他 8 个 JSP 隐式对象的特性。在本书的考试报名系统设计中使用${pageContext.request.contextPath}来获得网站的根目录。

表 1.8 EL 内部对象

对 象	描 述
pageContext	JSP 页面上下文。它可以用于访问 JSP 内置对象，如 request、response、session、servletContext 等。例如 ${pageContext. response}
pageScope	获取页面范围的变量值，例如 ${pageScope. objectName}。该对象允许访问请求对象的属性，例如 ${pageScope . objectName. attributeName}
requestScope	获取请求范围的变量值，例如 ${requestScope. objectName}。该对象允许访问请求对象的属性，例如 ${requestScope. objectName. attributeName}
sessionScope	获取会话范围的变量值，例如 ${sessionScope. name}。该对象允许访问会话对象的属性
applicationScope	获取应用程序范围的变量值
param	获取单个请求参数的值。表达式 ${param. name}相当于 request. getParameter (name)
paramValues	表达式 ${paramvalues. name}相当于 request. getParamterValues(name)
header	表达式 ${header. name}相当于 request. getHeader(name)
headerValues	表达式 ${headerValues. name}相当于 request. getHeaderValues(name)
cookie	表达式 ${cookie. name . value}返回带有特定名称的第一个 cookie 值。如果请求包含多个同名的 cookie，则应该使用 ${headerValues. name}表达式
initParam	获取上下文初始化参数的单个值，一般在 web. xml 的<context-param>中设定，其作用相当于 ServletContext. getInitparameter(String name)

1.6.2 EL 访问 JavaBean 示例

EL 也可以对 JavaBean 进行访问，访问 JavaBean 的属性格式为：${name. property}，表示查找指定名称的作用域变量，并输出指定的 JavaBean 的属性值。

在本书的考试报名系统设计中，一条主要的信息传送渠道是将数据库的表格信息读出，映射到相应的 JavaBean 对象，在 Servlet 中将这些 JavaBean 对象写入 request 或 session 对象，传送回客户端用于显示。在显示这些信息时，一般采用了 EL 表达式。

打开 login_filter 工程的 WebRoot/stu/ex26_resource. jsp 文件，在第 5 行下增加下代码：

```
欢迎 ${sessionScope. stu. userName}访问网站资源    <br/>
```

这里 EL 表达式的功能与<% =((Student) session. getAttribute (" stu")). getUserName()%>相同。重新部署 login_filter 工程，在浏览器地址栏中输入“http://127.0.0.1:8080/login_filter/index. jsp”，成功登录访问 ex26_resource. jsp，运行结果与图 1.31 相似，输出两行相同的“欢迎 sundaohe 访问网站资源”。

1.7 JSTL 标签库

1.7.1 JSTL 标签库简介

JSTL(JSP Standard Tag Library)是 JSP 标准标签库。使用 JSTL 中的标签，可以提高开发效率，减少 JSP 页面中的代码数量，保持页面的简洁性和良好的可读性、可维护性。

JSTL 1.0 发布于 2002 年 6 月，由 4 个定制标记库(core、format、xml 和 sql)和一对通用标记库验证器(ScriptFreeTLV 和 PermittedTaglibsTLV)组成。core 标记库主要功能为操作作用域的变量、流程控制、URL 生成和操作等，通常和 EL 表达式结合使用，EL 作为 JSTL 标签的属性值。format 标记库定义了用来格式化数据(尤其是数字和日期)的操作，它还支持使用本地化资源束进行 JSP 页面的国际化。xml 库包含一些标记，这些标记用来操作以 XML 表示的数据。sql 库定义了用来查询关系数据库的操作。常见的还有字符串处理函数库 fn。

JSTL 目前有三个版本：JSTL 1.0，JSTL 1.1，JSTL 1.2。JSTL 1.0 和 JSTL 1.1 包含 jstl.jar 和 standard.jar 这两个 jar 包，在 J2EE 4 的版本中是需要单独引用这两个 jar 包的。JSTL 1.2 在 J2EE 5 里的 jar 包是 jstl-1.2.jar，在 J2EE 6 里是 jstl-imp.jar。使用 MyEclipse 10 在创建 Web 工程时，J2EE specification level 选择 J2EE 6.0 即自动带有 jstl-imp.jar。

在 JSP 页面中使用 JSTL 时，在文件的头部加入如下代码后，即可在页面中使用 core 标签。

```
<%@taglib uri="http://java.sun.com/jsp/jstl/core"  prefix="c" %>
```

1.7.2 常用 JSTL 标签

JSTL 标签较多，形式多样，这里仅介绍在项目中用到的标签。其他的标签用户可以参考网页 http://www.runoob.com/jsp/jsp-jstl.html，该网页示例讲解较好。

1. <c:set>标签

其功能为创建变量，保存数据。其语法格式为：

```
<c:set target="" value="" var="" property=""  scope=""/>
```

var 属性：可选项，创建需要保存信息的变量。

value 属性：可选项，要保存的信息，可以是 EL 表达式或常量。

scope 属性：可选项，保存信息的变量范围(page、request、session、application)。

target 属性：可选项，需要修改属性的变量名，一般为 JavaBean 实例，若指定了 target 属性，则也必须指定 property 属性。

property 属性：可选项，需要修改的 JavaBean 属性。

例如，在 session 范围内创建 hour 变量，赋值为 12：

```
<c:set var="hour" scope="session" value="${12}"/>
```

2. <c:out>标签

其功能为在 JSP 页面中显示数据。语法格式为：

```
<c:out value="" default=""/>
```

value 属性：输出的信息，可以是 EL 表达式或常量。

default 属性：可选项，当 value 为空时，显示该信息。

例如，显示 hour 变量的值：

```
<c:out value="${hour}" />
```

3. <c:remove>标签

其功能为删除变量。语法格式为：

```
<c:remove var="" scope=""/>
```

var 属性：要删除的变量。

scope 属性：可选项，被删除变量的范围(page、request、session、application)。

例如，删除 session 范围内的变量 hour：

```
<c:remove var="hour" scope="session"/>
```

4. <c:if>标签

其功能为判断表达式的值，如果表达式的值为真则执行其主体内容。语法格式为：

```
<c:if test="test-condition"var=" " scope=" ">
    body content
</c:if>
```

test 属性：需要评价的条件。

var 属性：要求保存条件结果的变量名，这样做的目的就是避免在页面中多次进行相同的判断。

scope 属性：可选项，保存条件结果的变量范围。

```
<c:if test="${hour>=12}" var="noon" scope="session">
        <c:out value="下午好" />
</c:if>
```

5. <c:forEach>标签

其功能为循环迭代一个集合中的对象。语法格式为：

```
<c:forEach var=""items="" varStatus="" begin="" end="" step="">
    body content
</c:forEach>
```

items 属性：可选项，进行循环的项目。

var 属性：可选项，代表当前项目的变量名。

begin 属性：可选项，开始条件。

end 属性：可选项，结束条件。

step 属性：可选项，步长，默认值为 1。

varStatus 属性：可选项，显示循环变量的状态，见表 1.9。

表 1.9 varStatus 属性列表

属　性	描　述
current	当前这轮迭代的(集合中的)项
index	当前这轮迭代从 0 开始的迭代索引

续表

属　　性	描　　述
count	当前这轮迭代从 1 开始的迭代计数
first	用来表明当前这轮迭代是否为第一轮迭代的标志
last	用来表明当前这轮迭代是否为最后一轮迭代的标志
begin	begin 属性值
end	end 属性值
step	step 属性值

例如，循环显示颜色集合的值：

```
<c:forEach var = "color" items = " red,blue" >
    <c:out value = " ${color}"/></br>
</c:forEach>
```

1.7.3　JSTL 标签示例

1. 创建 JavaWeb 工程

打开 MyEclipse，选择 File→New→Web Project，打开 New Web Project 窗口，在其中设置项目名称为“test_jstl”，J2EE 版本选用 Java EE 6.0。

2. 创建 JavaBean Student

选中工程 test_jstl，右击 src 目录，选择 New→Class，类名为 Student，包名为 entity。声明私有成员变量 userName，passWord。内容与工程 Stu 的 JavaBean Student 相同。

3. 创建 Servlet StuCard

选中工程 test_jstl，右击 src 目录，选择 New→Servlet，创建 Servlet StuCard，包名为 servlets。Servlet StuCard 的 doPost 方法内容如下：

```
1   public void doPost(HttpServletRequest request, HttpServletResponse response)
        throws ServletException, IOException {
2           response.setContentType("text/html");
3           request.setCharacterEncoding("UTF-8");
4           List<Student> studentList = new ArrayList<Student>();
5           Student stu1 = new Student();
6           stu1.setUserName("john");
7           stu1.setPassWord("123456");
8           Student stu2 = new Student();
9           stu2.setUserName("tom");
10          stu2.setPassWord("123789");
11          studentList.add(stu1);
12          studentList.add(stu2);
13          request.setAttribute("result", studentList);
14          request.getRequestDispatcher("showStu.jsp").forward(request, response);
15      }
```

代码第 4 行创建 Student 类型数组列表 studentList，代码第 5～12 行创建两个 Student 对象，并将其加入列表 studentList。这里只是为了演示需要，实际上一般会从数据库中查找获取数据。代码第 13 行，在 request 对象中创建对象 result，把列表 studentList 存入其中。代码第 14 行带着 request、response 对象跳转到 showStu.jsp 页面。

Servlet StuCard 的 web.xml 相关配置如下，URL 映射名为 QueryStudent.do。

```
<servlet>
    <description>This is the description of my J2EE component</description>
    <display-name>This is the display name of my J2EE component</display-name>
    <servlet-name>StuCard</servlet-name>
    <servlet-class>servlets.StuCard</servlet-class>
  </servlet>
  <servlet-mapping>
    <servlet-name>StuCard</servlet-name>
    <url-pattern>/QueryStudent.do</url-pattern>
</servlet-mapping>
```

4. 创建文件 index.jsp

选中工程 test_jstl，右击 WebRoot 目录，创建文件 index.jsp，内容如下。

```
1   <%@ page language="java" contentType="text/html; charset=utf-8"
    pageEncoding="UTF-8"  import="java.util.*" %>
2   <%@taglib uri="http://java.sun.com/jsp/jstl/core"  prefix="c" %>
3   <html>
4     <body>
5       <c:set var="hour" scope="session" value="${12}"/>
6       <c:if test="${hour>=12}" var="noon" scope="session">
7           <c:out value="下午好"/>
8       </c:if>
9       <c:out value="${hour}"/>
10      <c:out value="${noon}"/>
11      <c:remove var="hour" scope="session"/>
12      <c:remove var="noon" scope="session"/>
13      <c:forEach var="color" items=" red,blue">
14      <c:out value="${color}"/></br>
15      </c:forEach>
16      <c:set var="webroot" value="${pageContext.request.contextPath}"/>
17      <c:out value="${webroot}"/>
18      <a href="QueryStudent.do">查询学生名单</a>
19    </body>
20  </html>
```

代码第 2 行引入 JSTL 标签，第 5 行展示＜c:set＞标签的使用方法；第 6～8 行展示＜c:if＞标签的使用方法，要注意＜c:out value="下午好" /＞不可以写为＜c:out value="${下午好}" /＞。代码第 9、10 行展示＜c:out＞的使用方法，第 11、12 行展示＜c:remove＞的使用方法，第 13～15 行展示＜c:forEach＞的使用方法，第 16、17 行展示在 JSTL 标签中如何使用 EL 表达式，第 18 行是一个到 Servlet StuCard 的链接，此处 URL 映射名为 QueryStudent.do。

5. 创建文件 showStu.jsp

选中工程 test_jstl，右击 WebRoot 目录，创建文件 showStu.jsp，内容如下。

```
1 <%@ page language = "java" contentType = "text/html; charset = utf - 8" pageEncoding =
  "UTF - 8"  import = "java.util.*" %>
2 <%@taglib uri = "http://java.sun.com/jsp/jstl/core"  prefix = "c" %>
3 <html>
4   <body>
5     <c:forEach var = "stuRecord" items = "${result}" >
6     <p>${stuRecord.userName}          ${stuRecord.passWord} </p>
7     </c:forEach>
8   </body>
9 </html>
```

代码第 2 行引入 JSTL 标签，第 5～7 行使用 JSTL 的＜c:forEach＞标签显示学生信息。items="${result}的 result 即是 Servlet StuCard 存放在 request 中的 result 对象，其值为列表 studentList，具体见 Servlet StuCard dopost 方法代码的第 13 行。每次循环取一个学生的信息放在变量 stuRecord 中，代码第 6 行使用 EL 表达式显示学生信息。

6. 运行测试 JSTL 标签

发布部署工程 test_jstl，在浏览器地址栏中输入"http://127.0.0.1:8080/test_jstl/index.jsp"，可以看到 index.jsp 中 JSTL 标签的运行输出结果见图 1.32(a)，其中条件变量 noon 的输出为 true。单击"查询学生名单"，其运行结果见图 1.32(b)。

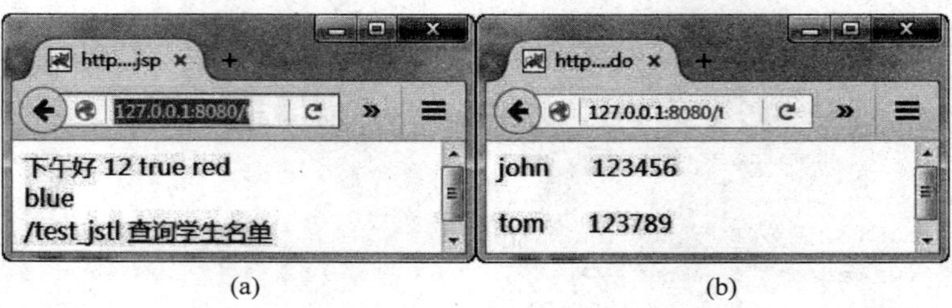

(a) (b)

图 1.32 JSTL 标签运行测试结果

第2章 招生考试报名系统项目概述

从本章开始，将对一个实际的招生考试报名系统项目进行讲解，结合项目学习在Java Web开发过程中一些常用的技术要点，以期读者可以借鉴相关技术并应用到自己的项目开发中。本章首先对招生考试报名系统的需求、功能、业务流程等进行总体介绍。

2.1 项目概述

随着计算机信息技术的高速发展，在线招考报名系统逐渐发展成为高校招生工作不可或缺的基础设施。高校应以学校发展实际情况为出发点，有针对性地设计招生考试报名系统。一般地说，招生考试报名这项工作涉及院校内部各职能部门间协同配合。但目前部分院校内部各职能部门间，对于数据服务器在设置上未实现共享，信息还处于各自独立的状态。为了实现部门间的信息共享，同时将相关人员从烦琐的招生考试报名的组织管理工作中解脱出来，缩减劳动耗费，必须使用网络信息化平台代替传统的人工招考管理。

2.2 系统业务流程分析

通过对招生考试报名过程中所涉及的各类人员及其职能分工进行调研，确定了使用网络信息化平台组织招生考试报名工作的基本流程，并按照时间先后以及事件的逻辑顺序分为以下8个阶段。

1. 招生管理员发布招考信息

招生管理员通过学校网站等途径向社会公布《招生章程》以及招考报名系统网址。其中，招生章程中包含学校基本信息、招生计划、录取规则、招生专业介绍、招生考试报名时间及办法、考试安排等内容。招生管理员还需要将相关的招考信息录入到报名系统。

2. 考生自行注册账号、在线填写报名信息、上传电子照片并打印报名表

考生首先通过招考报名系统注册账号，并在规定的时间内使用该账号登录填写个人报考信息、上传本人的电子头像照片，然后在线打印个人报名信息表。在考生现场确认报名信息之前，如果发现填报信息有误则可以登录系统修改个人报考信息，也可以重新上传本人照片并打印个人报名信息表。

3. 考生到招考单位现场确认报考信息并缴纳报名费

在指定的时间内考生携带身份证、个人报名信息表以及学校要求的其他相关证件到学校缴纳考试报名费，同时确认个人报考信息，报考信息一旦确认完毕，考生就不能够再次修改个人报名信息了，也不能重新上传本人照片。

4. 教务管理员为缴费学生分配准考证号并安排考场

当现场确认报考信息与缴费截止之后，由教务管理员为所有已经缴费确认的考生分配准考证号并安排考场。

5. 考生在线打印准考证并按时参加考试

准考证号和考场分配完毕之后，考生可以登录系统在线打印准考证，准考证上包含个人报考信息、考试科目、考试时间、考点、考场、座位号以及考试注意事项等相关内容。考生携带身份证、准考证等相关证件到指定时间、地点参加考试。

6. 招生管理员将阅卷成绩录入系统

考生考试结束后，相关专业教师进行阅卷，然后由招生管理员将考生成绩录入系统。

7. 招生管理员确定录取分数线

招生管理员根据招生计划和考试成绩总体情况确定各招考专业的录取分数线，并将分数线录入系统。

8. 考生在线查询考试成绩及录取情况

考生登录系统在线查询本人的考试成绩与录取情况。

2.3 系统功能说明

1. 用户与角色

根据对招考报名系统的业务流程进行分析，系统将设置4个角色，分别为考生、系统管理员、招生管理员和教务管理员。按照用户角色的不同画出的系统总体功能结构如图2.1所示。

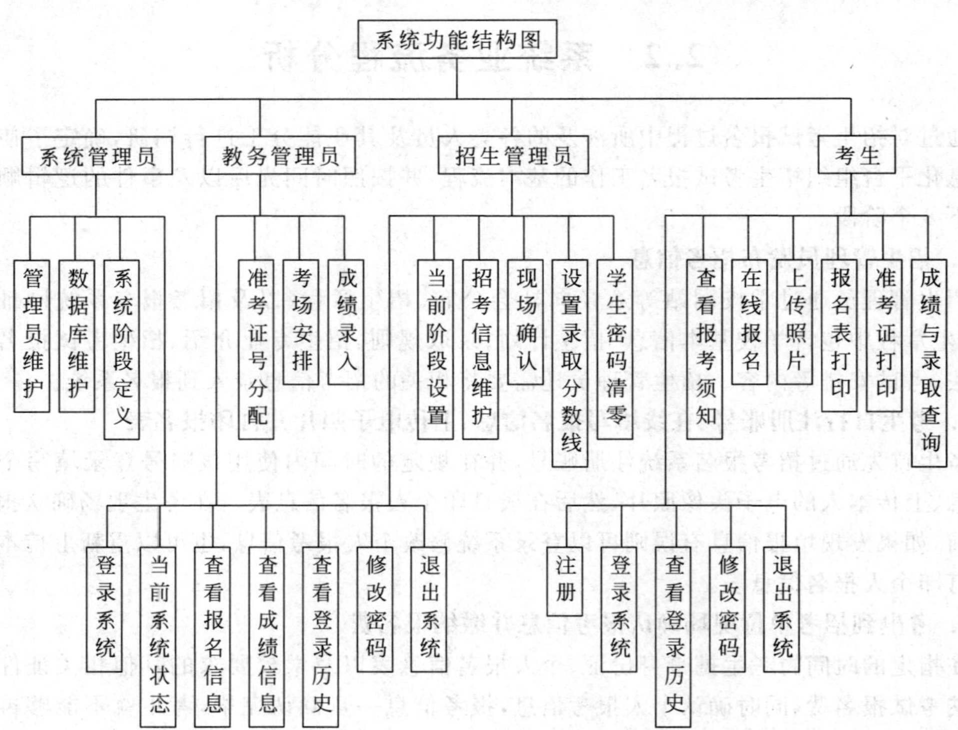

图2.1 系统功能结构图

考生用户的核心业务功能包括查看报考须知、在线报名、上传照片、报名表打印、准考证打印、成绩与录取查询。此外考生还具有注册、登录系统、查看登录历史、修改密码和退出系统的功能。

系统管理员用户的核心业务功能包括管理员维护、数据库维护以及系统阶段定义功能。招生管理员用户的核心业务功能包括当前阶段设置、招考信息维护、现场确认、设置录取分数线和学生密码清零功能。教务管理员用户的核心业务功能包括准考证号分配、考场安排和成绩录入功能。此外，所有管理员用户共有的系统功能包括登录系统、当前系统状态、查看报名信息、查看成绩信息、查看登录历史、修改密码和退出系统功能。

2. 系统功能介绍

下面对不同用户的各个功能进行详细介绍。

1）考生用户

（1）注册，考生在报名前通过本系统注册账号。

（2）登录系统，考生使用注册的账号登录本系统。

（3）查看登录历史，考生登录系统后可以查看自己的登录使用本系统的历史记录，包括每次登录的时间和登录的 IP 地址等信息。

（4）修改密码，考生登录本系统后可以修改自己的密码。

（5）退出系统，考生登录本系统后可以随时退出。

（6）查看报考须知，考生登录本系统后的第一个页面就是报考须知，该页面显示使用本系统各个功能的总体时间安排，例如什么时间段内进行在线报名、什么时间段内进行打印准考证等。

（7）在线报名，考生登录本系统后在线填写或者修改本人报考信息。

（8）上传照片，上传的电子版照片将用于在报名表和准考证上显示，因此照片必须为近期免冠正面证件照并且能够清晰地反映本人特征。

（9）报名表打印，报名表由个人填写的报考信息自动生成，并可以在线打印，用于个人信息的核对与现场确认。

（10）准考证打印，准考证由个人已经确认的报考信息以及教务管理员安排的准考证号、考场等信息自动生成，并可以在线打印。

（11）成绩与录取查询，考生登录本系统可以查询本人考试成绩和录取情况。

2）管理员用户（包括系统管理员、招生管理员和教务管理员）的共有功能

（1）登录系统，管理员用户使用管理员账号登录系统后台管理，管理员账号由系统管理员添加并维护，系统初始时有一个系统管理员用户。

（2）当前系统状态，管理登录系统后可以查看系统当前的运行状态信息，包括当前系统所处的阶段、当前在线人数、考生报考的一些统计信息等。

（3）查看报名信息，管理员登录系统后可以在线查询报名信息列表，也可以将当前的报名信息导出到本地 Excel 工作表中。

（4）查看成绩信息，管理员登录系统后可以在线查询考生成绩信息，也可以将成绩信息导出到本地 Excel 工作表中。

（5）修改密码，管理员登录系统后可以修改自己的密码。

（6）退出系统，管理员登录系统成功后可以随时退出。

3）系统管理员用户功能

（1）管理员维护，本系统有且仅有一个系统管理员用户，系统管理员可以添加招生管理员或者教务管理员，可以查看管理员列表。如果其他管理员用户忘记了登录密码，系统管理员还可以对管理员用户进行密码清零重置操作。

（2）数据库维护，系统管理员可以对本系统数据库进行备份操作，也可以使用已经备份的数据库恢复数据。

（3）系统阶段定义，按照招生考试报名工作的基本流程，按照时间先后以及事件的逻辑顺序将系统划分为若干个使用阶段，不同用户在不同阶段只能使用部分功能。例如，在教务管理员没有分配考场前，考生不能在线打印准考证；在考试结束之后考生也不能在线打印准考证；在成绩没有发布之前，考生不能查询成绩和录取情况等。

4）招生管理员用户功能

（1）当前阶段设置，系统使用阶段由系统管理员定义。招生管理员可以设置系统当前所处的阶段，从而实现用户某些功能的开放与关闭。

（2）招考信息维护，共包括三类基本信息：

① 招考单位基本信息、考试名称和考试年份；

② 招考专业基本信息，包括专业代码、专业名称等；

③ 各招考专业的考试科目以及各科目的考试时间等信息。

（3）现场确认，在考生缴费成功并且其填报信息核对无误后，招生管理员对该考生信息进行确认，已确认考生将不能再次修改个人填报信息。

（4）设置录取分数线，招生管理员将各专业录取分数线录入系统。

（5）学生密码清零，如果有考生忘记了自己的登录用户名或者密码，招生管理员可以根据考生用户名或者考生报名时填写的身份证号查询到该考生的注册信息，然后将该考生用户的密码清零重置操作。

5）教务管理员用户功能

（1）准考证号分配，教务管理员使用本系统给每个缴费确认的考生分配一个唯一的准考证号。准考证号的生成规则由教务管理员设置。

（2）考场分配，教务管理员使用本系统为考生分配考场号、教室和座位号。

（3）成绩录入，教务管理员将考生的考试成绩录入本系统。

3. 系统使用阶段定义

我们根据时间先后以及事件的逻辑顺序将招考报名系统划分为若干个使用阶段，不同用户在每个阶段可以使用的功能不同。按照2.2节对系统业务流程的分析，可以将系统划分为8个不同的使用阶段：

① 招考信息发布阶段；

② 在线报名阶段；

③ 现场确认阶段；

④ 考号与考场分配阶段；

⑤ 准考证打印与考试阶段；

⑥ 成绩录入阶段；

⑦ 设置录取分数线阶段；

⑧ 成绩与录取查询阶段。

表 2.1 展示了各类用户功能在不同的系统使用阶段中的分布情况。其中，表中列出的用户功能只有在对应的所处系统阶段内开放，在其他阶段则处于关闭状态。表中未列出的用户功能（例如登录系统、查看登录历史、修改密码、退出系统等）始终处于开放状态。

表 2.1　各类用户功能在不同的系统使用阶段中的分布情况

用户角色 / 所处阶段	考　　生	招生管理员	教务管理员	系统管理员
1：招考信息发布		招考信息维护		
2：在线报名	注册 在线报名 上传照片 报名表打印			
3：现场确认	注册 在线报名（尚未确认考生） 上传照片（尚未确认考生） 报名表打印（尚未确认考生）	现场确认		
4：考号与考场分配			准考证号分配 考场安排	
5：准考证打印与考试	准考证打印			
6：成绩录入			成绩录入	
7：设置录取分数线		设置录取分数线 查看成绩信息	查看成绩信息	查看成绩信息
8：成绩与录取查询	成绩与录取查询	查看成绩信息		

需要注意的是，在现场确认阶段时，尚未确认考生仍然能够在线报名、上传照片并打印报名表，考生一旦确认完毕，就不能够使用在线报名、上传照片和报名表打印功能了。

2.4　非功能性需求

1. 软硬件环境需求

（1）系统应可运行于 Windows 平台或 Linux、UNIX 平台。

（2）系统采用 B/S 架构，基于 MVC 设计模式构建。

（3）系统运行于互联网环境中。

（4）系统采用的 JDK 版本为 7.0（或者更高版本）。

（5）系统使用的数据库为 MySQL 5.1（或者更高版本）。

（6）系统使用的 Tomcat 服务器版本为 7.0（或者更高版本）。

2. 安全保密需求

本系统的系统架构、权限机制应该能够保证系统的安全性，进行较好的数据验证工作，做好日志工作，确保可以追查责任。

3. 可维护性和可扩展性

本系统使用 B/S 结构，基于 Java Web 技术，并采用 MVC 设计模式开发，使系统具有良好的可维护性和可扩展性。

4. 兼容性和用户界面友好性

适用尽可能多的浏览器产品和不同级别的版本，确保用户使用方便，提供良好的界面提示，提高可交互性。

5. 开发环境

系统采用 MyEclipse 10.5 作为开发工具。

第3章　项目数据库设计

本章介绍该项目数据库设计的详细流程，并对 MySQL 的安装和基本使用进行讲解，最后介绍如何连接 MySQL 数据库。

3.1　系统数据流图

在第 2 章中，通过对系统的需求进行分析可以得知，该系统主要包括 4 种角色：系统管理员，考生，教务管理员和招生管理员。将以上 4 种角色作为数据的源头，得到系统的顶层数据流图，如图 3.1 所示。

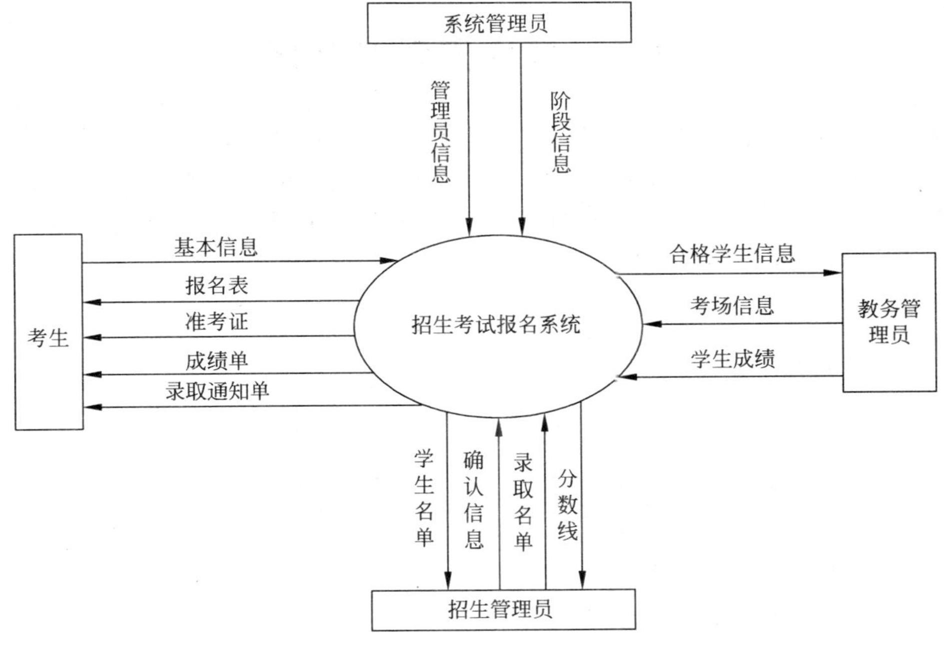

图 3.1　系统顶层数据流图

将顶层数据流图进行进一步的细化，依据系统的操作流程，可以进行进一步分级，其中对主要业务进行分解后的数据流图如图 3.2 所示。

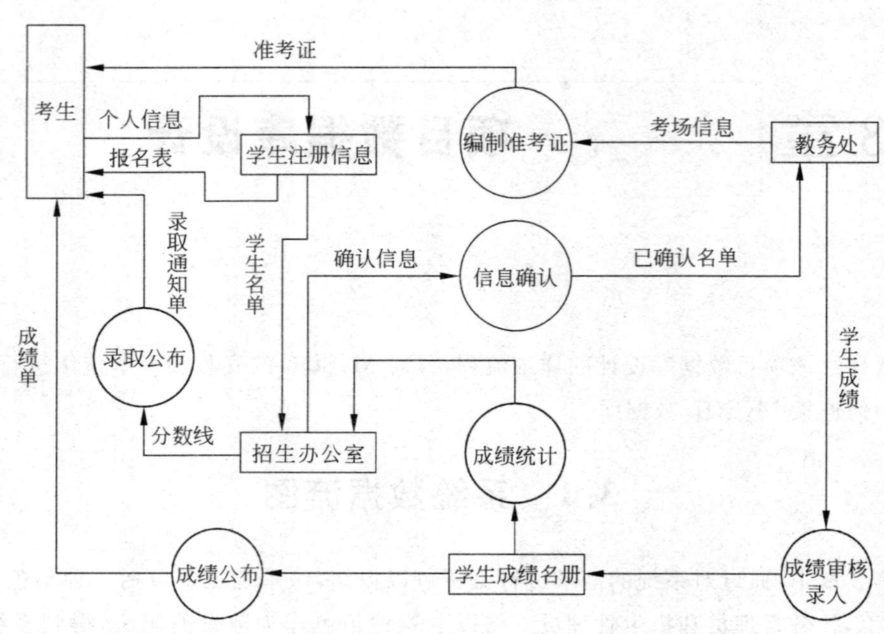

图 3.2　主要业务分解后数据流图

3.2　概念模型 E-R 图

通过 3.1 节，可以得到用户需求，而概念模型设计阶段的任务就是将用户需求抽象为信息结构。每个需求功能模块都需要操作一个或多个数据实体，如管理员实体、考生实体、考试实体等，最终这些数据实体对象将创建成对应的数据库结构。在该项目中，包含以下主要的联系，如图 3.3 和图 3.4 所示。

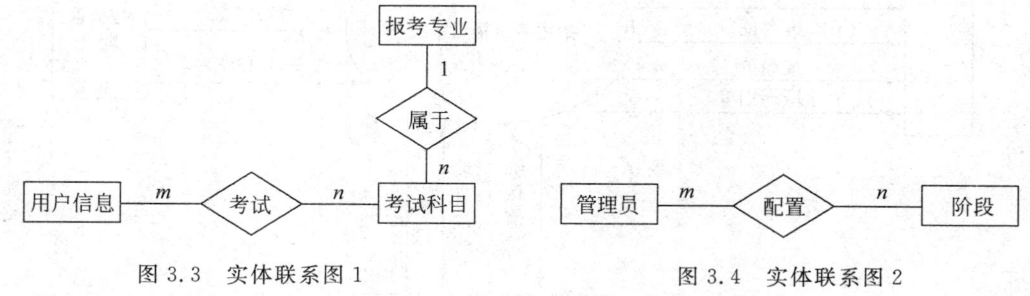

图 3.3　实体联系图 1　　　　图 3.4　实体联系图 2

该图中出现的主要实体如下。

1. 考试科目实体

如图 3.5 所示，考试科目实体包括考试科目 ID、考试科目名称、所属专业代码、考试开始时间和考试结束时间。不同专业考试科目名称可能会相同，但是因所要求难易程度不同，考试内容和开始和结束时间并不一定相同，因此该实体的主码应为考试科目 ID，用于识别不同的考试科目，作为该实体的主码，其数据类型应为长度为 8 的 int 型，并设置为自动增长属性。其余属性皆是对该考试科目的详细描述。所属专业代码来自于报考专业实体，是该实体的主码,因此在该表中是外键。

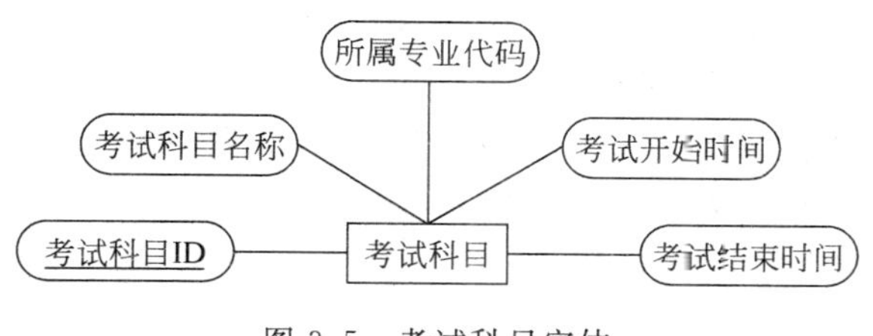

图 3.5　考试科目实体

2. 报考专业实体

如图 3.6 所示,报考专业实体包括专业代码、报考专业名称、计划招生数、实际报考人数、录取分数线和录取人数 6 个属性,用来描述考生报考的各个专业的招生信息。其中,专业代码用来区分不同的专业,为该实体的主码,其数据类型为 8 位 int 型,并设置为自增类型。其余属性用来描述报考专业的招生录取信息。

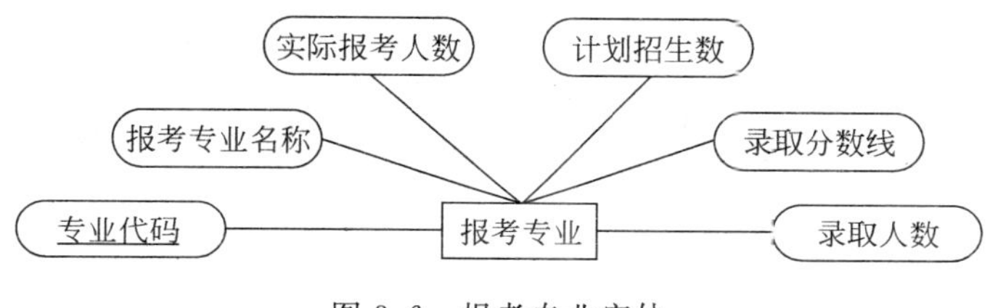

图 3.6　报考专业实体

3. 报考信息实体

如图 3.7 所示,报考信息实体是项目中最重要的一个实体,包括信息表 id、注册用户 id、姓名、报考专业等用户基本信息和考场分配信息。用户基本信息在用户报名阶段填写,待完成考生确认后为考生分配考场信息。其中,信息表 id 是 8 位 int 型,且为自增类型,为该实

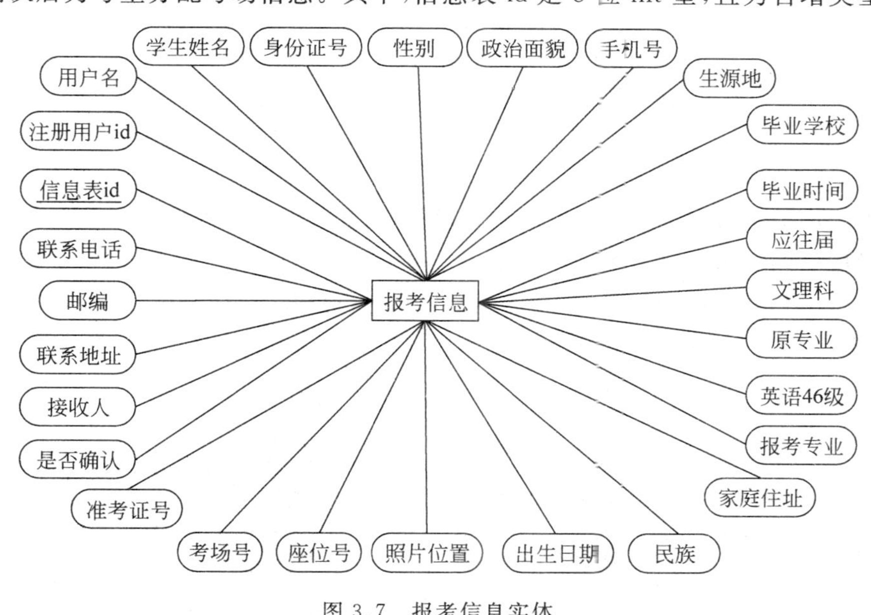

图 3.7　报考信息实体

体的主码。注册用户 id 用来对用户进行区分,具有唯一性。在用户基本信息中主要包括注册用户 id、用户名、学生姓名、身份证号、性别、民族、政治面貌、出生日期、家庭住址、生源地、毕业学校、毕业时间、应往届、文理科、原专业、英语 46 级、报考专业、照片位置、手机号、联系电话、邮编、联系地址、接收人等属性。其中,应往届、文理科和英语 46 级使用 enum 类型,规定可选择内容。报考专业来自于专业信息表中的专业名称。考场分配信息包括是否确认,以及准考证号、考场号和座位号等。

4. 阶段实体

如图 3.8 所示,由第 2 章可知,本系统分为不同的阶段,各个阶段在规定的起止时间内完成相应的报考操作,因此阶段实体用于对各个不同的阶段进行说明描述。包括阶段 id、阶段名称、开始时间、结束时间和阶段说明。其中,阶段 id 为 1 位的 int 型,是该实体的主码。开始时间和结束时间为 datetime 类型。

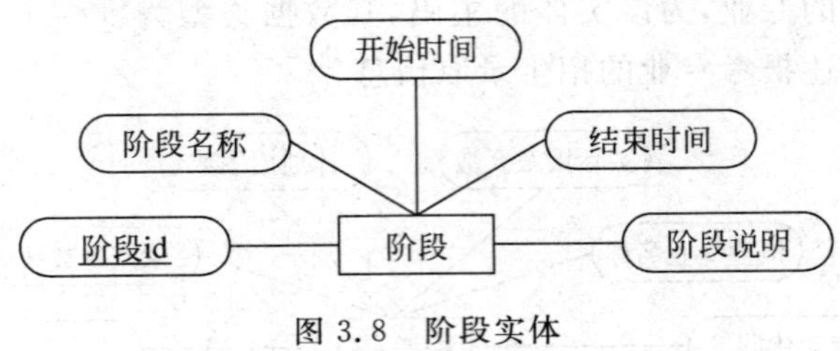

图 3.8 阶段实体

5. 管理员实体

本系统包括不同的阶段,不同阶段由不同组的管理员进行操作和管理,因此管理员实体除了保存管理员的用户名、密码外,还要对该管理员所在的分组进行存储。如图 3.9 所示,该实体包括管理员 id,为 8 位的 int 型,且为自增类型,作为该实体的主码,其他属性还包括管理员用户名、密码和所在组。

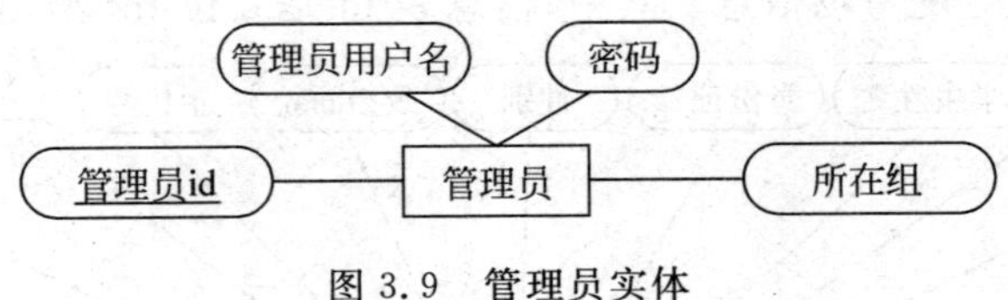

图 3.9 管理员实体

除以上实体外,经过需求分析,还可得到以下实体。

6. 学校信息实体

如图 3.10 所示,用来对招考学校的基本信息进行描述,设定基本信息,增加系统使用的广泛性。属性包括学校 id、学校代码、学校名称、地址、邮编、联系电话、考试名称和招生年

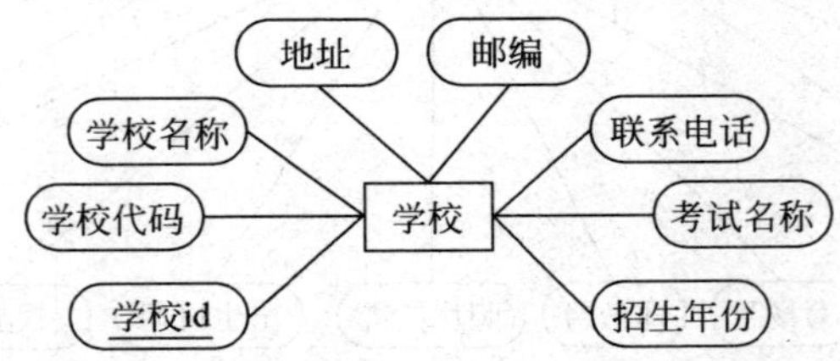

图 3.10 学校信息实体

份。其中,学校 id 是 8 位的 int 型,且自增,为实体的主键。学校代码为全国统一代码,具有唯一性。

7. 注册信息实体

如图 3.11 所示,注册信息实体是对考生用户注册信息的描述,包括用户 id、用户名、密码、注册时 ip 和注册时间。其中,用户 id 是 8 位的 int 型,且为自增类型,为该实体的主码。注册时 ip 为 varchar 类型,长度设置为 128,用来适应 ipv6 的需求。

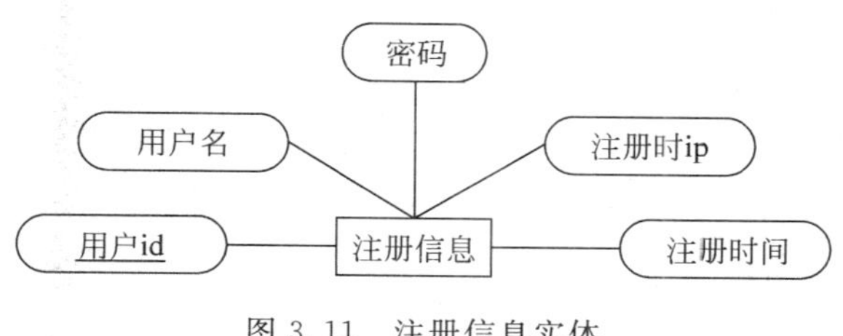

图 3.11 注册信息实体

8. 日志实体

如图 3.12 所示,日志实体用来记录用户的登录情况。包括日志 id、登录人姓名、所在组、登录时间以及登录 ip。其中,日志 id 为 8 位 int 型,且为自增类型,作为该实体的主码。用户名来源于管理员用户名和考生用户名,所在组用来表示管理员的用户类型。

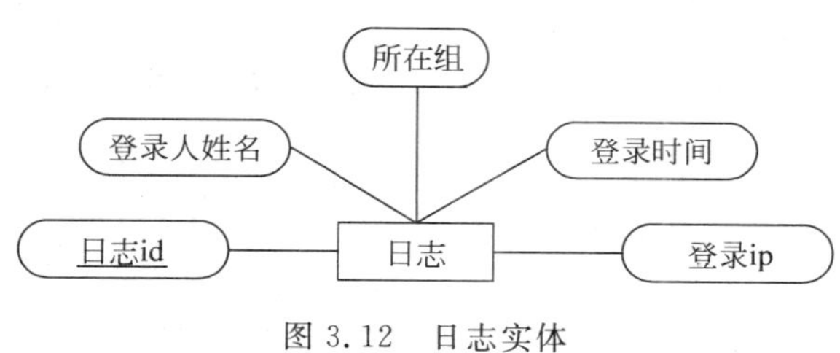

图 3.12 日志实体

3.3 逻辑结构设计

将概念模型设计阶段 E-R 图转为关系数据库中的表,除以上实体外,由图 3.3 可知,在该实体联系中,存在多对多的成绩联系,转换为关系模式为:

成绩(成绩编号 id,准考证号,考试科目编号,成绩,备注,成绩状态)

由图 3.4 可知,在该实体联系中,存在配置联系,用以记录管理员对阶段信息进行配置时的信息,转换为关系模式为:

配置(配置信息 id,管理员用户名,更改配置时间,更改状态)

以上实体和联系共可转换为 10 个表,分别为管理员信息表 adminuser、考试科目信息表 course、配置信息表 currstage、成绩信息表 grade、报考专业信息表 major、日志信息表 record、报考信息表 reginfo、报考学校信息表 school、阶段信息表 stage、考生注册信息表 stu。

管理员信息表 adminuser 用来保存管理员用户的基本信息，并可以为其设置分组，其表结构如表 3.1 所示。

表 3.1　管理员信息表

字 段 名	数 据 类 型	说　明
Adminid	mediumint(8)	管理员 id，主键
Adminname	varchar(40)	管理员用户名，非空且唯一
Adminpass	varchar(40)	密码，非空
Admingroup	varchar(40)	所在组

考试科目信息表 course 用来保存招考专业的考试信息，包括考试时间、所属报考专业等。其表结构如表 3.2 所示。

表 3.2　考试科目信息表

字 段 名	数 据 类 型	说　明
Ccode	mediumint(8)	考试科目 id，主键
cname	varchar(40)	考试科目名称，非空
cmname	varchar(40)	所属专业名称
cstarttime	datetime	考试开始时间
cendtime	datetime	考试结束时间

配置信息表 currstage 用来保存修改不同阶段时的信息，包括修改的管理员用户名、修改时间，以及更改后的阶段。其表结构如表 3.3 所示。

表 3.3　配置信息表

字 段 名	数 据 类 型	说　明
configid	mediumint(8)	配置信息 id，主键，自增
adminname	varchar(40)	更改配置的管理员用户名，来自管理员表，非空
settime	Datetime	更改配置时间，非空
stagename	varchar(40)	更改状态，非空

成绩信息表 grade 用来记录每个考生的各科成绩，并对考生参加考试情况进行标注，还包括当前成绩的状态是否可以修改。其表结构如表 3.4 所示。

表 3.4　成绩信息表

字 段 名	数 据 类 型	说　明
gradeid	mediumint(8)	成绩编号 id，主键，自增
testcardnum	varchar(12)	准考证号，来自 reginfo，唯一性
ccode	varchar(10)	考试科目，来自 course
score	tinyint(4)	该科目成绩
note	enum('正常','缺考','作弊')	备注
status	enum('0','1')	成绩是否可以修改，0 不可修改，1 可修改

报考专业信息表 major 用来记录报考专业的基本情况，包括招生人数、录取分数线、录取分数等基本招考信息。其表结构如表 3.5 所示。

表 3.5 报考专业信息表

字段名	数据类型	说明
mcode	varchar(10)	专业代码，主键
mname	varchar(40)	报考专业名称，非空
plannum	smallint(6)	计划招生数
applynum	smallint(6)	实际报考人数
passcore	tinyint(4)	录取分数线
adminnum	smallint(6)	录取人数

报考信息表 reginfo 用来描述注册考生的信息，包括考生个人信息以及考场分配情况。其表结构如表 3.6 所示。

表 3.6 报考信息表

字段名	数据类型	说明
id	mediumint(8)	信息表 id，自增，主键
userid	mediumint(8)	注册用户 id
username	varchar(40)	用户名，来自 stu
sname	varchar(40)	学生姓名，非空
idcode	char(18)	身份证号，非空
ssex	enum('男','女')	性别“男”“女”，非空
nation	varchar(40)	民族，非空
political	varchar(40)	政治面貌，非空
birthday	date	出生日期，非空
homeaddr	varchar(100)	家庭地址，非空
source	varchar(40)	生源地，非空
school	varchar(100)	毕业院校，非空
gradutetime	date	毕业时间，非空
isnew	enum('往届','应届')	“往届生”或者“应届生”，非空
aos	enum('理科','文科')	“理科”或”文科”，非空
major	varchar(40)	专业，非空
cet	enum('cet4','cet6','无')	“cet4”或“cet6”或“无”，非空
mname	varchar(40)	报考专业，来源于 major 表，非空
piclocation	varchar(128)	照片位置，非空
mobile	char(11)	手机号，非空
telephone	varchar(12)	联系电话，非空
zipcode	char(6)	邮编，非空
conaddr	varchar(100)	联系方式，地址，非空
receiver	varchar(20)	接收人，非空
isconfirm	tinyint(1)	是否确认 0，未确认，1 已确认
testcardnum	varchar(12)	准考证号，12 位
examroom	varchar(20)	考试地点
seatnum	int(11)	座位号

学校信息表用于存放报考学校的基本信息,包括学校姓名、地址、联系电话、考试名称和招生年份等。其表结构如表 3.7 所示。

表 3.7 学校信息表

字 段 名	数 据 类 型	说 明
shid	mediumint(8)	学校编号,主键,自增
shcode	varchar(8)	学校代码
shname	varchar(100)	报考学校名称
shaddr	varchar(100)	学校地址
shzip	char(6)	学校邮编
shtel	varchar(12)	学校电话
shtest	varchar(40)	考试名称
shyear	char(4)	招生年份

阶段信息表 stage 用于存储对阶段信息的设置,包括该阶段的名称、起止时间等。其表结构如表 3.8 所示。

表 3.8 阶段信息表

字 段 名	数 据 类 型	说 明
stagenum	tinyint(1)	阶段号,主键
stagename	varchar(40)	状态名称
starttime	datetime	开始时间
endtime	datetime	结束时间
note	Text	阶段说明

注册信息表 stu 存放考生注册信息,包括用户名、密码等,其表结构如表 3.9 所示。

表 3.9 注册信息表

字 段 名	数 据 类 型	说 明
userid	mediumint(8)	注册用户 id,主键,自增
username	varchar(40)	用户名
password	varchar(40)	密码
regip	varchar(128)	注册时 ip
regtime	datetime	注册时间

日志信息表 record 存放用户登录信息,用于存放登录日志。其表结果如表 3.10 所示。

表 3.10 日志信息表

字 段 名	数 据 类 型	说 明
rid	mediumint(8)	日志 id,主键,自增
logname	varchar(40)	登录人姓名,来自考生或管理员
usergroup	varchar(40)	所在组
logtime	Datetime	登录时间
logip	varchar(128)	登录 ip

3.4 数据库的 MySQL 实现

3.4.1 MySQL 的安装与配置

MySQL 是一个关系型数据库管理系统，由瑞典 MySQL AB 公司开发，目前属于 Oracle 公司。MySQL 是最流行的关系型数据库管理系统，在 Web 应用方面 MySQL 是最好的 RDBMS (Relational Database Management System，关系数据库管理系统)应用软件之一。

下面以 MySQL 5.1.40 在 Windows 7 下的安装为例介绍 MySQL 的安装和配置的基本操作。

双击下载的 MySQL 安装文件 My SQL-essential-5.1.40-win32.msi，打开安装向导，如图 3.13 所示为安装欢迎界面，单击 Next > 按钮，打开选择安装类型界面，如图 3.14 所示。

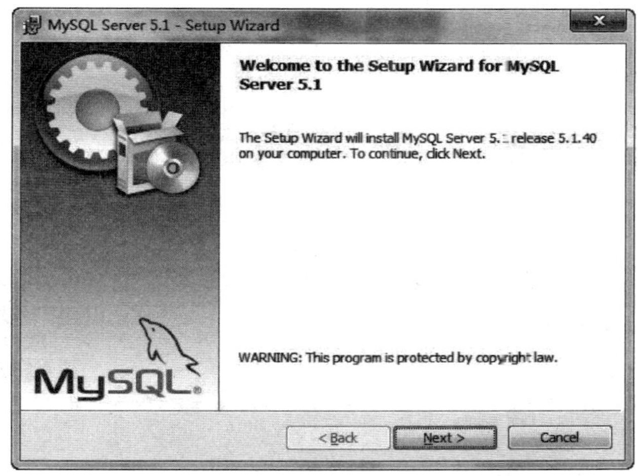

图 3.13　安装欢迎界面

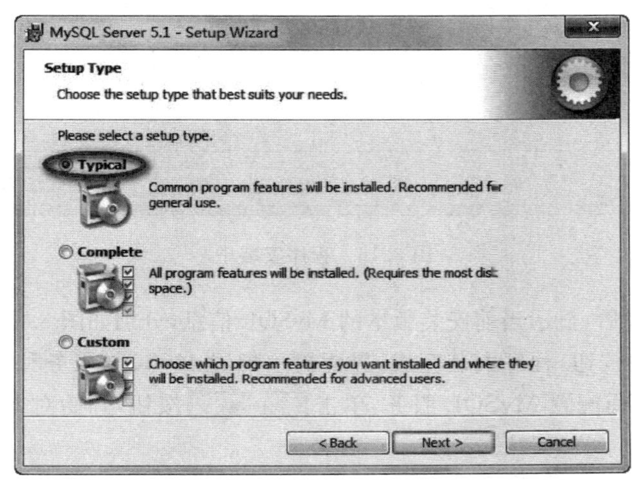

图 3.14　选择安装类型

选择典型安装 Typical，单击 Next > 按钮，打开准备安装程序界面，显示当前的安装路径等设置信息，如图 3.15 所示。然后单击 Install 按钮，程序开始安装，安装过程需要等待一段时间，如图 3.16 所示。

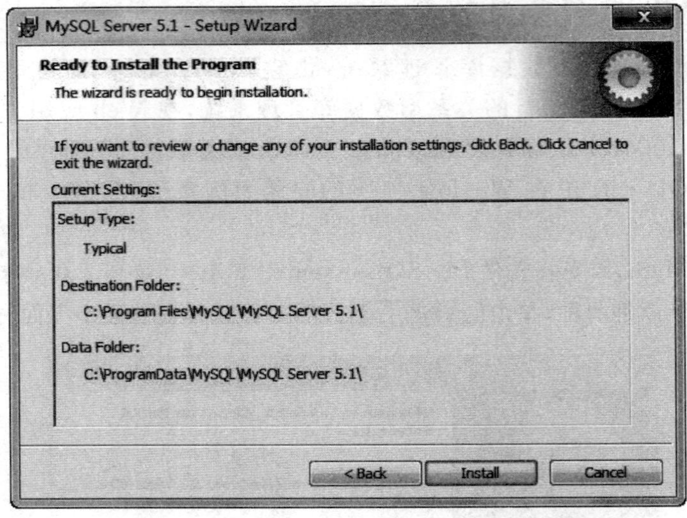

图 3.15　准备安装程序

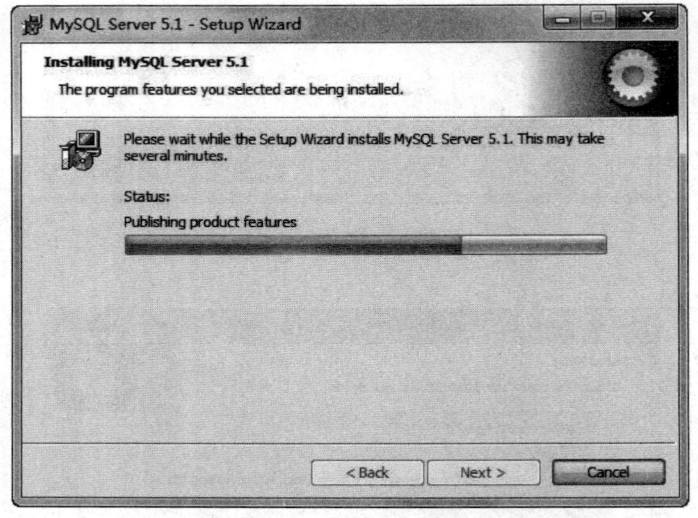

图 3.16　程序安装中

当程序安装完成后，显示当前安装版本的 MySQL 信息，分别如图 3.17 和图 3.18 所示。

单击 Next > 按钮，程序安装完成，界面提示配置 MySQL 服务和注册 MySQL 服务，如图 3.19 所示。选择配置 MySQL 服务，单击 Finish 按钮，开始对 MySQL 服务配置向导，如图 3.20 所示。

对 MySQL 实例进行向导式配置，首先选择详细配置和开发机器，分别如图 3.21 和图 3.22 所示。

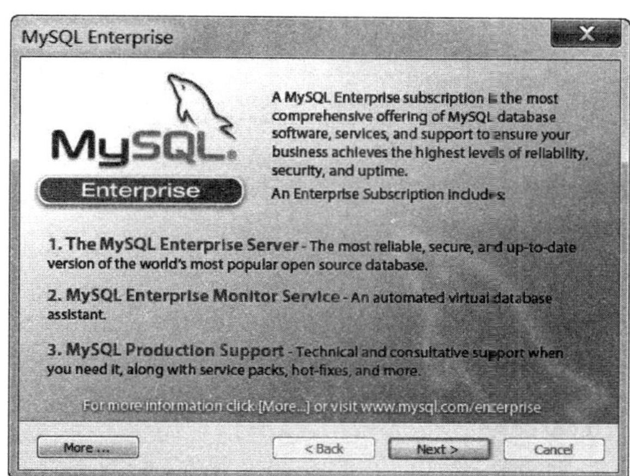

图 3.17　MySQL 信息 1

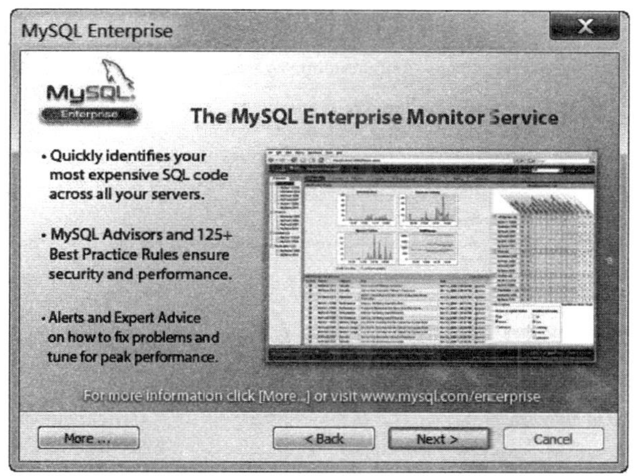

图 3.18　MySQL 信息 2

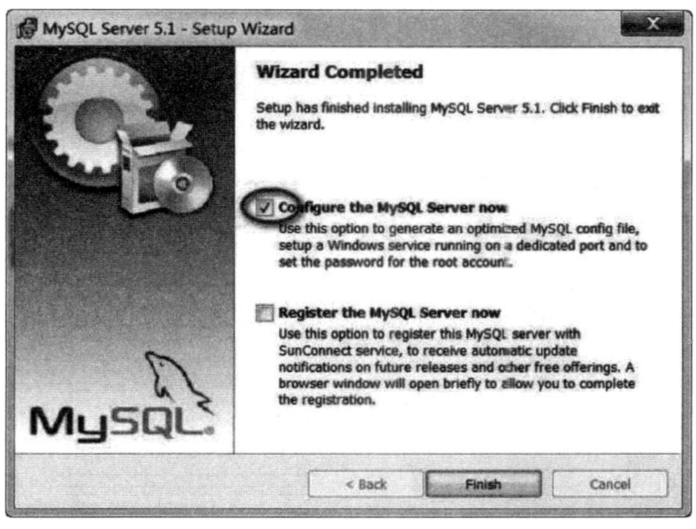

图 3.19　安装完成选择配置

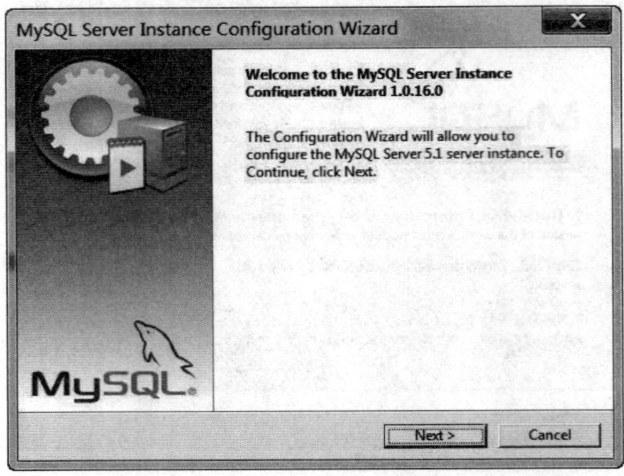

图 3.20 MySQL 配置向导

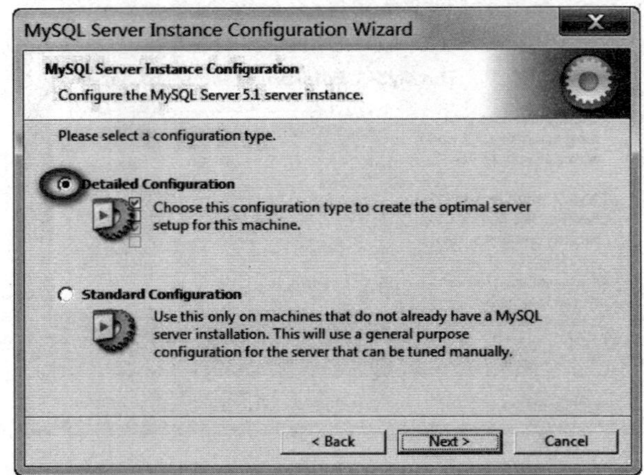

图 3.21 选择详细配置

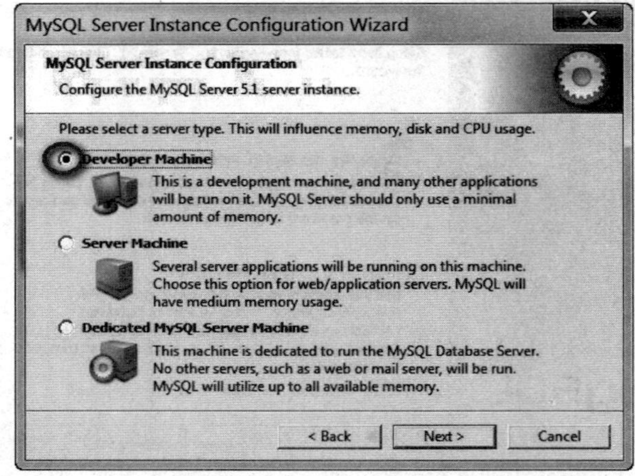

图 3.22 选择开发机器

接着选择多功能数据库和数据库文件存放位置，分别如图 3.23 和图 3.24 所示。

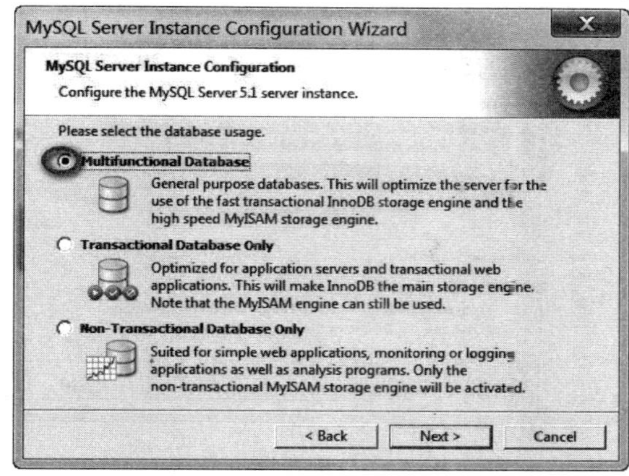

图 3.23　选择多功能数据库

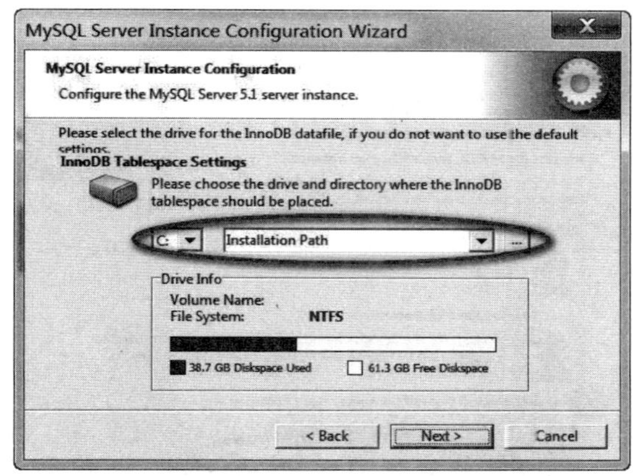

图 3.24　选择数据库文件位置

然后将数据库连接数手工配置为 100，如图 3.25 所示。MySQL 的默认端口号为 3306，无须修改，如图 3.26 所示。

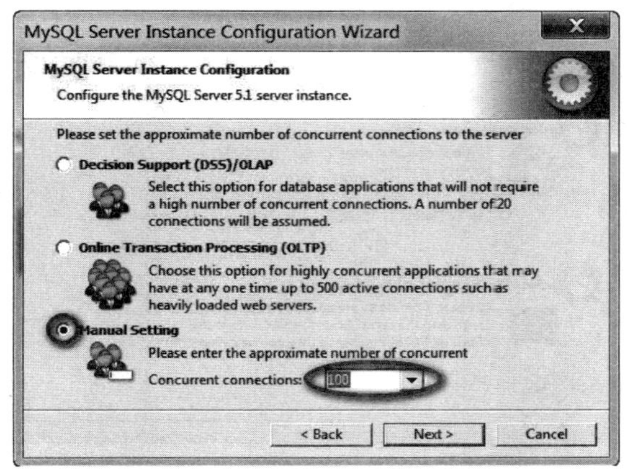

图 3.25　设置数据库连接数

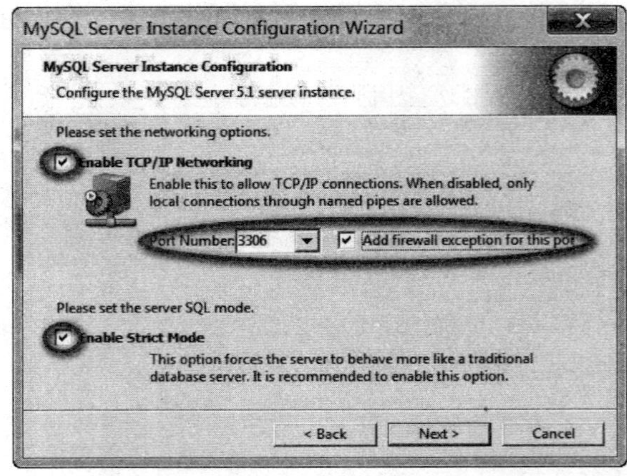

图 3.26　设置端口号

下一步修改默认字符集为 utf8,如图 3.27 所示。之后配置服务与环境变量,如图 3.28 所示。

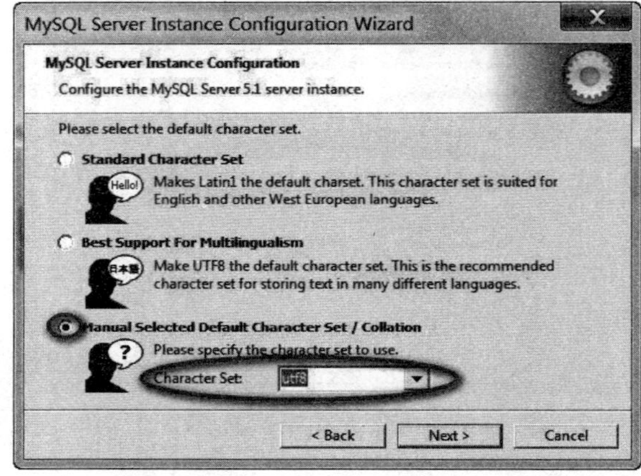

图 3.27　设置字符集

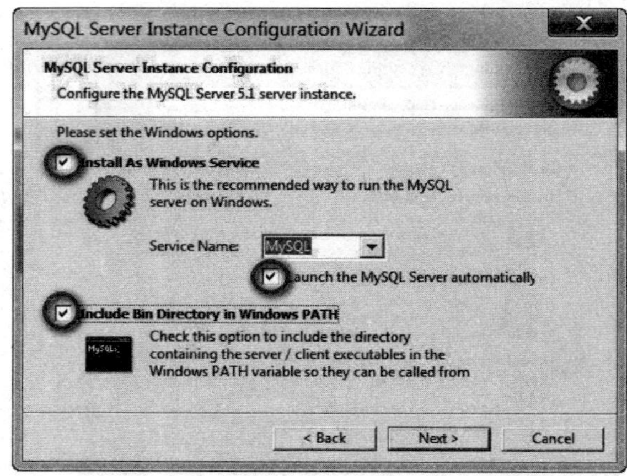

图 3.28　配置服务与环境变量

最后一步进行 MySQL 数据库的安全设置，需要为数据库设置密码，并开放允许远程登录，如图 3.29 所示。

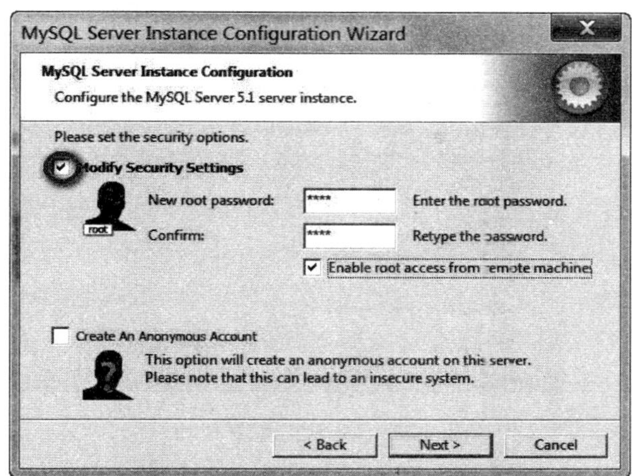

图 3.29　MySQL 数据库安全设置

设置完毕后将准备按顺序依次执行上述配置，如图 3.30 所示，单击 Execute 按钮，执行之前所做的各项配置，配置成功后如图 3.31 所示，至此 MySQL 数据库配置成功，MySQL 服务开启成功，安全设置应用成功。

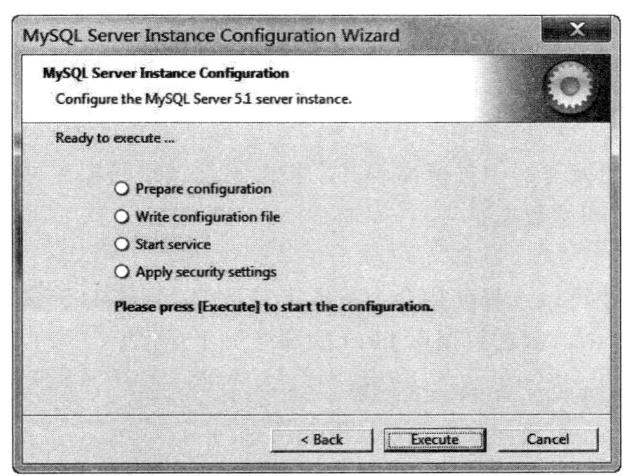

图 3.30　准备执行配置

安装和配置要点如下。

(1) 选择典型安装。

(2) 安装目录和数据库文件存放位置选择默认位置即可。

(3) MySQL 数据库的默认端口号为 3306，无须修改。

(4) 默认字符集为拉丁语，配置过程中务必修改为支持中文的 utf8 字符集。

(5) 将 MySQL 安装为 Windows 服务，设置为开机自启动，然后在 Windows 环境变量中包含 MySQL 的 bin 目录。

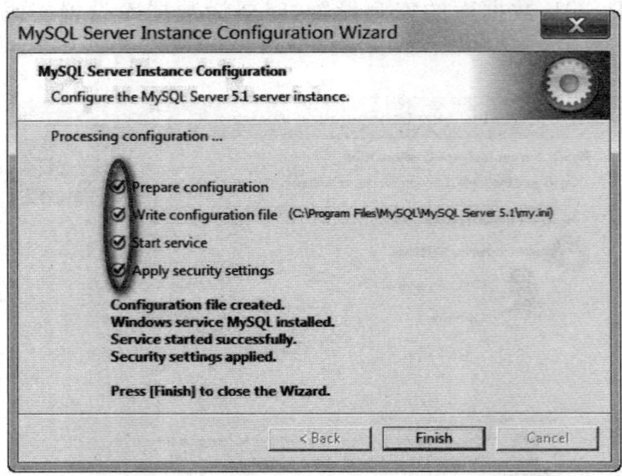

图 3.31　MySQL 配置成功

(6) 务必为数据库设置初始密码,可以不用创建匿名账户。

(7) 如果需要重新配置 MySQL 服务器,可以打开"开始"→"所有程序"→MySQL→MySQL Server 5.1→MySQL Server Instance Config Wizard 菜单项,在出现的配置向导中重新配置服务器。

(8) 在 C:\Program Files\MySQL\MySQL Server 5.1 的 MySQL 主目录下有一个 my.ini 文件,这是 MySQL 的选项文件,MySQL 启动时会自动加载该文件中的一些选项,可以通过修改选项文件来修改 MySQL 的一些默认配置。

3.4.2　数据库的实现

在 MySQL 数据库服务器中创建高职升本招考报名系统数据库,包括创建数据库,创建数据表,以及插入少量初始数据。

1. 创建数据库

数据库及表的创建可以选择使用命令行或者其他的 MySQL 管理工具执行。本书将给出数据库实现的相关命令,创建数据库 bkxt 的命令如下所示。

```
CREATE DATABASE bkxt DEFAULT CHARACTER SET utf8;
```

2. 创建表

结合 3.3 节,共需要创建 10 个数据库表,下面以以下 4 个表为例,介绍使用 SQL 语句创建表的方法。

在 bkxt 数据库中,创建管理员信息表 adminuser 的 SQL 语句如下。

```
CREATE TABLE 'adminuser' (
  'adminid' mediumint(8) unsigned NOT NULL AUTO_INCREMENT COMMENT '       //管理员 id'
  'adminname' varchar(40) NOT NULL COMMENT '                               //管理员用户名'
  'adminpass' varchar(40) NOT NULL COMMENT '                               //密码'
  'admingroup' varchar(40) NOT NULL COMMENT '                              //所在组'
  PRIMARY KEY ('adminid')
) ENGINE = InnoDB AUTO_INCREMENT = 15 DEFAULT CHARSET = utf8 COMMENT = '    //管理员信息表'
```

创建考试科目表 course 的 SQL 语句如下。

```
CREATE TABLE 'course' (
  'ccode' varchar(10) NOT NULL COMMENT '                //课程编号'
  'cname' varchar(40) NOT NULL COMMENT '                //考试科目名称'
  'cmname' varchar(40) NOT NULL COMMENT '               //所属专业代码'
  'cstarttime' datetime NOT NULL COMMENT '              //考试开始时间'
  'cendtime' datetime NOT NULL COMMENT '                //考试结束时间'
  PRIMARY KEY ('ccode')
) ENGINE = InnoDB DEFAULT CHARSET = utf8 COMMENT = '    //考试科目信息表'
```

创建成绩表 grade 的 SQL 语句如下。

```
CREATE TABLE 'grade' (
  'gradeid' mediumint(8) unsigned NOT NULL AUTO_INCREMENT COMMENT '     //成绩编号 id'
  'testcardnum' varchar(12) NOT NULL COMMENT '                          //准考证号'
  'ccode' varchar(10) DEFAULT NULL COMMENT '                            //考试科目'
  'score' tinyint(4) DEFAULT NULL COMMENT '                             //该科目成绩'
  'note' enum('正常','缺考','作弊') DEFAULT NULL COMMENT '               //备注'
  'status' enum('0','1') DEFAULT NULL COMMENT '     //成绩是否可修改 0 不可修改 1 可修改'
  PRIMARY KEY ('gradeid')
) ENGINE = InnoDB DEFAULT CHARSET = ucs2 COMMENT = '                    //成绩信息表'
```

创建报考信息表 reginfo 的 SQL 语句如下。

```
CREATE TABLE 'reginfo' (
  'id' mediumint(8) unsigned NOT NULL AUTO_INCREMENT COMMENT '  //信息表 id'
  'userid' mediumint(8) NOT NULL COMMENT '                      //注册用户 id'
  'username' varchar(40) NOT NULL COMMENT '                     //用户名'
  'sname' varchar(40) DEFAULT NULL COMMENT '                    //学生姓名'
  'idcode' char(18) DEFAULT NULL COMMENT '                      //身份证号'
  'ssex' enum('男','女') DEFAULT NULL COMMENT '                  //性别'
  'nation' varchar(40) DEFAULT NULL COMMENT '                   //民族'
  'political' varchar(40) DEFAULT NULL COMMENT '                //政治面貌'
  'birthday' date DEFAULT NULL COMMENT '                        //出生日期'
  'homeaddr' varchar(100) DEFAULT NULL COMMENT '                //家庭地址'
  'source' varchar(40) DEFAULT NULL COMMENT '                   //生源地'
  'school' varchar(100) DEFAULT NULL COMMENT '                  //毕业学校'
  'gradutetime' date DEFAULT NULL COMMENT '                     //毕业时间'
  'isnew' enum('往届','应届') DEFAULT NULL
  'aos' enum('理科','文科') DEFAULT NULL
  'major' varchar(40) DEFAULT NULL COMMENT '                    //原专业'
  'cet' enum('cet4','cet6','无') DEFAULT NULL
  'mname' varchar(40) DEFAULT NULL COMMENT '                    //报考专业'
  'piclocation' varchar(128) DEFAULT NULL COMMENT '             //照片位置'
  'mobile' char(11) DEFAULT NULL COMMENT '                      //手机号'
  'telphone' varchar(12) DEFAULT NULL COMMENT '                 //联系电话'
  'zipcode' char(6) DEFAULT NULL COMMENT '                      //邮编'
  'conaddr' varchar(100) DEFAULT NULL COMMENT '                 //联系地址'
  'receiver' varchar(20) DEFAULT NULL COMMENT '                 //接收人'
```

```
  'isconfirm' tinyint(1) NOT NULL DEFAULT '0' COMMENT '        //是否确认 0 未确认 1 已确认'
  'testcardnum' varchar(12) DEFAULT NULL COMMENT '             //准考证号'
  'examroom' varchar(20) DEFAULT NULL COMMENT '                //考场号'
  'seatnum' int(11) DEFAULT NULL COMMENT '                     //座位号'
  PRIMARY KEY ('id')
) ENGINE = InnoDB DEFAULT CHARSET = utf8 COMMENT = '           //报考信息表'
```

创建报考学校信息 school 表的 SQL 语句如下。

```
CREATE TABLE 'school' (
  'shid' mediumint(8) unsigned NOT NULL AUTO_INCREMENT,
  'shcode' varchar(10) NOT NULL,
  'shname' varchar(100) NOT NULL COMMENT '                 //报考学校名称'
  'shaddr' varchar(100) NOT NULL COMMENT '                 //学校地址'
  'shzip' char(5) NOT NULL COMMENT '                       //学校邮编'
  'shtel' varchar(40) NOT NULL COMMENT '                   //学校联系电话'
  'shtest' varchar(40) NOT NULL COMMENT '                  //考试名称'
  'shyear' char(4) NOT NULL COMMENT '                      //招生年份'
  PRIMARY KEY ('shid')
) ENGINE = InnoDB AUTO_INCREMENT = 2 DEFAULT CHARSET = utf8
```

3. 系统初始数据

系统必须有初始管理员，用来增加管理员、对管理员的信息进行维护，设置学校招考信息，对系统进行管理和维护。假设超级管理员的用户名是 admin，密码是 000000，所属分组是超级管理员，则使用 SQL 插入语句，实现向 adminuser 表中增加一条记录。

```
USE bkxt;
INSERT INTO adminuser VALUES (1,'admin','000000','超级管理员');
```

3.5 数据库的连接访问

数据库建立后，可以进行数据库连接，常用的数据库连接方法有两种，使用 JDBC 访问数据库或使用数据源进行访问。

3.5.1 JDBC 访问 MySQL 数据库

1. JDBC

JDBC 是一种 Java 数据库连接应用编程接口，它可以为 Java 程序提供了一种在 Java 代码中访问关系数据库的标准方法。程序员只需用 JDBC API 写一个程序，即可向相应数据库发送 SQL 调用。同时，将 Java 语言和 JDBC 结合起来，可使程序员不必为不同的平台编写不同的应用程序。

一个 Java 程序要访问数据库，需要通过以下步骤来完成。

(1) 打开数据库连接；

(2) 建立语句对象；

(3) 通过该语句对象将 SQL 语句传送给数据库，进行数据库操作；

(4) 获取结果及有关结果集的信息。

2. JDBC.ODBC 桥

JDBC.ODBC 桥是一个 JDBC 驱动程序,它可以通过 JDBC 操作转换为 ODBC 操作来实现。使用 ODBC 可以让 JDBC 能够访问几乎所有的数据库。

通过 ODBC 子协议,使用 URL 打开 JDBC 连接即可使用桥。建立连接前,必须将桥驱动程序类 sun.jdbc.odbc.jdbcodbcdriver 添加到名为 jdbc.drivers 的 java.lang.system 属性中,或用 Java 类加载器将其显式地加载。

3. JDBC 主要接口和核心类

JDBC 主要的接口和核心类如表 3.11 所示,包括 Driver 接口、DriverManager 类、Connection 类、Statement 类、PreparedStatement 类和 ResultSet 类等。

表 3.11 常用接口和核心类

类	说 明
Driver	每个 JDBC 数据库驱动程序都会提供 Driver 接口供应用程序调用
DriverManager	驱动程序管理类、负责管理 JDBC 驱动程序
Connetion	负责维护 JSP/Java 应用程序和数据库之间的联机
Statement	提供了执行基本 SQL 语句的功能
PreparedStatement	对象会将传入的 SQL 命令事先编好后等待使用,比 Statement 更有效率
ResultSet	负责存储查询数据库的结果,并提供一系列的方法对数据库进行增删改查,也负责维护一个记录指针

4. PreparedStatement

在本系统中,使用 PreparedStatement 执行 MySQL 操作,PreparedStatement 是 SQL 预处理类接口,使用其实现类来处理 SQL 能大大提高系统的执行效率。下面对 PreparedStatement 进行说明。

(1) PrepareStatement 使用 PrepareStatement()方法创建,并且在创建时直接指定 SQL 语句。

(2) 使用带参数的 SQL 语句对象,创建 PreparedStatement 对象。例如:

```
String ss = "select * from reginfo where ssex = ?";
PreparedStatement pstmt = conn.preparedStatement(ss);
```

在执行该 SQL 前,需要向 PreparedStatement 对象传递参数值。使用 setXXX(position, value),可以根据不同的类型进行设置,其中,括号内第一个参数为 sql 语句中的位置,第二个参数为设置的值。例如:

```
pstmt.setString(1,"男");
```

表示执行了以下查询操作:

```
select * from reginfo where ssex = '男';
```

5. JDBC 连接数据库的应用

结合本项目,以下例子使用 JDBC 连接数据库,PreparedStatement 对数据库中 stu 表进行查询用户名为“testsql”的操作。

要使用 JDBC 连接 MySQL 数据库需要首先将 mysql-connector-java-5.1.7-bin.jar 复制到 Web 应用程序的 WEB-INF\lib 目录下。

具体连接方法如下。

```
01 <%@ page language = "java" contentType = "text/html" pageEncoding = "UTF-8" %>
02 <%@ page import = "com.mysql.jdbc.*" %>
03 <%@ page import = "java.sql.*" %>
04 <%
05     String driveName = "com.mysql.jdbc.Driver";
06     String userName = "root";
07     String userPwd = "root";
08     String dbName = "bkxt";
09     String url = "jdbc:mysql://localhost:3306/" + dbName + "?user = " + userName +
       "&password = " + userPwd;
10     Class.forName("com.mysql.jdbc.Driver").newInstance();
11     java.sql.Connection conn = DriverManager.getConnection(url);
12     out.print("数据库已连接");
13     out.print("<br>");
14     java.sql.PreparedStatement pstmt = null;
15     pstmt = conn.prepareStatement("select username,regip,regtime from stu
       where username = ? ");
16     pstmt.setString(1,"testsql");
17     java.sql.ResultSet rs = pstmt.executeQuery();
18     while(rs.next()){
19         out.print(rs.getString(1) + " ");
20         out.print(rs.getString(2) + " ");
21         out.print(rs.getString(3) + " ");
22         out.print("<br>");
23     }
24     out.print("<br>");
25     out.print("数据库操作成功");
26     rs.close();
27     pstmt.close();
28     conn.close();
29 %>
```

以上代码可以总结 JDBC 进行数据库操作的基本步骤。

(1) 第 10 行，调用 Class.forName 将自动加载驱动程序类，加载 Driver 类后，可以用来进行数据库连接。

(2) 第 11 行，驱动管理器建立连接，通过第 09 行的字符串拼接，得到需要的 url，然后与 MySQL 建立连接。

(3) 第 14～16 行，通过 Connection 对象进行创建，建立 PreparedStatement。执行预处理，并在第 16 行对参数赋值，查找用户名为 testsql 的信息。

(4) 第 17 行，执行查询语句后，结果返回至 ResultSet 类。

(5) 第 26～28 行，关闭所有连接。

3.5.2 数据源

1. 数据源简介

数据源定义的是连接到实际数据库的一条路径，数据源中并无真正的数据，它只是记录连接到哪个数据库，以及如何连接的，数据源只是数据库的连接名称，一个数据库可以有多个数据源连接。

2. 配置数据源

(1) 下载 MySQL 的 JDBC 驱动包 mysql-connector-java-5.1.7-bin.jar，并将该驱动包复制到 WEB-INF 目录下的 lib 文件夹中。

(2) 在 WebRoot 下的 META-INF 文件夹中新建 context.xml 文件，在此文件中配置与数据连接信息相关的属性，代码如下所示。

```
<?xml version = '1.0' encoding = 'utf - 8'?>
<Context>
    <Resource name = "jdbc/bkxt"
        auth = "Container"
        type = "javax.sql.DataSource"
        driverClassName = "com.mysql.jdbc.Driver"
        url = "jdbc:mysql://localhost:3306/bkxt"
        username = "root"
        password = "root"
        maxActive = "50"
        maxIdle = "20"
        maxWait = " - 1" />
</Context>
```

其中，Resource 元素各属性的含义如表 3.12 所示。

表 3.12 Resource 元素各属性

属　　性	说　　明
name	指定 Resource 的 JNDI 名字
auth	指定管理 Resource 的 Manager，有两个可选值：Container 和 Application。Container 表示由容器来创建和管理 Resource，Application 表示由 Web 应用创建和管理 Resource
type	指定 Resource 所属的 Java 类名
driveClassName	指定连接数据库的 JDBC 程序
url	指定连接数据库的 URL
username	指定连接数据库的用户名
password	指定连接数据库的密码
maxActive	指定数据库连接池中处于活动状态的数据库连接最大数目，0 表示不受限制
maxIdle	指定数据库连接池中处于空闲状态的数据库连接最大数目，0 表示不受限制
maxWait	指定数据库连接池中数据库连接处于空闲状态的最长时间（单位为 ms），超过这一时间，将会抛出异常，−1 表示可以无限期等待

(3) 在 WEB-INF 目录下的 web.xml 文件中配置数据源的 JNDI(Java Naming and Directory Interface)参数，然后在程序中就可以通过数据源名称引用数据源，实现对数据库

的访问,数据源的 JNDI 名称配置代码如下所示。

```
<env - entry>
    <env - entry - name>JNDIname</env - entry - name>
    <env - entry - type>java.lang.String</env - entry - type>
    <env - entry - value>jdbc/bkxt</env - entry - value>
</env - entry>
```

(4) 结合本项目,在项目的 com.tjzhic.db 包中创建一个用于获取 MySQL 数据库连接的工厂类 ConnectionFactory.java,在其中定义 getConnection()方法,通过之前配置的数据源和 JNDI 参数获取连接,代码如下所示。

```
public class ConnectionFactory {
    private ConnectionFactory() {}
    public static Connection getConnection() {
        try {
            String JNDIname = (String) new javax.naming.InitialContext().lookup("java:
            comp/env/JNDIname");
            return ConnectionFactory.getConnection(JNDIname);
        } catch (NamingException e) {
            System.out.print("数据库未启动或连接池未配置!");
        }
        return null;
    }
    public static Connection getConnection(String JNDIname) {
        try {
            Context initCtx = new InitialContext();
            Context envCtx = (Context) initCtx.lookup("java:comp/env");
            DataSource ds = (DataSource) envCtx.lookup(JNDIname);
            return ds.getConnection();
        } catch (NamingException e1) {
            System.out.print("数据库未启动或连接池未配置!");
            return null;
        } catch (SQLException e) {
            e.printStackTrace();
            return null;
        }
    }
}
```

第4章 站点资源组织与用户页面设计

本章首先讲解 MyEclipse 开发环境的安装与配置,并使用 MyEclipse 创建招生考试报名系统的 Web 项目,然后介绍如何合理安排组织系统中涉及的各类资源文件,最后完成本系统用户页面的总体设计。

4.1 使用 MyEclipse 创建 Web 项目

MyEclipse 企业级工作平台(MyEclipse Enterprise Workbench)是在 Eclipse 基础上加上自己的插件开发而成的功能强大的企业级集成开发环境,主要用于 Java、J2EE 以及移动应用的开发。作为 J2EE 的一个集成开发环境,它的功能非常丰富,包括完备的编码、调试、测试和发布功能,完整支持 HTML、Struts、JSF、CSS、JavaScript、SQL、Hibernate 等。利用 MyEclipse 可以在数据库和 J2EE 的开发、部署以及应用程序服务器的整合方面极大地提高工作效率。

4.1.1 MyEclipse 开发环境安装与配置

1. 安装 JDK,配置环境变量

MyEclipse 需要 JDK 的支持,如果机器上还没有 JDK,就需要下载安装,下面以 Windows 7 操作系统中安装 JDK 为例进行介绍。双击已下载的 JDK 安装文件 jdk-7u25-windows-x64.exe,出现如图 4.1 所示的界面,Windows 在安装 JDK 前需要完成一些配置。

图 4.1 Windows 配置 JDK

配置完成后进入 JDK 的安装向导欢迎界面,如图 4.2 所示。单击"下一步"按钮,进入 JDK 自定义安装界面,在此界面中可以自定义要安装的功能,也可以选择更改安装路径,如图 4.3 所示。

单击"下一步"按钮,程序开始安装,安装过程需要一段时间,如图 4.4 所示。程序安装完成后出现如图 4.5 所示界面,界面提示 JDK 安装成功,单击"关闭"按钮即可。

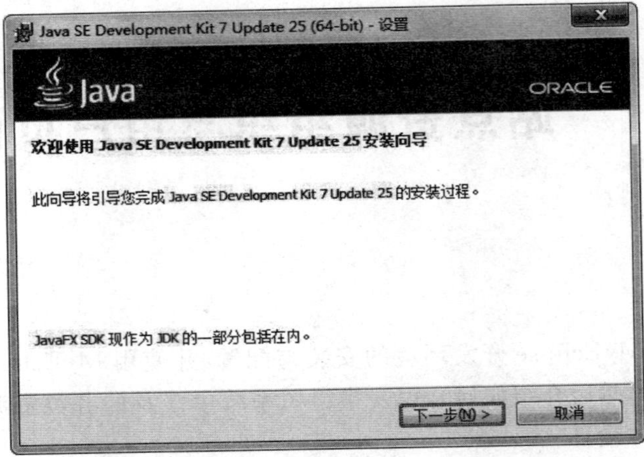

图 4.2 JDK 安装向导欢迎界面

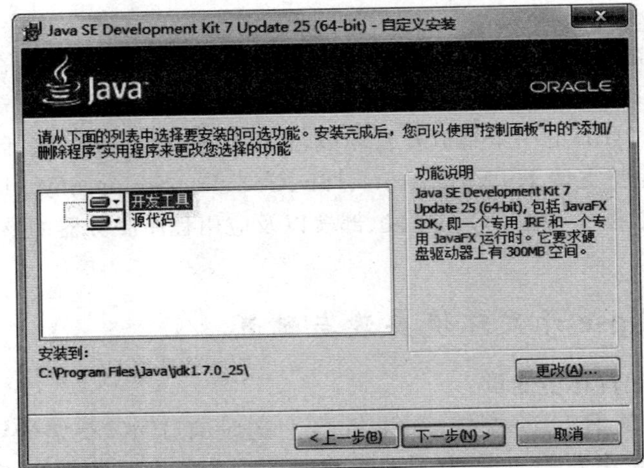

图 4.3 JDK 自定义安装界面

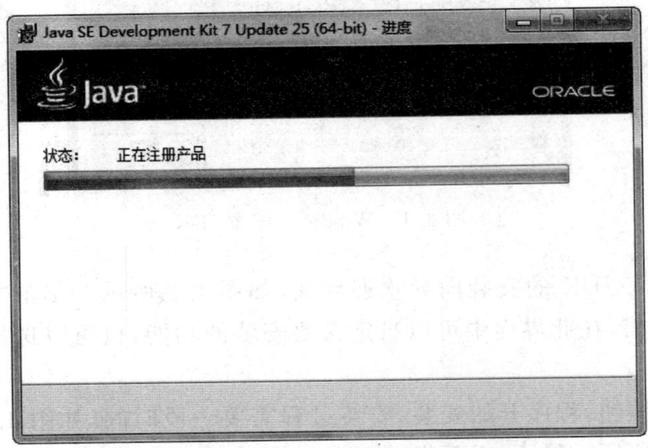

图 4.4 JDK 安装过程

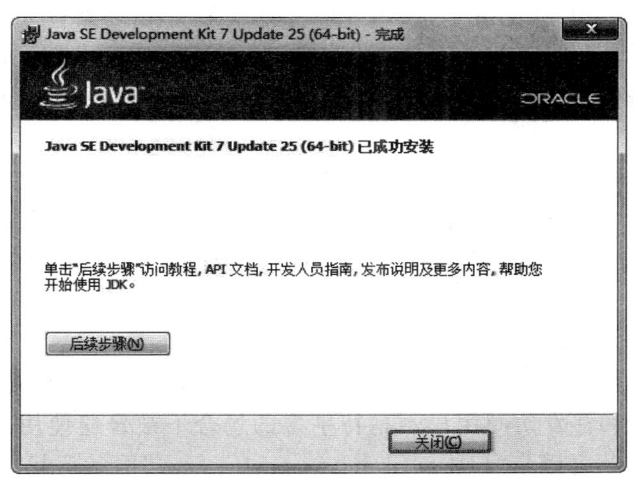

图 4.5　JDK 安装完成界面

进行 Java 开发时不仅需要安装 JDK，还要进行环境变量的配置。右键单击“计算机”→“属性”，在打开的系统属性页面，单击“高级系统设置”，弹出“系统属性”对话框，选择“高级”选项卡，如图 4.6 所示。然后单击“环境变量”按钮，打开“环境变量”对话框，如图 4.7 所示。

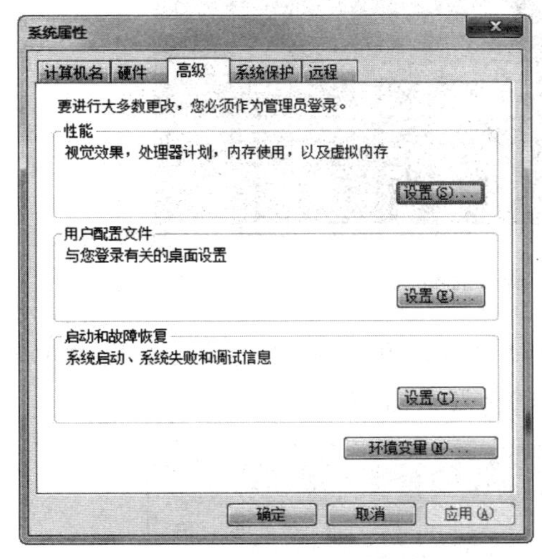

图 4.6　JDK 安装过程

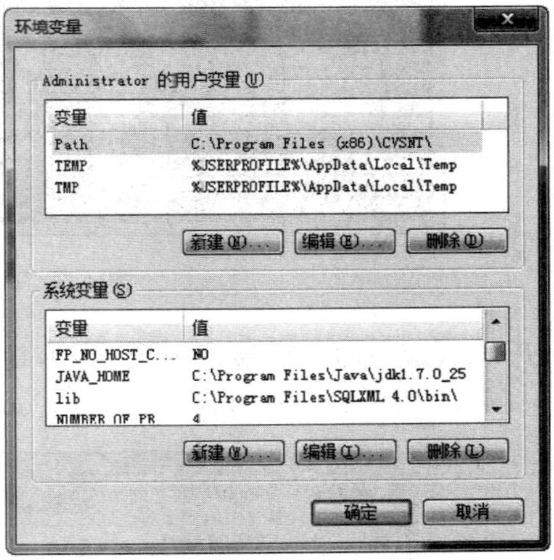

图 4.7　JDK 安装完成界面

在“环境变量”对话框中配置环境变量如下。

(1) 在系统变量里新建系统变量，变量名为“JAVA_HOME”，变量值设置为“C:\Program Files\Java\jdk1.7.0_25”，变量值就是 JDK 的安装路径，设置时需要根据 JDK 的实际安装路径填写。

(2) 在系统变量里新建一个名为“classpath”的系统环境变量，变量值设置为“.;%JAVA_HOME%\lib;%JAVA_HOME%\lib\tools.jar”。classpath 环境变量通常用来记录当前路径和 Java 类库所在的路径，在类库中包含 Java 系统所提供的各种软件包，其中包括各个类和接口等。

(3) 在系统变量里找到 path 变量,该变量已经存在,不需要新建。然后在 path 变量中添加变量值"%JAVA_HOME%\bin;%JAVA_HOME%\jre\bin",path 环境变量记录的是各个程序所在的路径,系统根据这个变量的值来查找运行程序(各种命令),使得在运行的时候不用输入全路径名。

(4) 测试环境变量是否设置成功。单击 Windows 系统的"开始"菜单,在"搜索"栏中输入"cmd",或者单击"运行"命令,之后输入"cmd"打开 Windows 命令行窗口。在命令行中输入"java -version",按回车键执行,如果有 Java 的版本信息输出,则说明 JDK 的安装配置均已完成。

2. 安装 Tomcat 服务器

Tomcat 服务器是一个免费的开放源代码的 Web 应用服务器,它属于轻量级的应用服务器,在中小型系统和并发访问用户不是特别多的场合下被普遍使用,是开发和调试 JSP 程序的首选。Tomcat 可以从"http://tomcat. apache. org/"网站下载,这里选择 Windows 系统下的免安装版本"apache-tomcat-7. 0. 65-windows-x64. zip"。下载到本地后将其解压,然后进入解压后文件夹中的 bin 目录,双击 startup. bat 批处理文件就可以启动 Tomcat 服务,如图 4.8 所示。

```
Tomcat
十月 23, 2015 7:56:31 上午 org.apache.catalina.startup.HostConfig deployDirector
y
INFO: Deployment of web application directory C:\apache-tomcat-7.0.65\webapps\RO
OT has finished in 64 ms
十月 23, 2015 7:56:31 上午 org.apache.coyote.AbstractProtocol start
INFO: Starting ProtocolHandler ["http-apr-8080"]
十月 23, 2015 7:56:31 上午 org.apache.coyote.AbstractProtocol start
INFO: Starting ProtocolHandler ["ajp-apr-8009"]
十月 23, 2015 7:56:31 上午 org.apache.catalina.startup.Catalina start
INFO: Server startup in 1540 ms
```

图 4.8 Tomcat 服务启动

Tomcat 服务的默认端口号是 8080,服务开启后,打开本地浏览器在地址栏中输入"http://127. 0. 0. 1:8080",就可以打开 Tomcat 的欢迎页面,如图 4.9 所示。

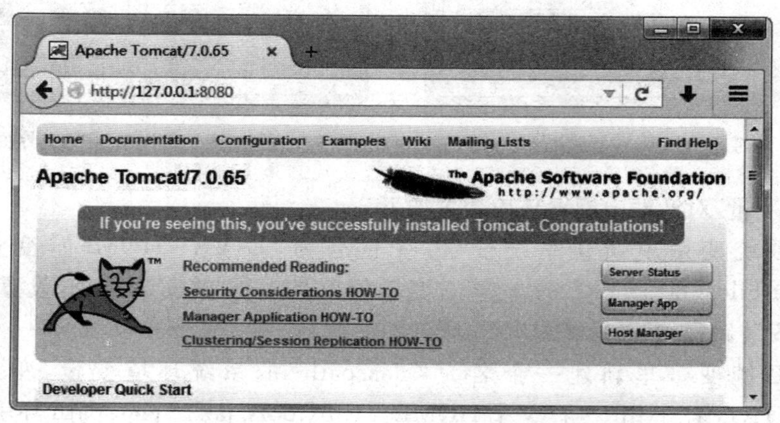

图 4.9 Tomcat 欢迎页面

3. 安装 MyEclipse，配置 JRE 和 Tomcat 服务器

最新版本的 MyEclipse 可以通过 MyEclipse 官方网站"http://www.genuitec.com/"下载，也可通过其官方中文网站"http://www.myeclipsecn.com/"下载获取。本教程系统开发时使用的是"myeclipse-10.5-offline-installer-windows.exe"企业版的离线安装包。双击离线安装包，然后根据 MyEclipse 安装向导提示按步骤完成 MyEclipse 的安装。

MyEclipse 安装成功后，通过系统"开始"菜单或者桌面上生成的 MyEclipse 快捷方式打开 MyEclipse，首先弹出的是工作区选择界面，从本地文件系统中选择一个文件夹作为 MyEclipse 的工作区，如图 4.10 所示。以后通过 MyEclipse 创建的项目源文件将存储在工作区文件夹中。

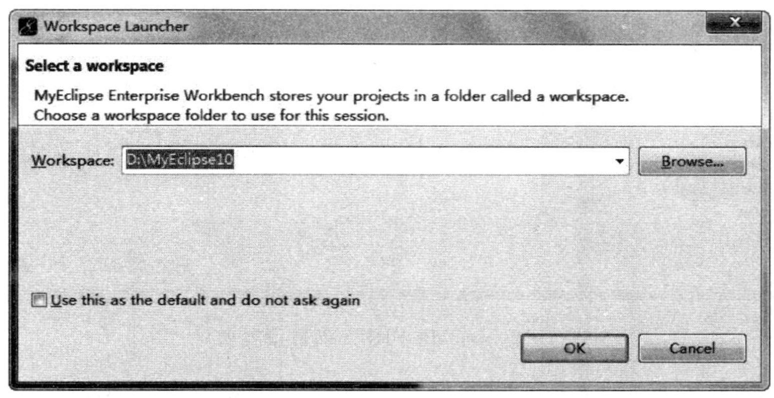

图 4.10　MyEclipse 工作区选择界面

设置好工作区后单击 OK 按钮启动 MyEclipse，启动后的默认主界面如图 4.11 所示。其中最上面是 MyEclipse 的"菜单栏"，接着是 MyEclipse 常用的"快捷菜单图标栏"，下面的各窗口视图支持个性化设置，可以根据开发需要自由添加、关闭、组合、移动位置。

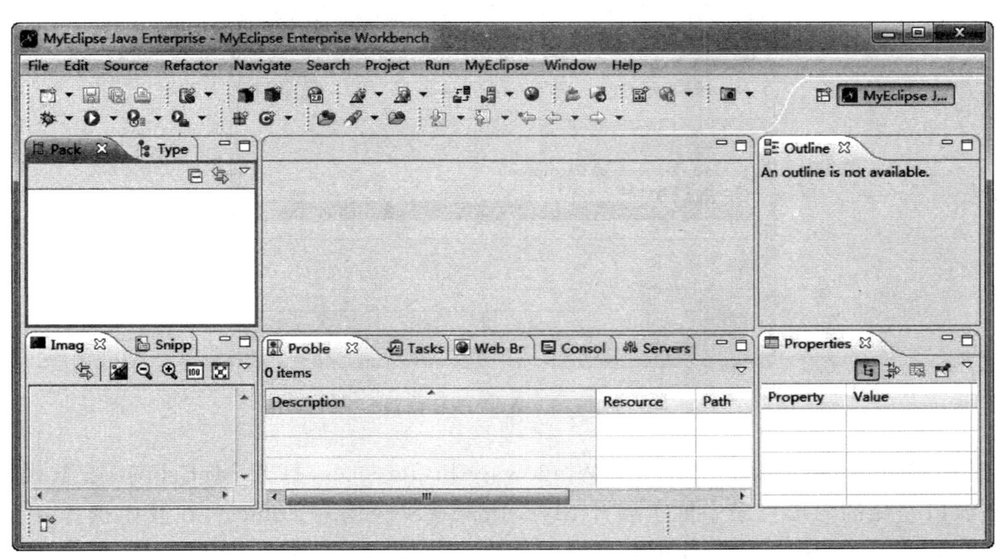

图 4.11　MyEclipse 主界面

MyEclipse 默认自带 JRE 运行环境和 Tomcat 服务器，但不一定是我们想要的版本。下面介绍如何配置 MyEclipse 使用不同版本的 JRE 运行环境和 Tomcat 服务器。

选择菜单 Windows→Preferences，打开 MyEclipse 参数设置窗口，在窗口左侧的树形目录中依次展开 Java→Installed JREs，结果如图 4.12 所示。从图中可以看到当前默认使用的是 JDK 1.6.0_13 这个版本。

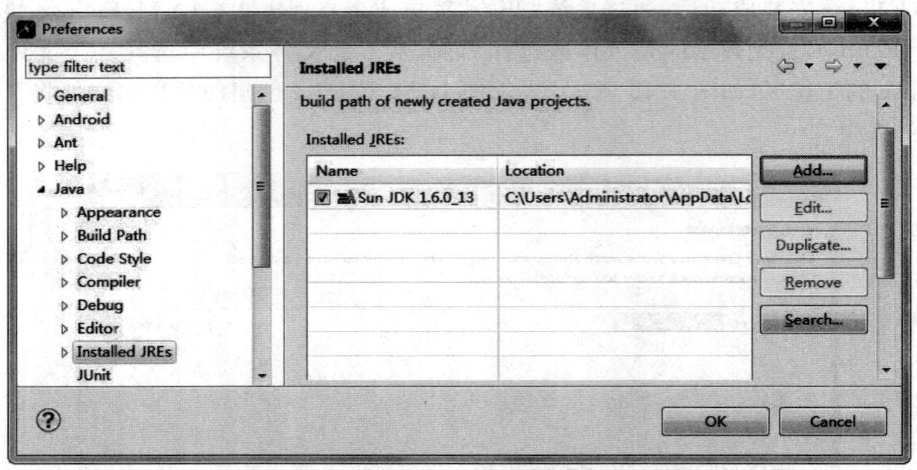

图 4.12　Installed JREs 参数设置窗口

可以添加新的 JRE 运行环境，单击右侧的 Add 按钮，弹出 Add JRE 窗口，如图 4.13 所示。选择 JRE 类型为 Standard VM，单击 Next 按钮，打开 JRE 的定义窗口，将其中的 JRE home 设置为 JDK 安装路径即可，如图 4.14 所示。单击 Finish 按钮，界面返回到 Installed JREs 参数设置窗口，与图 4.12 不同，此时可以看到两个已安装的 JRE，勾选名字为“jdk1.7.0_25”的 JRE，最后单击 OK 按钮就完成了新版本 JRE 的修改配置。

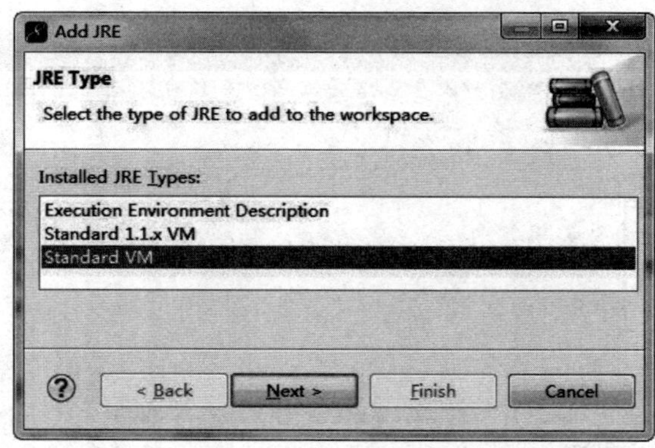

图 4.13　Add JRE 窗口

配置 Tomcat 服务器，选择菜单 Windows→Preferences，打开 MyEclipse 参数设置窗口，在窗口左侧的树形目录中依次展开 MyEclipse→Servers→Tomcat，在其中选择 Tomcat 7.x，如图 4.15 所示。在右侧配置 Tomcat 的安装根目录，选中 Enable 选项，然后单击 Apply 按钮应用即可。

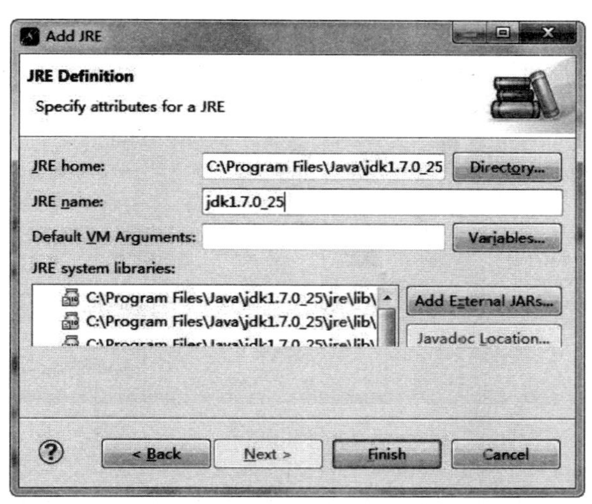

图 4.14　JRE 定义窗口

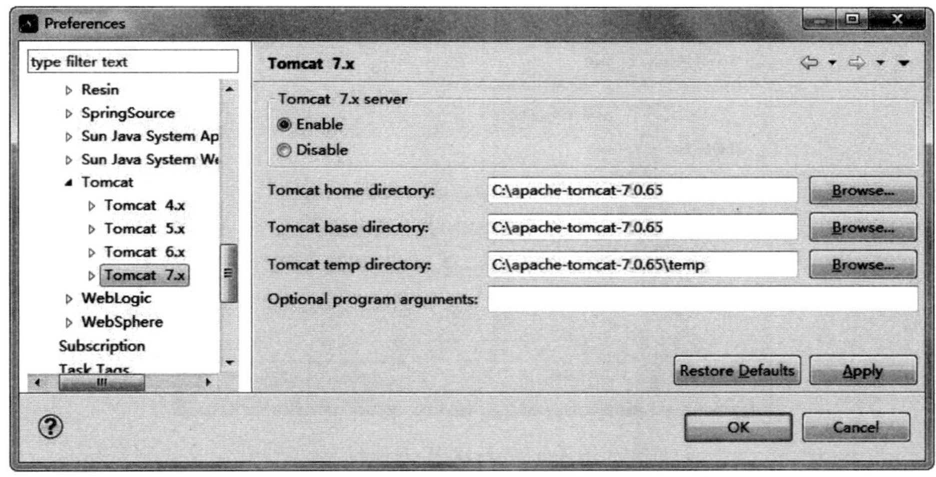

图 4.15　配置 Tomcat 服务器

4.1.2　创建并发布 Web 项目

1. 创建 Web 项目

在使用 MyEclipse 创建项目之前，需要对工作区所使用的文件编码进行设置，选择菜单 Windows→Preferences，打开 MyEclipse 参数设置窗口，在窗口左侧的树形目录中依次展开 General→Workspace，在右侧可以看到 MyEclipse 默认使用的文件编码为 GBK，将其改选为 Other，并选用 UTF-8 编码，如图 4.16 所示。

使用 MyEclipse 创建的项目文件默认继承 MyEclipse 工作区文件编码设置，下面介绍如何使用 MyEclipse 创建 Web 项目。选择菜单 File→New→Web Project，打开 New Web Project 窗口，在其中设置项目名称为 bkxt，J2EE 版本选用 Java EE 6.0，如图 4.17 所示。接着单击 Finish 按钮完成新的 Web 项目的创建。

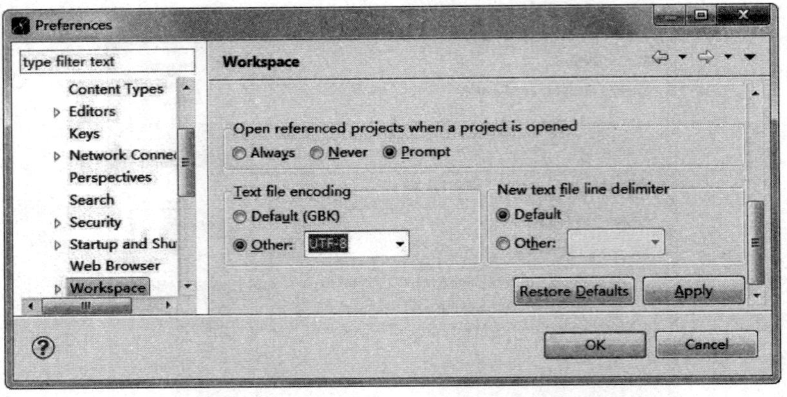

图 4.16　设置 MyEclipse 工作区文件编码

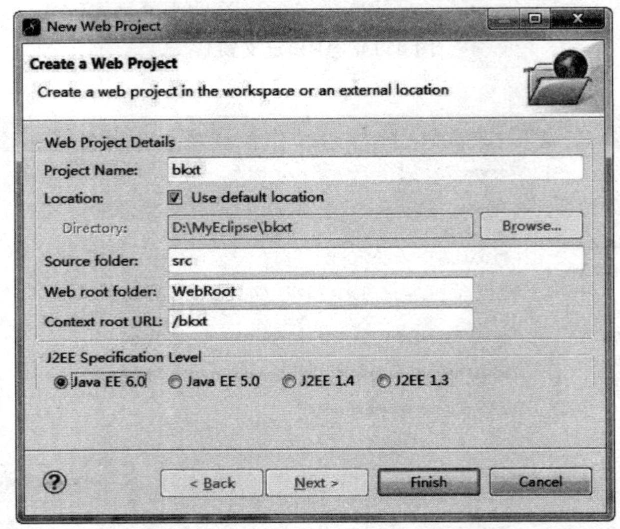

图 4.17　新建 Web 项目

一个新建的 Web 项目，在 MyEclipse 主界面左侧的“包资源管理器”中显示的默认目录结构如图 4.18 所示。

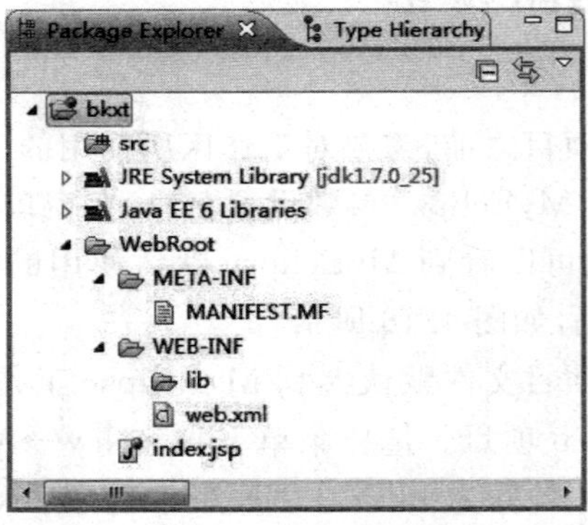

图 4.18　新建 Web 项目的目录结构

新建 Web 项目的各目录作用如下。

（1）src，对应项目中的 Java 程序源代码目录，可以通过在其中创建不同的包来组织项目中的 Java 程序代码。

（2）JRE System Library，指的是 Java SE 的常用库文件集合，建立普通的 Java 项目均会使用。

（3）Java EE 6 Libraries，指 Java EE 的常用库文件的集合，建立的 Java Web 项目会用到这个库集合与 Java SE 的库文件集合。

（4）WebRoot，是 Java Web 项目中用于存放 JSP 页面文件、CSS 文件、JavaScript 文件、图片等网页视图显示层相关资源，将显示层和代码层分开。

（5）WebRoot/META-INF，相当于一个信息包，用来配置应用程序、扩展程序、类加载器和服务等。其中的 manifest. mf 文件，是在用 jar 打包时自动生成的。

（6）WebRoot/WEB-INF/lib，存放 Java Web 应用需要的各种 jar 包文件，放置仅在这个应用中要求使用的 jar 文件，例如数据库驱动 jar 文件。

（7）WebRoot/WEB-INF/web. xml，指的是 Java Web 应用程序配置文件，它是一个 xml 文件，其中描述了 Servlet、过滤器、监听器以及其他应用组件配置及命名规则。

（8）WebRoot/index. jsp，创建 Java Web 项目时 MyEclipse 自动创建的一个 JSP 页面，是网站项目的首页。

2. 发布 Web 项目

在线访问测试一个 Web 应用之前，需要将 Web 项目部署到相应的 Web 服务器中，并对应开启 Web 服务。利用 MyEclipse 可以很方便地完成 Web 项目的发布，例如，将新建的 bkxt 项目部署到 Tomcat 服务器的步骤如下。

（1）单击“部署 J2EE 项目”的快捷菜单，弹出 Project Deployments 对话框，如图 4.19 所示，选择需要发布的项目 bkxt，单击 Add 按钮，打开 New Deployment 窗口，如图 4.20 所示。

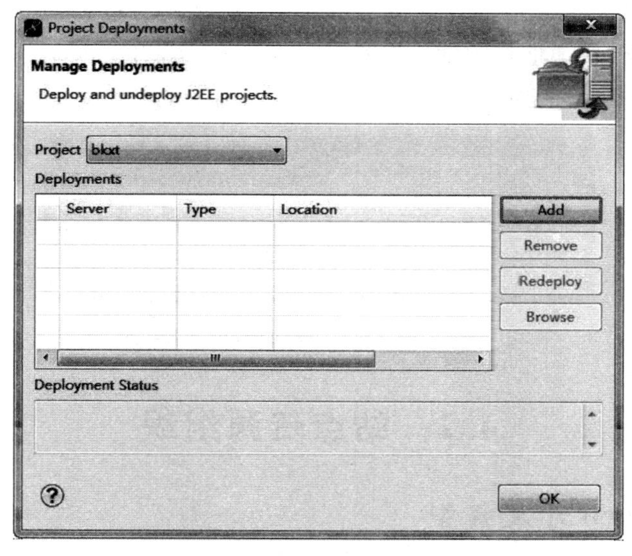

图 4.19　项目发布

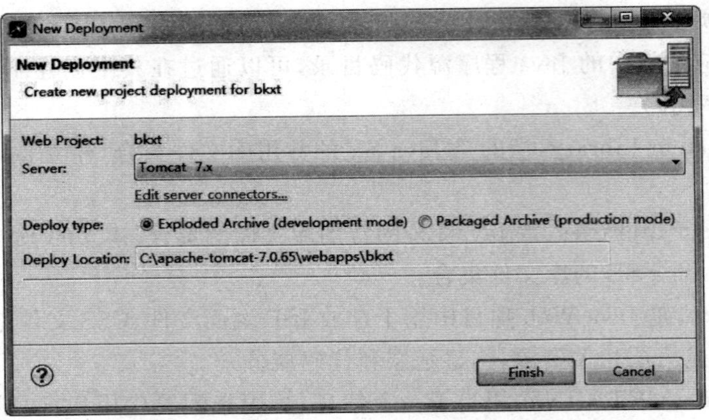

图 4.20　添加项目

(2) 在 New Deployment 窗口中选择项目部署的服务器为 Tomcat 7.x，部署类型选择 Exploded Archive，单击 Finish 按钮返回到 Project Deployments 对话框，单击 OK 按钮完成项目部署。

(3) 启动 Tomcat 服务器，单击"启动/停止/重启 MyEclipse 服务"的快捷菜单中的下拉箭头，在弹出的下拉列表中选择 Tomcat 7.x→Start，稍等片刻，在 MyEclipse 的 Console 控制台窗口中显示 Tomcat 启动成功的信息，如图 4.21 所示。

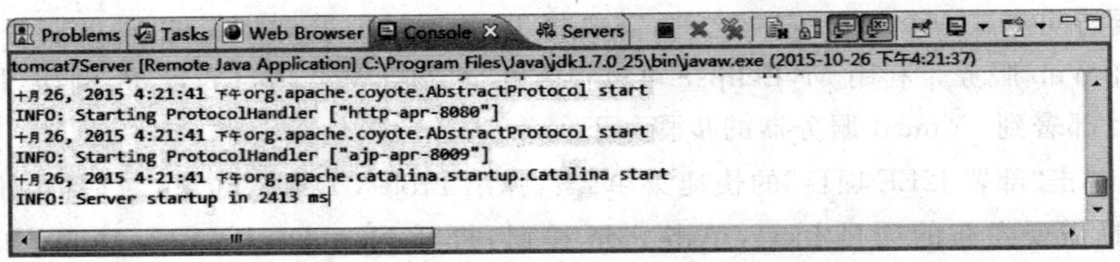

图 4.21　Tomcat 启动信息

(4) 打开浏览器，在地址栏中输入"http://localhost:8080/bkxt/"并访问，显示的正是网站首页 index.jsp 的内容，如图 4.22 所示，这也说明网站发布成功。

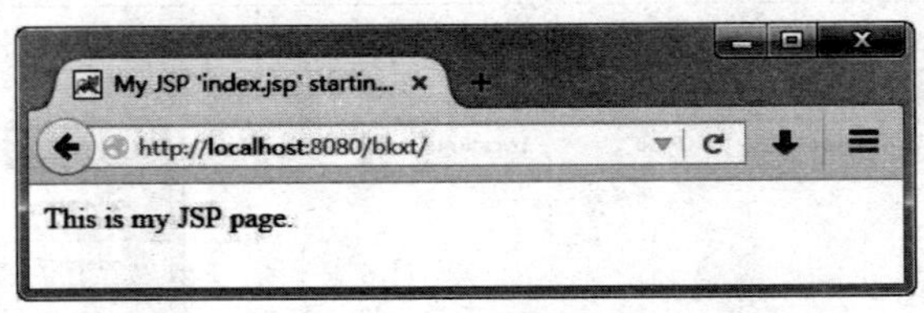

图 4.22　网站首页

4.2　站点资源组织

4.2.1　Java Web 开发模型

Java Web 开发模型主要经历了以下 4 个阶段。

1. 独立 JSP 模式

在独立 JSP 模式下，整个 Web 应用中的所有工作几乎都交给 JSP 页面来处理，JSP 页面接收处理客户端请求，同时负责生成网页、控制到下一个网页的流程以及负责业务逻辑。使用该模式进行程序设计会带来很多缺点。第一，网站的页面设计与逻辑处理混杂在一起，无法分离，造成调试困难；第二，代码的可重用性非常低，不利于程序的扩展；第三，系统维护非常困难，当需要修改业务逻辑时，可能会涉及多个页面。

2. JavaBean+JSP 模式

随着技术的发展，JSP 页面功能开始逐步划分，开始使用 JavaBean 和 JSP 共同协助完成设计任务。JavaBean+JSP 模式实现比较简单，适用于快速开发的小型项目。但是从工程化的角度来看，它仍然有很大的局限性，JSP 页面本身兼有显示视图和控制功能两种角色，使得控制逻辑和显示逻辑混杂在一起，代码的可重用性依然很低，系统的维护和扩展难度较大。

3. JSP+Servlet+JavaBean 开发模式

该模式遵循了 MVC(Model View Controller)设计模式。MVC 是一种使用 Model、View、Controller 分层设计 Web 应用程序的模式。其中，Model 为模型层，表示应用程序核心，用于处理应用程序数据逻辑的部分，以及系统业务处理逻辑，模型拥有最多的处理任务；View 为视图层，是指用户看到并与之交互的界面，主要用于数据信息的输入采集和数据的显示输出；Controller 为控制器，它用于接受用户的输入并调用模型和视图去完成用户的需求，所以当单击 Web 页面中的超链接或者发送提交 HTML 表单时，控制器本身不输出任何东西，它只是接收请求并决定调用哪个模型构件去处理请求，然后再确定用哪个视图来显示返回的数据信息。

该模型为 Java Web 开发的经典模型。JSP 作为视图月来表现页面；Servlet 作为控制器，控制程序的流程并调用业务进行处理；JavaBean 封装了业务逻辑。

MVC 分层有助于管理复杂的应用程序，因为开发人员可以在一个时间内专门关注一个方面。例如，开发人员可以在不依赖业务逻辑的情况下专注于视图设计，也让应用程序的测试更加容易。MVC 分层同时也简化了分组开发。

4. 框架模式

以 JSP+Servlet+JavaBean 开发模式为基础，许多遵循 MVC 设计模式的 Java Web 应用框架被开发出来。这些框架技术适用于企业级的 Java Web 应用开发。框架技术的出现使得开发时间大大缩短。

本书讲解的招生考试报名系统使用 JSP+Servlet+JavaBean 开发模型，遵循 MVC 设计模式。

4.2.2 站点资源规划

按照用户对站点资源的可访问性，可以将站点资源划分为可访问资源和不可访问资源。其中，可访问资源是指用户可以通过客户端浏览器输入 URL 直接请求访问的资源，包括控制层的 Servlet 和视图层 JSP 页面及其相关资源。不可访问资源主要是指模型层的 JavaBean 及其他用于实现业务逻辑的 Java 类，它们只能由控制层调用，不可通过 URL 直接访问。结合 MVC 设计模式，对不同类型的资源分别组织如下。

1. 模型层

作为处理应用程序数据逻辑的核心，模型层需要实现数据库连接功能，按照系统功能实现对数据存取的功能，数据库关系表记录到对象的映射转换功能，以及访问控制、事件监听等其他相应功能。使用 MyEclipse 在项目 bkxt 的 src 目录下创建如图 4.23 所示的 Java 类包。

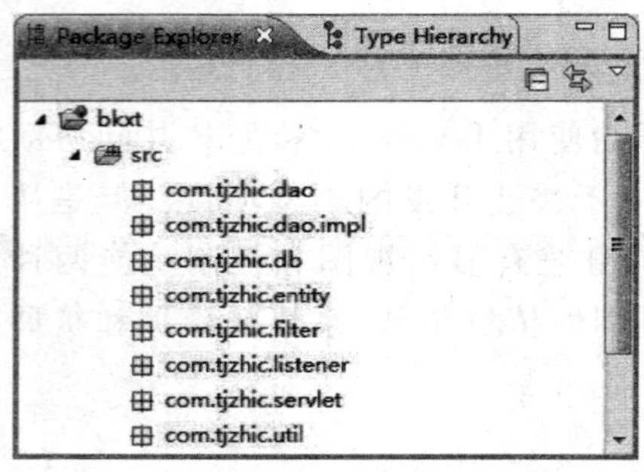

图 4.23　Java 源文件组织

不同包用于组织不同功能的 Java 类的源文件，分别说明如下。

(1) com. tjzhic. dao，数据访问接口，接口中定义了此应用程序中将会用到的所有事务方法。在这个应用程序中，当需要和数据源进行交互的时候则使用这个接口，并且编写单独的类来实现这个接口在逻辑上对应这个特定的数据存储。

(2) com. tjzhic. dao. impl，对应 com. tjzhic. dao 包中的每一个接口，在 com. tjzhic. dao. impl 包中有一个对应该接口的实现类，实现了接口中定义的所有事务方法。

(3) com. tjzhic. db，存放获取数据库连接的工厂类。

(4) com. tjzhic. entity，存放实体类，它是简单的 Java 对象，在程序中仅作为数据容器用来持久化存储数据，不同的实体类分别对应不同的数据库关系表或者视图。例如，stu 表中每条记录就代表一个考生，我们设计一个 Stu 类表示考生，Stu 类中的各个属性分别对应 stu 表中的各个字段，Stu 类仅封装对各个属性的设置和获取方法。

(5) com. tjzhic. filter，过滤器类，通过过滤技术使开发人员可以对 Web 服务器管理的所有 Web 资源(JSP、Servlet、静态图片文件或静态 html 文件等)进行拦截，从而实现诸如编码过滤、权限管理等特殊功能。

(6) com. tjzhic. listener，监听器类，给 Web 应用增加事件处理机制，以便更好地监视和控制 Web 应用的状态变化，从而在后台调用相应处理程序。

(7) com. tjzhic. servlet，控制层 Servlet 类。

(8) com. tjzhic. util，系统中实用的一些工具类。

2. 视图层

视图层的 JSP 页面等资源属于用户可访问资源，Servlet 可以调用视图页面，用户也可以通过 URL 直接访问 JSP 页面。不同的用户角色有不同的资源访问权限，例如，学生用户能够访问与考生报名相关的 JSP 页面资源，不能访问与系统管理功能相关的资源。系统共有考生、系统管理员、招生管理员和教务管理员这 4 种不同的用户角色，不同的用户具有各自不同的系统功能。按照用户权限组织视图层相关资源，在 bkxt 项目的 WebRoot 目录下创建如图 4.24 所示的目录结构。

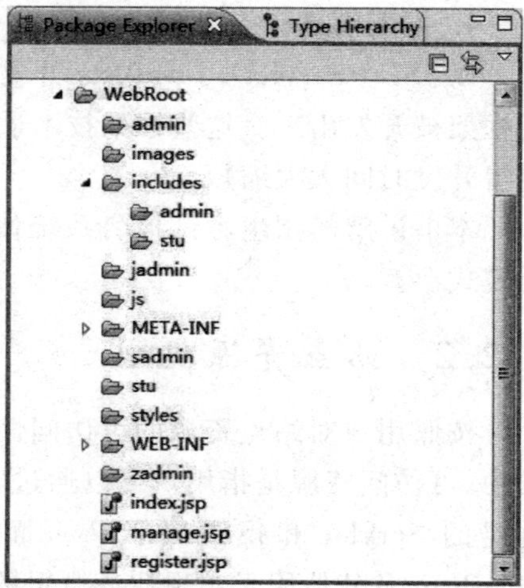

图 4.24　站点页面文件组织

下面对创建的文件和文件夹的作用说明如下。

(1) admin 文件夹,用于组织系统管理员、教务管理员和招生管理员的共有功能页面视图,包括当前系统状态页面、查看报名信息页面、查看成绩信息页面、查看登录历史页面和修改密码页面。所有管理员登录后都应该拥有访问此文件夹中页面的权限,而学生用户和非登录用户无权访问。

(2) images 文件夹,用于组织页面引用的图片或背景图片等资源。

(3) includes 文件夹,页面包含文件,用于组织所有页面或者部分页面共同引用的代码片段或页面,增加代码的可重用性。

(4) includes/stu 文件夹,页面包含文件,用于组织学生用户页面需要引用的代码片段或页面,非学生用户不可访问。

(5) includes/admin 文件夹,页面包含文件,用于组织管理员用户页面需要引用的代码片段或页面,非管理员用户不可访问。

(6) jadmin 文件夹,用于组织教务管理员的功能页面,包括准考证号分配页面、考场安排页面和成绩录入页面,非教务管理员用户无权访问。

(7) js 文件夹,用于组织页面引用的 JavaScript 脚本文件。

(8) sadmin 文件夹,用于组织系统管理员的功能页面,包括管理员维护页面、数据库维护页面和系统阶段定义页面,非系统管理员用户无权访问。

(9) stu 文件夹,用户组织学生用户的功能页面,包括查看报考须知页面、在线报名页面、上传照片页面、报名表打印页面、准考证打印页面、成绩与录取查询页面、查看登录历史页面和修改密码页面,非学生用户无权访问。

(10) styles 文件夹,用于组织页面引用的样式表文件。

(11) zadmin 文件夹,用于组织招生管理员的功能页面,包括当前阶段设置页面、招考信息维护页面、现场确认页面、设置录取分数线页面和学生密码清零页面,非招生管理员用户无权访问。

(12) index.jsp 页面,网站首页,也是学生用户的登录页面。

(13) manage.jsp 页面,网站后台管理首页,也是所有管理员用户的登录页面。

(14) register.jsp 页面,学生注册账户的页面。

3. 控制层

控制层 Servlet 也属于用户可访问资源,用户可以通过 Servlet 对应的 URL 映射访问。与视图层资源一样,不同的用户角色有不同的访问权限。参考视图层资源的组织方式,下面按照用户权限与功能不同,分别对 Servlet 命名方式及其 URL 映射规划如表 4.1 所示。

表 4.1 Servlet 命名及其 URL 映射规则

Servlet 命名	URL 映射	功能说明	权限说明
StuRegister.java	/register.do	学生注册功能	不限
StuLogin.java	/login.do	学生登录系统功能	不限
StuXxx.java	/stu/xxx.do	学生其他 xxx 功能	已登录学生用户
AdminLogin.java	/adminLogin.do	管理员后台管理登录功能	不限
AdminXxx.java	/admin/xxx.do	管理员共有的 xxx 功能	已登录的管理员
JAdminXxx.java	/jadmin/xxx.do	教务管理员的 xxx 功能	已登录的教务管理员
SAdminXxx.java	/sadmin/xxx.do	系统管理员的 xxx 功能	已登录的系统管理员
ZAdminXxx.java	/zadmin/xxx.do	招生管理员的 xxx 功能	已登录的招生管理员

对 Servlet 命名及其 URL 映射规则的几点说明如下。

(1) 关于控制学生注册功能的 Servlet，任何人都可以通过网站注册页面使用学生注册功能进行账户注册。

(2) 关于控制学生登录系统功能和管理员后台管理登录功能的 Servlet，任何人都可以通过对应的登录页面填写用户名和密码信息进行验证登录。

(3) 其他控制不同用户角色功能的 Servlet，其访问权限仅限于该角色的在线用户。

下面对站点可访问资源(包括视图层资源控制层资源)的规划组织总结如下。

(1) "/bkxt/xxx.jsp"和"/bkxt/xxx.do"为不限权限的资源。

(2) "/bkxt/stu/xxx.jsp"、"/bkxt/includes/stu/xxx.jsp"和"/bkxt/stu/xxx.do"为已登录学生用户可访问的资源。

(3) "/bkxt/admin/xxx.jsp"、"/bkxt/includes/admin/xxx.jsp"和"/bkxt/admin/xxx.do"为已登录管理员用户都可以访问的资源。

(4) "/bkxt/zadmin/xxx.jsp"和"/bkxt/zadmin/xxx.do"为已登录招生管理员用户可访问的资源。

(5) "/bkxt/jadmin/xxx.jsp"和"/bkxt/jadmin/xxx.do"为已登录教务管理员用户可访问的资源。

(6) "/bkxt/sadmin/xxx.jsp"和"/bkxt/sadmin/xxx.do"为已登录系统管理员用户可访问的资源。

4.3 用户页面设计

4.3.1 总体布局设计

用户页面按照简洁美观、布局合理并且整个站点协调统一的原则进行设计，其整体结构布局设计如图 4.25 所示。页面划分为页面头、页面主体和页面底三个部分。页面头部显示

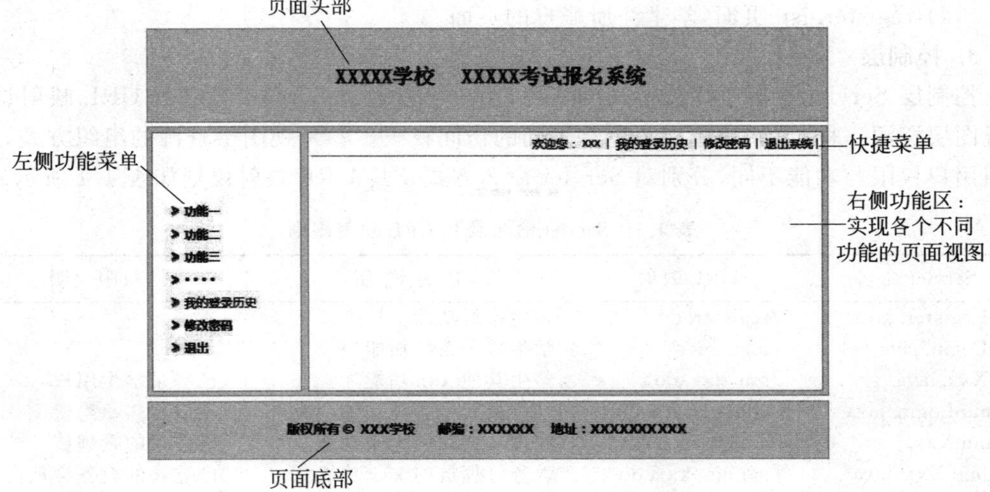

图 4.25 网站整体结构布局设计

网站名称。页面主体部分又划分为左右两列布局，其中左侧列显示当前登录用户的功能菜单，右侧列包含几个快捷菜单以及当前功能的页面视图。页面底部主要显示网站的版权、网站所属单位以及联系方式等信息。

需要注意的是，学生注册、学生登录和管理员登录这三个页面视图稍有不同，其页面主体部分左侧为相关说明或提示性信息，页面主体部分右侧没有快捷菜单。

4.3.2 页面元素样式设计与实现

下面分别介绍对不同页面元素的样式设计与具体实现。

1. 基本样式

在 bkxt 项目的"/WebRoot/styles/"文件夹中新建 basic.css 样式表文件，首先在其中定义基本样式如下。

```
/*页面基本样式*/
* {                                           /*选择页面所有元素*/
    margin: 0px;                              /*设置所有元素外边距为0*/
    padding: 0px;                             /*设置所有元素内边距为0*/
}
body {                                        /*设置页面基本样式*/
    background: #fff;                         /*设置页面背景颜色为白色*/
    width: 1000px;                            /*设置页面宽度为1000px*/
    margin: 0 auto;                           /*设置页面居中显示*/
    text-align: center;                       /*设置文本对齐方式为居中对齐*/
}
img {                                         /*图片基本样式*/
    border: none;                             /*设置页面中图片无边框*/
}
h1 {                                          /*选择一级标题元素*/
    height: 34px;                             /*设置一级标题高度为34px*/
    line-height: 34px;                        /*设置一级标题行高为34px*/
    text-indent: 28px;                        /*设置一级标题缩进28px*/
    font-size: 16px;                          /*设置一级标题字体大小为16px*/
    font-family: "微软雅黑";                   /*设置一级标题字体为微软雅黑*/
    font-weight: bold;                        /*设置一级标题加粗显示*/
    text-align: left;                         /*设置一级标题文本居中方式为靠左对齐*/
    color: #EEE;                              /*设置一级标题字体颜色*/
    background: #2a91d3 url(../images/arrow.jpg) no-repeat 10px 7px;
                                              /*设置一级标题背景*/
    border-bottom: 1px solid #C0C0C0;         /*设置一级标题底部边框线*/
}
```

首先将页面所有元素(使用"*"号匹配)的外边距(Margin)和内边距(Padding)都设置为0px，保证不同内核浏览器的浏览效果一致，接着对页面内容(body元素)设置背景、宽度、文本对齐方式等，然后设置页面图片(img元素)默认不显示边框，最后定义页面中一级标题(h1元素)的显示样式。

2. 整体布局样式

按照如图4.25所示的网站整体结构布局编写相应的布局HTML代码如下，其中的页面功能、单位名称、考试名称、单位邮编和单位地址在具体实现的 jsp 页面中替代为相应的变量，加以灵活控制。

```
<!DOCTYPE HTML PUBLIC "-//W3C//DTD HTML 4.01 Transitional//EN">
<html>
<head>
    <meta http-equiv="content-type" content="text/html; charset=UTF-8">
    <title>页面功能</title>
    <link rel="stylesheet" type="text/css" href="./styles/basic.css" />
</head>
<body>
    <div id="header">
        <p>单位名称<span>考试名称报名系统</span></p>
    </div>
    <div id="content">
        <div id="left">
            <h1>操作菜单</h1>
            <div>左侧内容区</div>
        </div>
        <div id="right">
            <h1>页面功能</h1>
            <div>右侧内容区</div>
        </div>
        <div class="clearf"></div>
    </div>
    <div id="footer">
        <p>    版权所有; &copy;  单位名称   
            邮编: 单位邮编   
            地址: 单位地址
        </p>
    </div>
</body>
</html>
```

对应实现页面布局的样式代码如下。

```
/*页面整体布局*/
#header {                                            /*页面头部分 div*/
    width: 1000px;                                   /*设置页面头部宽度为 1000px*/
    height: 150px;                                   /*设置页面头部高度为 150px*/
    background: url(../images/header.jpg) no-repeat; /*设置页面头部背景图片*/
}
#header p {                                          /*页面头部分中段落*/
    font-family: "微软雅黑";                          /*设置页面头部段落文本字体*/
    font-size: 36px;                   /*设置页面头部段落文本字体大小为 36px*/
    height: 150px;                     /*设置页面头部段落高度为 150px*/
    line-height: 150px;                /*设置页面头部段落行高为 150px*/
    text-align: center;                /*设置页面头部段落文本居中方式为居中对齐*/
    color: #FED;                       /*设置页面头部段落文本颜色*/
}
```

```
#header p span {                          /* 页面头部段落中内联元素 */
    color: #EFC;                          /* 设置颜色 */
    font-size: 30px;                      /* 设置字体大小为 30px */
    font-weight: bold;                    /* 设置字体加粗 */
}
#content {                                /* 页面主体部分 div */
    width: 1000px;                        /* 设置页面主体部分宽度为 1000px */
    margin: 5px auto;                     /* 设置页面主体部分上下外边距为 5px,左右自动 */
    background: #EAEAEA;                  /* 设置页面主体部分背景颜色 */
}
#left {                                   /* 页面主体部分左侧 div */
    margin: 10px 3px 10px 10px;           /* 设置页面左侧 div 外边距 */
    width: 200px;                         /* 设置页面左侧 div 宽度为 200px */
    float: left;                          /* 设置页面左侧 div 向左浮动 */
    background: #F9F8F4;                  /* 设置页面左侧 div 背景颜色 */
    border: 1px solid #C0C0C0;            /* 设置页面左侧 div 的边框 */
}
#right {                                  /* 页面主体部分右侧 div */
    margin: 10px 10px 10px 3px;           /* 设置页面右侧 div 外边距 */
    padding-bottom: 20px;                 /* 设置页面右侧 div 内边距 */
    width: 770px;                         /* 设置页面右侧 div 的宽度为 770px */
    background: #FFF;                     /* 设置页面右侧 div 背景颜色 */
    float: right;                         /* 设置页面右侧 div 向右浮动 */
    border: 1px solid #c0c0c0;            /* 设置页面右侧 div 的边框 */
}
.clearf{                                  /* 清除浮动 div */
    clear: both;                          /* 清除页面主体部分左右两列 div 浮动产生的影响 */
}
#footer {                                 /* 页面底部 */
    width: 1000px;                        /* 设置页面底部的宽度为 1000px */
    height: 76px;                         /* 设置页面底部的高度为 76px */
    background: url(../images/footer.jpg);/* 设置页面底部的背景图片 */
}
#footer p {                                 /* 页面底部段落 */
    height: 76px;                           /* 设置页面底部段落高度为 76px */
    line-height: 76px;                      /* 设置页面底部段落行高为 76px */
    text-align: center;                     /* 设置页面底部段落文本对齐方式为居中对齐 */
    font-family: "微软雅黑";                 /* 设置页面底部段落字体 */
    font-size: 12px;                        /* 设置页面底部段落字体大小为 12px */
    font-weight: bold;                      /* 设置页面底部段落字体加粗显示 */
    color: #DDD;                            /* 设置页面底部段落字体颜色 */
}
```

在浏览器中预览布局页面,基本效果如图 4.26 所示。

3. 左侧功能菜单样式

页面主体部分左侧列显示当前登录用户的功能菜单。以学生登录后显示的功能菜单为例,在左侧 div 中插入如下所示的 HTML 代码,其中实际的链接地址暂未给出。

图 4.26　网站整体结构布局效果

```
<div id="menu">
    <a href="#">报考须知</a>
    <a href="#">我的报名信息</a>
    <a href="#">XXX 操作…</a>
    <a href="#">我的登录历史</a>
    <a href="#">修改密码</a>
    <a href="#">退出系统</a>
</div>
```

对应地在 basic.css 中设计如下的显示样式。

```
/*左侧菜单项样式*/
#menu {                                  /*左侧功能菜单 div*/
    margin:20px auto;                    /*设置左侧功能菜单 div 的外边距*/
}
#menu a {                                /*左侧功能菜单超链接*/
    display:block;                       /*将超链接转换为区块*/
    height: 34px;                        /*设置超链接区块高度为 34px*/
    line-height: 34px;                   /*设置超链接区块行高为 34px*/
    text-indent: 45px;                   /*设置超链接文本缩进 45px*/
    font-family: "微软雅黑";              /*设置超链接文本字体*/
    font-size:14px;                      /*设置超链接文本字体大小为 14px*/
    font-weight:bold;                    /*设置超链接文本字体加粗*/
    color:#00C;                          /*设置超链接文本颜色*/
    text-decoration:none;                /*设置超链接无下划线*/
    border-bottom:2px solid #dee;        /*设置超链接底部边框*/
    background:url(../images/smallarrow.png) no-repeat 10% 50%;
                                         /*设置超链接背景图片*/
}
#menu a.checked, #menu a:hover {         /*当前选中的超链接或者鼠标经过时的超链接*/
    color: #EEE;                         /*设置超链接文本颜色*/
    background:  #046DF7 url(../images/smallarrow_hover.png) no-repeat 10% 50%;
                                         /*设置超链接背景颜色及图片*/
    border: 1px solid #F91;              /*设置超链接文本边框*/
}
```

在浏览器中预览，菜单效果如图 4.27 所示。

4. 右侧快捷菜单样式

页面主体部分右侧功能区最上面显示若干快捷菜单，在右侧 div 中插入如下所示的 HTML 代码，其中实际的链接地址暂未给出。

图 4.27 功能菜单效果图

```
<div id = "hmenu">
    <ul>
        <li><a href = "#">退出系统</a></li>
        <li><a href = "#">修改密码</a></li>
        <li><a href = "#">我的登录历史</a></li>
        <li>欢迎您: 用户名</li>
    </ul>
</div>
```

对应地在 basic.css 中设计如下的显示样式。

```
/* 右侧快捷菜单样式 */
#hmenu {                          /* 右侧快捷菜单 div */
    width: 98%;                   /* 设置右侧快捷菜单 div 宽变为父层 div 宽度的 98% */
    margin: 0 auto;               /* 设置右侧快捷菜单 div 居中显示 */
    height: 28px;                 /* 设置右侧快捷菜单 div 高变为 28px */
    line-height: 28px;            /* 设置右侧快捷菜单 div 行高为 28px */
    border-bottom: 1px solid #E0C21D;/* 设置右侧快捷菜单 div 的底部边框 */
}
#hmenu ul {                               /* 右侧快捷菜单 div 中的 ul 列表 */
    list-style-type: none;                /* 设置 ul 列表无项目符号 */
    font-size: 12px;                      /* 设置 ul 列表中字体大小为 12px */
}
#hmenu ul li      {                       /* ul 列表中的列表项 */
    float: right;                         /* 设置列表项向右浮动 */
    padding: 0px 12px;                    /* 设置列表项上下内边距为 0px,左右内边距为 12px */
    color: #333;                          /* 设置列表项文本颜色 */
    background: url(../images/fgx.png) no-repeat center right;
                                          /* 设置列表项间背景分割线 */
}
#hmenu li a {                             /* 列表项中的超链接 */
    text-decoration: none;                /* 设置超链接无下划线 */
}
#hmenu li a:hover {                       /* 鼠标经过超链接 */
    color: #F4A;                          /* 设置超链接颜色 */
}
```

在浏览器中预览，右侧快捷菜单效果如图 4.28 所示。

图 4.28 右侧快捷菜单效果图

5. 操作说明样式

在页面主体部分右侧功能区中，首先应该显示不同功能操作的简单说明，然后还要能够显示操作结果的提示信息，接着才是相关操作表单或需要显示的信息。以修改密码功能为例，其操作说明的 HTML 代码如下。

```
<div class = "operation">修改个人密码↓：<span class = "mess">提示信息</span></div>
```

对应地在 basic.css 中设计如下的显示样式。

```
/*操作说明样式*/
.operation {                               /*操作说明 div*/
    width: 98%;                            /*设置 div 宽度为父层容器的 98% */
    text-align: left;                      /*设置 div 文本对齐方式为左对齐*/
    margin: 0 auto;                        /*设置 div 上下外边距为 0px,并居中显示*/
    padding: 8px 0px;                      /*设置 div 上下内边距为 10px*/
    border-bottom: 1px solid #B1648A;      /*设置 div 的底部边框线*/
    font-size: 12px;                       /*设置 div 中文本字体大小为 12px*/
    font-weight: bold;                     /*设置 div 中文本字体加粗*/
    color:#42F;                            /*设置 div 中文本颜色*/
}
.operation span.mess {                     /*操作提示信息*/
    color: red;                            /*设置操作提示信息为红色*/
}
```

在浏览器中预览，功能操作说明的效果如图 4.29 所示。

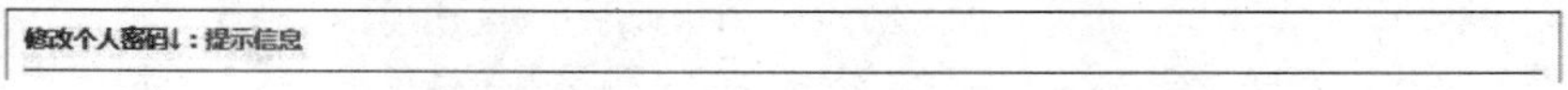

修改个人密码↓：提示信息

图 4.29　功能操作说明效果图

6. 操作表单和显示信息样式

在页面主体部分右侧功能区中，某个功能可能需要用户提交表单实现，例如登录系统、个人密码修改、学生填写报名信息、招生管理员添加考试科目信息等。还有一些功能仅需要显示若干条信息，例如系统登录说明、查看报考须知等。我们将表单或者显示信息组织在表格中，并对表格以及其中的表单元素（文本框和按钮等）、文本类元素设计如下的显示样式。

```
/*操作表单和信息显示样式*/
.ft {                                      /*操作表单或说明信息 div*/
    width: 98%;                            /*设置 div 宽度为父层容器的 98% */
    text-align: left;                      /*设置 div 文本对齐方式为左对齐*/
    margin: 0px auto;                      /*设置 div 上下外边距为 0px,并居中显示*/
    padding: 8px 0;                        /*设置 div 上下内边距为 8px*/
    border-bottom: 1px solid #B1648A;      /*设置 div 的底部边框线*/
    font-size: 12px;                       /*设置 div 中文本字体大小为 12px*/
}
.ft fieldset {                             /*表单分组域*/
    margin: 5px 0px;                       /*设置表单分组域上下外边距为 5px*/
    padding: 5px 0px;                      /*设置表单分组域上下内边距为 5px*/
    background: #F9F8F4;                   /*设置表单分组域背景颜色*/
```

```
    font-weight: bold;                    /* 设置文本字体加粗 */
}
.ft table td {                            /* 表单中表格单元格 */
    font-size: 12px;                      /* 设置单元格文本字体大小为 12px */
    padding: 3px 5px;                     /* 设置单元格上下内边距为 3px,左右内边距为 5px */
    color: #333;                          /* 设置单元格文本颜色 */
    line-height: 200%;                    /* 设置单元格文本行高为两倍行距 */
    text-align: justify;                  /* 设置单元格文本对齐方式为两端对齐 */
}
.ft table td.label {                      /* 标签类单元格 */
    text-align: right;                    /* 设置标签类单元格的文本对齐方式为右对齐 */
}
.ft table td.hint {                       /* 提示信息类单元格 */
    color: #F04A00;                       /* 设置提示信息类单元格的文本颜色 */
}
.ft input.text,.ft select {               /* 输入文本框和下拉选择框 */
    font-size: 12px;                      /* 设置文本字体大小为 12px */
    color: #333;                          /* 设置文本字体颜色 */
}
.ft input.long {                          /* 较长输入文本框 */
    width: 400px;                         /* 设置文本框宽度为 400px */
}
.ft input.button {                        /* 按钮 */
    border: none;                         /* 设置按钮无边框 */
    height: 20px;                         /* 设置按钮高度为 20px */
    line-height: 20px;                    /* 设置按钮行高为 20px */
    width: 100px;                         /* 设置按钮行宽度为 100px */
    background: url(../images/bt02.gif) no-repeat center center;
                                          /* 设置按钮的背景图片 */
    color: #242;                          /* 设置按钮上的文本颜色 */
    font-weight: bold;                    /* 设置按钮上的文本字体加粗 */
}
.ft input.button:hover {                  /* 鼠标经过按钮 */
    cursor: pointer;                      /* 设置鼠标变为手型 */
    color: #262;                          /* 设置按钮上的文本颜色 */
}
.ft textarea {                            /* 文本域 */
    font-size: 12px;                      /* 设置文本域中字体大小为 12px */
    color: #333;                          /* 设置文本域中字体颜色 */
}
```

应用了上述样式的用户注册表单效果如图 4.30 所示。

图 4.30　用户注册表单效果图

在学生上传照片功能页面中，显示上传要求信息的效果如图 4.31 所示。

1、考生上传电子版照片必须为近期免冠正面证件照并且能够清晰地反映本人特征，红底、蓝底均可，jpg格式，照片尺寸宽高比例大约为1.3:1.6，大小为130×160px左右，50KB以下，最终效果以输出后的大小为准。

2、考生上传的电子照片如果不符合要求，可通过PHOTOSHOP等图像处理软件改变图像格式及大小。

3、考生一定不要直接修改其他格式照片的扩展名为.jpg，要使用PHOTOSHOP等图像处理软件改变图像格式，否则上传不成功。

4、操作说明：考生在下面的照片框下，单击“浏览”按钮，按上述要求选择处理好的照片，然后单击“点击上传”按钮，如果上传成功但是未看到上传的照片出现在上面的照片框内，则单击“照片预览”按钮，将会显示您上传的照片，如果不符合要求，请重新上传您的照片。

图 4.31　显示信息效果图

7. 数据表格样式

在页面上使用表格显示登录历史记录、学生报名信息、学生成绩等数据信息，在 basic.css 中定义统一的数据表格显示样式如下。

```
/*数据表格样式*/
.dt {                                          /*数据表格类*/
    margin: 5px auto;                          /*设置表格上下外边距为5px,表格居中显示*/
    width: 98%;                                /*设置表格宽度为父层容器的98%*/
    background: #CCC;                          /*设置表格背景颜色*/
}
.dt tr th, .dt tr td {                         /*数据表格中标题单元格和单元格*/
    background: #FFF;                          /*设置单元格背景颜色*/
    font-size: 12px;                           /*设置单元格字体大小*/
    color: #333;                               /*设置单元格字体颜色*/
    height: 22px;                              /*设置单元格高度为22px*/
    line-height: 22px;                         /*设置单元格行高为22px*/
    text-align: center;                        /*设置单元格文本对齐方式为居中对齐*/
}
.dt tr th {                                    /*标题单元格*/
    color: #4A71BE;                            /*设置标题单元格字体颜色*/
    background: url(../images/th_bg.png) repeat-x center center;
                                               /*设置标题单元格背景图片*/
}
.dt tr td:hover {                              /*鼠标经过单元格*/
    background: #E8EEF7;                       /*设置鼠标经过单元格时的背景颜色*/
}
```

以管理员列表为例，显示效果如图 4.32 所示。

序号	管理员用户名	管理员用户组	管理员密码清零	删除管理员
1	admin	系统管理员	密码清零	删除
2	jiaowu	教务管理员	密码清零	删除
3	zhaoban	招生管理员	密码清零	删除

图 4.32　管理员列表示例

8. 数据表格分页导航样式

当显示的数据量较大时，从页面排版和美观上考虑，最好采取分页的方式进行显示。分页导航栏主要显示数据总量、每页数据量、总页数以及页面导航链接等信息，我们对分页导航栏进行如下的样式设计。

```
/*数据表格分页导航样式*/
.pagenav {                          /*数据表格分页导航 div*/
    font-family: "微软雅黑";        /*设置字体*/
    font-size: 12px;                /*设置字体大小为 12px*/
    font-weight: bold;              /*设置字体加粗*/
    color: #E63;                    /*设置字体颜色*/
    width: 98%;                     /*设置导航 div 宽度为父层容器的 98%*/
    margin: 10px auto;              /*设置导航 div 上下外边距为 10px,并居中显示*/
    text-align: right;              /*设置单元格文本对齐方式为右对齐*/
}
.pagenav a:hover {                  /*鼠标经过超链接*/
    color: #F711EA;                 /*设置超链接颜色*/
}
.pagenav select {                   /*导航中的下拉列表*/
    font-weight: bold;              /*设置字体加粗*/
    font-size: 11px;                /*设置字体大小为 11px*/
    color: #558;                    /*设置字体颜色*/
}
.pagenav select option {            /*导航中的下拉列表中的列表项*/
    background: #F9F8F4;            /*设置列表项背景颜色*/
}
```

数据表格分页导航效果如图 4.33 所示。

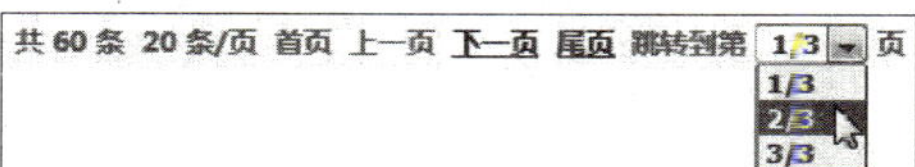

图 4.33　数据表格分页导航栏效果

第5章 过滤器在网站中的应用

本章介绍过滤器(Filter)技术及其应用,解决在网站开发过程中经常遇到的乱码问题,并使用过滤器实现对不同用户的访问权限控制。

5.1 Servlet过滤器简介

5.1.1 Servlet过滤器工作原理

过滤器技术是Servlet 2.3新增加的功能,于2000年10月发布,并在Servlet 2.4规范中得到增强。Java中的过滤器并不是一个标准的Servlet,主要用于对客户端请求以及服务器响应进行预处理,完成一些通用的操作。例如,对传输数据的编码设置、对传输的数据进行加密、用户认证与授权管理、实现Web应用的日志处理等操作。

过滤器的工作原理如下:当Web容器获得一个对资源的请求时,Web容器判断是否存在过滤器和这个资源关联。如果存在关联就把请求交给过滤器去处理,在过滤器中可以对请求的内容做出改变,然后再将请求转交给被请求的资源。当被请求的资源做出响应时,Web容器同样会将响应先转发给过滤器,在过滤器中可以对响应做出处理然后再将响应发送给客户端。在这整个过程中客户端和目标资源是不知道过滤器的存在的。

在一个Web应用程序中可以配置多个过滤器,从而形成一条过滤器链,如图5.1所示。在请求资源时,过滤器链中的过滤器依次对请求做出处理,并按照相反的顺序对响应做出处理。

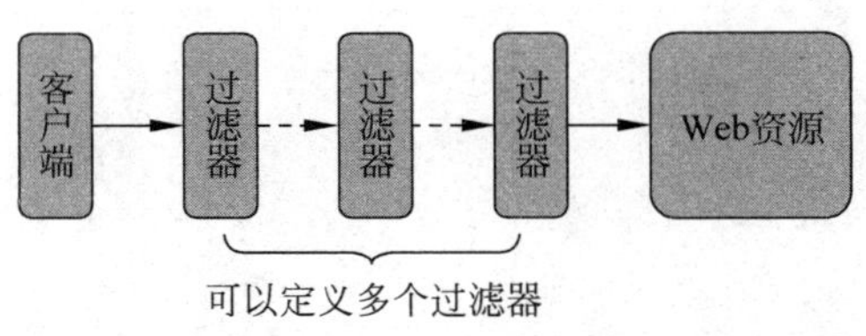

图5.1 过滤器示意图

5.1.2 Servlet过滤器实现步骤

在程序中使用过滤器主要分为两步,首先需要编写实现java.servlet.Filter接口的过滤器类。所有的Servlet过滤器都必须实现javax.servlet.Filter接口,并实现该接口中的三个方法,介绍如下。

(1) init(FilterConfig config)：用于初始化过滤器，并获取 web.xml 文件中配置的初始化参数，该方法在过滤器的生命周期中仅执行一次。

(2) doFilter(ServletRequest req, ServletResponse res, FilterChain chain)：用于进行过滤操作，req 对象给过滤器提供了对输入的信息（表单数据、Cookie 和 HTTP 请求头等）的完全访问；响应信息使用 res 对象，chain 用来调用过滤器中的下一个资源，用于访问链条中的后续过滤器。

(3) destory()：这个方法在 Web 容器卸载过滤器实例之前被调用，在 Filter 的生命周期中仅执行一次，用于释放 Servlet 过滤器占用的资源。

若使过滤器能够正常工作，下一步还需要在 web.xml 中配置该过滤器。Servlet 过滤器的配置包括以下两部分。

(1) 第一部分是过滤器在 Web 应用中的定义，由<filter>元素表示，包括<filter-name>和<filter-class>两个必需的子元素，其中，<filter-name>定义过滤器的名称，<filter-class>声明过滤器的实现类。此外，<filter>元素还可以包含<init-param>、<icon>、<display-name>和<description>4 个可选子元素。

(2) 第二部分是过滤器映射的定义，由<filter-mapping>元素表示，可以采用<url-pattern>子元素将<filter-name>子元素中指定的过滤器映射到任意特征的 URL，也就是说将过滤器与特定的 Web 资源进行关联。

过滤器本身的配置比较简单，也没什么过多的变化，但是在使用过滤器的时候，需要特别注意的是过滤器的过滤顺序。过滤器的过滤顺序取决于 web.xml 配置文件中的<filter-mapping>元素的排列顺序。因此在一个程序中如果使用了多个过滤器，在配置<filter-mapping>元素时需要特别小心，要按照预期的设想排列<filter-mapping>元素，否则会出现意想不到的错误。

5.2 编码过滤器

5.2.1 创建使用编码过滤器

使用编码过滤器可以对请求和响应数据的编码进行统一设置，避免出现因为传输数据编码不一致带来的乱码问题。我们在 bkxt 项目的 com.tjzhic.filter 包中新建 EncodeFilter.java 类，实现 javax.servlet.Filter 接口，并实现该接口的三个方法，代码如下。

```
package com.tjzhic.filter;
import java.io.IOException;
import javax.servlet.*;
public class EncodeFilter implements Filter {
    public void destroy() {}
    public void init(FilterConfig arg0) throws ServletException {}
    public void doFilter(ServletRequest request, ServletResponse response,
                FilterChain chain) throws IOException, ServletException {
        request.setCharacterEncoding("utf-8");
        response.setCharacterEncoding("utf-8");
```

```
        chain.doFilter(request, response);
    }
}
```


该编码过滤器在初始化和销毁时无动作，过滤操作对数据编码进行设置，其中 request. setCharacterEncoding("utf-8")用于将 request 请求中获取的数据编码设置为 utf-8，而 response. setCharacterEncoding("utf-8")用于设置响应时的编码为 utf-8。

在 web. xml 中对该编码过滤器做如下的配置，其中，<url-pattern>子元素中“/ * ”表示匹配网站的所有资源，也就是说对本站所有资源的请求和响应都要经由编码过滤器执行其过滤操作。

```
<filter>
    <filter-name>EncodeFilter</filter-name>
    <filter-class>com.tjzhic.filter.EncodeFilter</filter-class>
</filter>
<filter-mapping>
    <filter-name>EncodeFilter</filter-name>
    <url-pattern>/*</url-pattern>
</filter-mapping>
```

5.2.2 彻底解决中文乱码问题

项目中之所以会出现中文乱码，是因为数据在存储、传输、显示这几个不同的环节中使用的编码格式不统一。为了彻底解决中文显示乱码的问题，项目中选用 UTF-8 编码。UTF-8 的全称是 Unicode Transformation Format-8bit，它是用以解决国际上字符的一种多字节编码。UTF-8 对英文使用 8 位(即一个字节)，对中文使用 24 位(三个字节)来编码。UTF-8 包含全世界所有国家需要用到的字符，是国际编码，通用性强。UTF-8 编码的文字可以在各国支持 UTF-8 字符集的浏览器上显示。

项目开发时，只要在以下各环节中统一设置编码格式为 UTF-8，就可以彻底解决中文显示乱码的问题。

(1) 数据库创建时指定编码格式。在 MySQL 中使用 SQL 语句创建数据库时，如果忘记指定编码格式，可能会导致访问数据库的过程中产生中文乱码的问题。创建数据库指定编码格式的一种方法是在创建数据库 SQL 语句中指定编码格式，如下所示。

```
CREATE DATABASE bkxt DEFAULT CHARACTER SET utf8 COLLATE utf8_general_ci;
```

(2) 使用 MyEclipse 创建 Web 项目时指定编码格式。可以采用 4.1.2 节中所述的方法将 MyEclipse 工作区的文件编码属性设置为 UTF-8；也可以单独对某个项目设置文件编码属性，在 MyEclipse“包资源管理器”中右键单击需要设置编码属性的项目，在右键快捷菜单中选择 Properties，在弹出的项目属性窗口中设置或更改文件编码属性，如图 5.2 所示。

(3) jsp 页面中使用 page 指令指定编码格式，如下所示。

```
<%@ page contentType="text/html; charset=utf-8" pageEncoding="UTF-8" %>
```

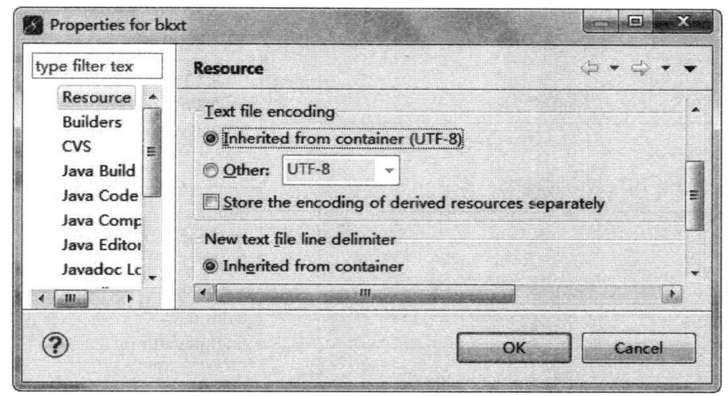

图 5.2 MyEclipse 项目编码属性设置

其中,pageEncoding 属性指定的是 jsp 文件本身的编码,当 jsp 被编译成 Java 源文件时,会按照 pageEncoding 属性值读取 jsp,结果是由指定的编码方案翻译成统一的 UTF-8 格式的 Java 源码,如果 pageEncoding 设定错了,或没有设定,将出现中文乱码。contentType 属性中指定的编码是指服务器发送给客户端时的内容编码。

(4) jsp 或 html 页面中使用<meta>标签指定编码格式,如下所示。

```
<meta http-equiv="Content-Type" content="text/html; charset=UTF-8">
```

这个标签的作用是声明客户端的浏览器使用 UTF-8 字符集编码显示该页面,这样才不会造成编码错误而产生乱码。

(5) 编码过滤器中设置请求和响应数据的编码,如下所示。

```
request.setCharacterEncoding("utf-8");
response.setCharacterEncoding("utf-8");
```

5.3 用户权限过滤器

招考报名系统共有 4 个不同的用户角色,分别为考生、系统管理员、招生管理员和教务管理员。对于不同角色的用户来说,他们拥有的系统功能不同,可以访问的站点资源也不尽相同。通过 4.2 节对站点资源的合理组织规划,使得我们能够非常方便地使用过滤器实现各类用户对系统资源的访问权限控制。系统共有 5 个权限过滤器,分别为学生用户权限过滤器、管理员共有功能权限过滤器、招生管理员权限过滤器、教务管理员权限过滤器和系统管理员权限过滤器,不同的过滤器通过设置映射就可以对不同的系统资源进行相应的过滤操作。图 5.3 展示了本系统所有过滤器及其过滤资源的示意图。

下面分别对用于权限控制的过滤器进行介绍。

5.3.1 学生用户权限过滤器

在 bkxt 项目的 com.tjzhic.filter 包中新建 StuFilter.java 类,实现 javax.servlet.Filter

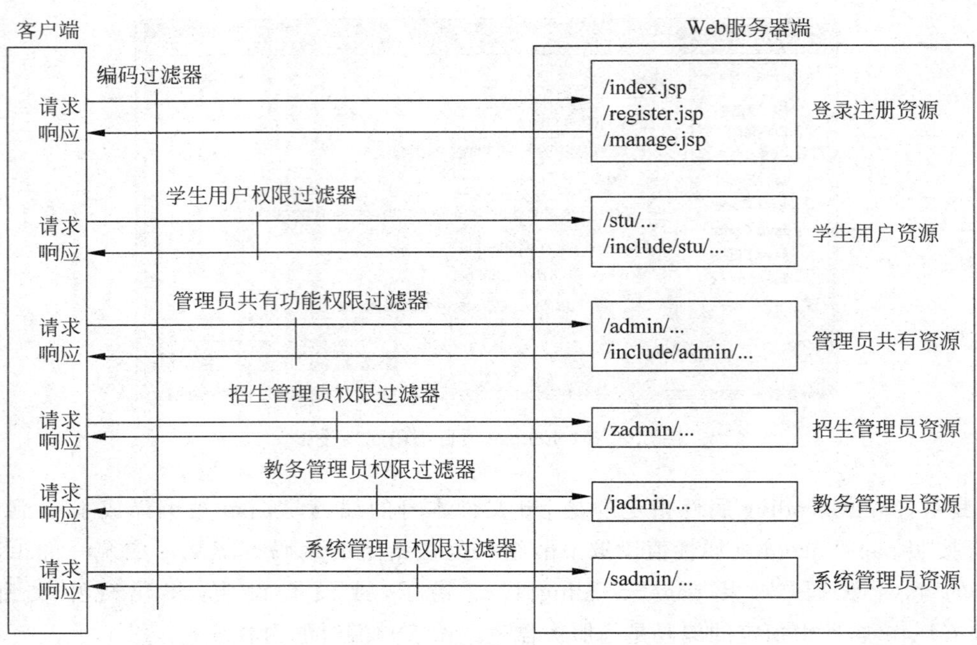

图 5.3 过滤器及其过滤资源示意图

接口，并实现该接口的三个方法，其中，doFilter()方法的实现代码如下。

```
public void doFilter(ServletRequest request, ServletResponse response,
            FilterChain chain) throws IOException, ServletException {
    HttpServletRequest req = (HttpServletRequest)request;
    HttpSession session = req.getSession();
    if(session != null && session.getAttribute("username") != null){
        chain.doFilter(request, response);
    }else{
        req.setAttribute("stuLoginMess", " * 请先登录!");
        req.getRequestDispatcher("/index.jsp").forward(request, response);
    }
}
```

在 web.xml 中对学生用户权限过滤器做如下的配置。

```
<filter>
    <filter-name>StuFilter</filter-name>
    <filter-class>com.tjzhic.filter.StuFilter</filter-class>
</filter>
<filter-mapping>
    <filter-name>StuFilter</filter-name>
    <url-pattern>/stu/*</url-pattern>
    <url-pattern>/includes/stu/*</url-pattern>
</filter-mapping>
```

学生通过 index.jsp 页面登录系统，登录成功后系统将该学生的用户名存入当前 session 对象中。学生用户资源只有已登录的学生用户才能够访问，过滤操作需要根据当前 session

判断学生是否已经登录系统。如果学生已登录系统，该请求正常通过；如果学生未登录或者 session 已经过期失效，就将当前请求转发至学生登录页面，并将相关提示信息附加至 request 作用域中。

5.3.2 管理员共有功能权限过滤器

在 bkxt 项目的 com. tjzhic. filter 包中新建 AdminFilter. java 类，实现 javax. servlet. Filter 接口，并实现该接口的三个方法，其中 doFilter()方法的实现代码如下。

```
public void doFilter(ServletRequest request, ServletResponse response,
        FilterChain chain) throws IOException, ServletException {
    HttpServletRequest req = (HttpServletRequest)request;
    HttpSession session = req.getSession();
    if(session != null && session.getAttribute("adminuser") != null){
        chain.doFilter(request, response);
    }else{
        req.setAttribute("adminLoginMess", "*请先登录!");
        req.getRequestDispatcher("/manage.jsp").forward(request, response);
    }
}
```

在 web. xml 中对管理员共有功能权限过滤器做如下的配置。

```
<filter>
    <filter-name>JAdminFilter</filter-name>
    <filter-class>com.tjzhic.filter.JAdminFilter</filter-class>
</filter>
<filter-mapping>
    <filter-name>AdminFilter</filter-name>
    <url-pattern>/admin/*</url-pattern>
    <url-pattern>/includes/admin/*</url-pattern>
</filter-mapping>
```

管理员通过 manage. jsp 页面登录系统，登录成功后系统将管理员对象存入当前 session 对象中。过滤器判断管理员用户是否登录，如果已经登录，就可以访问管理员共有资源；如果未登录或者 session 已经过期失效，就将当前请求转发至管理员登录页面，并将相关提示信息附加至 request 作用域中。

5.3.3 招生管理员权限过滤器

在 bkxt 项目的 com. tjzhic. filter 包中新建 ZAdminFilter. java 类，实现 javax. servlet. Filter 接口，并实现该接口的三个方法，其中，doFilter()方法的实现代码如下。

```
public void doFilter(ServletRequest request, ServletResponse response,
        FilterChain chain) throws IOException, ServletException {
    HttpServletRequest req = (HttpServletRequest)request;
    HttpSession session = req.getSession();
    if(session != null && session.getAttribute("adminuser") != null){
        Adminuser adminuser = (Adminuser)session.getAttribute("adminuser");
```

```
        if("招生管理员".equals(adminuser.getAdmingroup())){
            chain.doFilter(request, response);
        }else{
            req.setAttribute("adminLoginMess", "*请先登录!");
            req.getRequestDispatcher("/manage.jsp").forward(request, response);
        }
    }else{
        req.setAttribute("adminLoginMess", "*请先登录!");
        req.getRequestDispatcher("/manage.jsp").forward(request, response);
    }
}
```

在 web.xml 中对招生管理员权限过滤器做如下的配置。

```
<filter>
    <filter-name>ZAdminFilter</filter-name>
    <filter-class>com.tjzhic.filter.ZAdminFilter</filter-class>
</filter>
<filter-mapping>
    <filter-name>ZAdminFilter</filter-name>
    <url-pattern>/zadmin/*</url-pattern>
</filter-mapping>
```

对招生管理员资源访问控制时不仅需要判断管理员用户是否登录，还需要进一步判断该管理员是否属于招生管理员。

5.3.4 教务管理员权限过滤器

在 bkxt 项目的 com.tjzhic.filter 包中新建 JAdminFilter.java 类，实现 javax.servlet.Filter 接口，并实现该接口的三个方法，其中，doFilter()方法的实现代码如下。

```
public void doFilter(ServletRequest request, ServletResponse response,
        FilterChain chain) throws IOException, ServletException {
    HttpServletRequest req = (HttpServletRequest)request;
    HttpSession session = req.getSession();
    if(session != null && session.getAttribute("adminuser") != null){
        Adminuser adminuser = (Adminuser)session.getAttribute("adminuser");
        if("教务管理员".equals(adminuser.getAdmingroup())){
            chain.doFilter(request, response);
        }else{
            req.setAttribute("adminLoginMess", "*请先登录!");
            req.getRequestDispatcher("/manage.jsp").forward(request, response);
        }
    }else{
        req.setAttribute("adminLoginMess", "*请先登录!");
        req.getRequestDispatcher("/manage.jsp").forward(request, response);
    }
}
```

在 web.xml 中对教务管理员权限过滤器做如下的配置。

```
<filter>
    <filter-name>JAdminFilter</filter-name>
    <filter-class>com.tjzhic.filter.JAdminFilter</filter-class>
</filter>
<filter-mapping>
    <filter-name>JAdminFilter</filter-name>
    <url-pattern>/jadmin/*</url-pattern>
</filter-mapping>
```

对教务管理员资源访问控制时不仅需要判断管理员用户是否登录，还需要进一步判断该管理员是否属于教务管理员。

5.3.5 系统管理员权限过滤器

在 bkxt 项目的 com.tjzhic.filter 包中新建 SAdminFilter.java 类，实现 javax.servlet.Filter 接口，并实现该接口的三个方法，其中，doFilter()方法的实现代码如下。

```
public void doFilter(ServletRequest request, ServletResponse response,
            FilterChain chain) throws IOException, ServletException {
    HttpServletRequest req = (HttpServletRequest)request;
    HttpSession session = req.getSession();
    if(session != null && session.getAttribute("adminuser") != null){
        Adminuser adminuser = (Adminuser)session.getAttribute("adminuser");
        if("系统管理员".equals(adminuser.getAdmingroup())){
            chain.doFilter(request, response);
        }else{
            req.setAttribute("adminLoginMess", "*请先登录!");
            req.getRequestDispatcher("/manage.jsp").forward(request, response);
        }
    }else{
        req.setAttribute("adminLoginMess", "*请先登录!");
        req.getRequestDispatcher("/manage.jsp").forward(request, response);
    }
}
```

在 web.xml 中对系统管理员权限过滤器做如下的配置。

```
<filter>
    <filter-name>SAdminFilter</filter-name>
    <filter-class>com.tjzhic.filter.SAdminFilter</filter-class>
</filter>
<filter-mapping>
    <filter-name>SAdminFilter</filter-name>
    <url-pattern>/sadmin/*</url-pattern>
</filter-mapping>
```

同样地，对系统管理员资源访问控制时不仅需要判断管理员用户是否登录，还需要进一步判断该管理员是否属于系统管理员。

第 6 章　用户模块设计

本章介绍与用户相关的模块，包括学生用户注册、学生用户登录、学生用户密码修改、管理员用户管理、管理员用户登录、管理员用户密码修改以及用户登录日志等相关功能。

6.1　学生用户注册模块

6.1.1　注册处理流程

用户注册的处理流程如图 6.1 所示，流程中涉及的各项功能按照 MVC 模式分层组织，便于代码的实现。

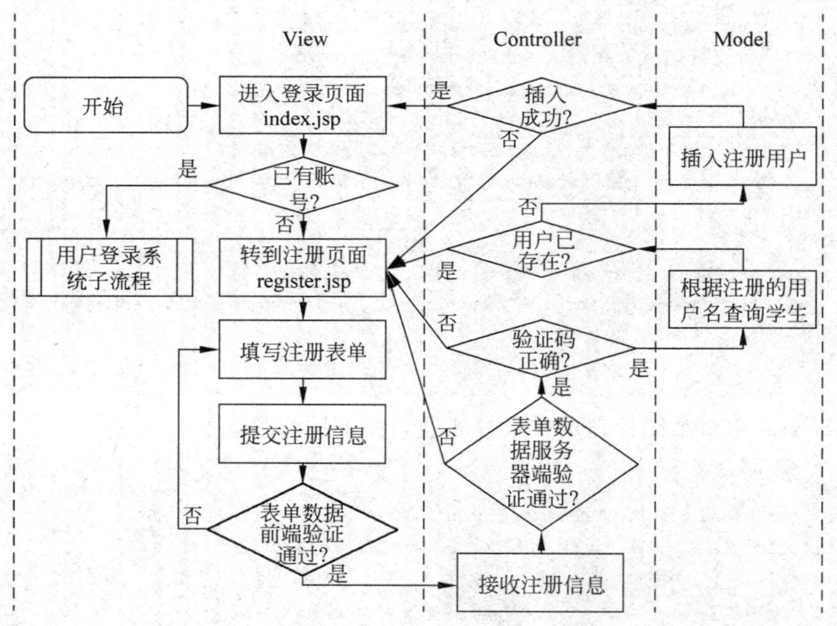

图 6.1　用户注册处理流程

详细的注册步骤说明如下。

(1) 用户进入系统首页 index. jsp，如果用户已注册账号，直接进入用户登录系统子流程，否则单击首页上的“注册”链接跳转到用户注册页面 register. jsp。

(2) 在用户注册页面按要求填写用户名、密码和验证码。

(3) 单击“提交”按钮提交注册信息。

(4) 在注册信息真正提交至服务器之前，先对注册信息的填写规范性进行本地验证，避免将不规范的数据发送到服务器端。如果注册信息的规范性验证通过，将注册信息提交给服务器，否则提示用户重新填写注册表单。

(5) 服务器端控制层相应的 Servlet 接收注册信息，然后对接收到的注册信息再次进行规范性验证，避免用户绕过前端验证提交不规范或者非法信息。如果对表单数据的服务器端验证没有通过，将请求转至用户注册页面并提示相关信息，如果验证通过则进入下一步对验证码的验证。

(6) 验证码是防止批量注册、暴力攻击的简单有效的手段。验证码验证是指将用户根据验证码图片识别的文本与服务器端生成验证码图片时使用的原始文本进行比较，如果完全一致则验证通过，用户可以进行下一步操作，否则验证失败，将请求转至用户注册页面并提示相关信息。

(7) 根据用户注册的用户名在学生用户表中进行查找。

(8) 如果该用户名已存在，将请求转至用户注册页面并提示相关信息，否则进行下一步操作。

(9) 将注册信息插入到学生用户表中。

(10) 如果插入操作失败，将请求转至用户注册页面并提示相关信息，否则提示注册成功并将请求转至用户登录页面 index.jsp。

6.1.2 注册页面设计与实现

1. 页面代码总体结构

注册页面的代码结构如下，其中左侧提示部分和右侧功能区代码暂未给出。

```
<%@ page language = "java" contentType = "text/html; charset = utf - 8"
     pageEncoding = "UTF - 8" %>
<%@ taglib uri = "http://java.sun.com/jsp/jstl/core" prefix = "c" %>
<c:set var = "title" value = "新用户注册" />
<c:set var = "webroot" value = " ${pageContext.request.contextPath}" />
<!DOCTYPE HTML PUBLIC " - //W3C//DTD HTML 4.01 Transitional//EN">
<html>
<head>
<meta http - equiv = "content - type" content = "text/html; charset = UTF - 8">
<title>${title}</title>
<link rel = "stylesheet" type = "text/css" href = " ${webroot}/styles/basic.css" />
<script type = "text/javascript" src = " ${webroot}/js/register.js"></script>
</head>
<body>
<%@ include file = "./includes/header.jsp" %>
<div id = "content">
    <div id = "left">
        <h1>提示</h1>
        <!-- 左侧提示部分 -->
    </div>
    <div id = "right">
        <h1>${title}</h1>
```

```
22            <!-- 右侧功能区 -->
23        </div>
24        <div class="clearf"></div>
25    </div>
26    <%@ include file="./includes/footer.jsp" %>
27    </body>
28    </html>
```

本系统中几乎所有的jsp页面都具有以上的代码结构，下面对代码结构简单说明如下。

(1) 第01行，使用page指令定义jsp页面的全局属性，如无特殊说明，本系统所有jsp页面第01行相同。

(2) 第02行，本系统所有jsp页面都要使用taglib指令引入jstl核心标签库。

(3) 第03,04行，分别设置了title和webroot两个变量，其中，title定义当前页面标题，webroot变量存储网站应用部署后的绝对路径。变量可在本页面其他位置引用，如无特殊说明，本系统所有jsp页面都会定义这两个变量。

(4) 第08～11行，网页head部分，定义页面内容类型、页面标题、页面引用的CSS文件以及JavaScript文件等。

(5) 第14行和第26行分别使用include指令将页面头部和页面底部包含进来。网站所有页面头部和底部都相同，因此其他jsp页面也需要包含这两个文件。

(6) 第16～25行定义了页面主体部分，使用左右两列布局，其中左侧为提示信息(登录后显示的是功能菜单导航)，右侧为功能实现区。

2. 页面头部代码

页面头部代码定义在WebRoot/includes/header.jsp中，代码如下。

```
<%@ page language="java" pageEncoding="UTF-8" %>
<div id="header">
    <p>
        ${applicationScope.school.shname}  
        <span>${applicationScope.school.shtest}报名系统</span>
    </p>
</div>
```

需要注意的是，我们通过应用事件监听器(参见本书第8章)，在项目启动时就把学校的相关信息(例如学校名称、邮编、地址、考试名称等)保存至application作用域了，此处可以直接读出并显示，页面头部效果如图6.2所示。

天津理工大学中环信息学院 高职升本报名系统

图6.2 页面头部效果

3. 页面底部代码

页面底部代码定义在WebRoot/includes/footer.jsp中，代码如下。

```
<%@ page language = "java" pageEncoding = "UTF-8" %>
<div id = "footer">
    <p>
        版权所有 &copy;   ${applicationScope.school.shname}  
        邮编: ${applicationScope.school.shzip }     
        地址: ${applicationScope.school.shaddr}
    </p>
</div>
```

与页面头部一样，引用了已保存至 application 作用域的信息，页面底部的效果如图 6.3 所示。

图 6.3 页面底部效果

4. 页面主体左侧提示代码

用户注册页面主体部分左侧显示注册提示信息，代码如下。

```
<div id = "left">
<h1>提示</h1>
<div class = "ft" style = "border: none;">
    <table>
        <tr><td>1.请牢记您注册时填写的用户名和密码，登录本系统时您需要提供正确的
        用户名和密码!</td></tr>
        <tr><td>2.忘记用户名或者密码请联系招生单位!</td></tr>
    </table>
</div>
</div>
```

浏览器中的显示效果如图 6.4 所示。

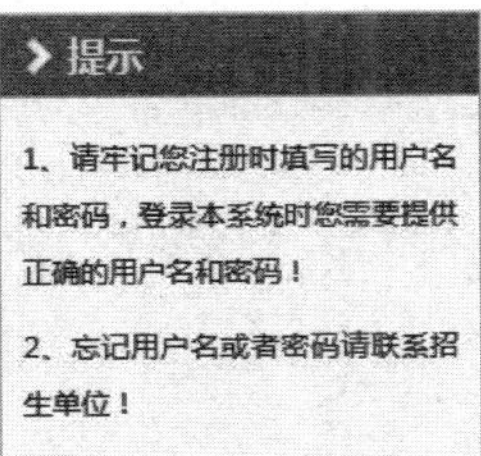

图 6.4 用户注册页面左侧提示

5. 页面主体右侧注册表单代码实现

用户注册表单使用表格来组织，代码如下。

```
<div id = "right">
<h1>${title}</h1>
<div class = "operation">填写注册信息↓:
```

```
04      <span class = "mess" id = "stuAddMess">$ {requestScope.stuAddMess}</span>
05  </div>
06  <div class = "ft">
07  <form method = "post" action = " $ {webroot}/register.do">
08  <table>
09      <tr>
10          <td class = "label">用户名: </td>
11          <td colspan = "2"><input type = "text" name = "username" id = "username" value =
            " $ { requestScope.username }"/></td>
12          <td class = "hint"> * 用户名为英文字母、下划线或数字组合,长度为 6 - 20 位</td>
13      </tr>
14      <tr>
15          <td class = "label">密码: </td>
16          <td colspan = "2"><input type = "password" name = "password" id = "password" value
            = " $ { requestScope.password }"/></td>
17          <td class = "hint"> * 密码为英文字母、下划线或数字组合,长度为 6 - 20 位</td>
18      </tr>
19      <tr>
20          <td class = "label">确认密码: </td>
21          <td colspan = " 2 " > < input type = " password " name = " confirmpass " id =
            "confirmpass" value = " $ { requestScope.confirmpass }"/></td>
22          <td class = "hint"> * 两次输入的密码要一致</td>
23      </tr>
24      <tr>
25          <td class = "label">验证码: </td>
26          <td><input style = "width: 65px;" type = "text" name = "code" id = "code" value
            = " $ { requestScope.code }"/></td>
27          <td><img src = " $ {webroot}/includes/code.jsp" id = "imagecode" title = "单击图
            片可更换" onclick = "this.src += '?tm = ' + Math.random();"/></td>
28          <td class = "hint"> * 看不清?点击验证码图片可更换</td>
29      </tr>
30      <tr>
31          <td colspan = "3">
32              <input type = "submit" value = "注册" class = "button" id = "submit" />
33              <input type = "reset" value = "重置" class = "button" id = "reset" />
34          </td>
35          <td>* 已有账号,<a href = " $ {webroot}">点此登录</a></td>
36      </tr>
37  </table>
38  </form>
39  </div>
```

代码说明如下。

(1) 第 03～05 行,显示功能操作说明和提示信息,当数据验证失败或服务器端注册失败时,span 标签内显示相应的提示信息。

(2) 第 07 行,注册表单属性 action 指定注册信息提交至 StuRegister.java 这个 Servlet (对应的 URL 映射为/register.do)。

(3) 当注册未成功时,页面通过内部跳转回到 register.jsp,需要重新填写所有表单。为了能够在页面中保留已填写的注册信息，我们将每次提交的注册信息存入 request 作用域，如果注册失败返回，则可以从每个表单中的 value 属性中读出已填写注册信息，例如第 11 行中用户名表单中 value 属性值为 ${requestScope. username}。

(4) 第 27 行，验证码图片引用的是 includes 文件夹中的 code. jsp 文件。code. jsp 文件是生成验证码的程序，并以图片格式输出。onclick 事件实现验证码图片的更新操作，在重新请求验证码图片的 url 中附加一个随机数作为参数，确保验证码图片生成程序能够重新执行，使验证码图片及时刷新。

(5) 第 35 行，已有账号的用户进入系统登录页面的超链接。

6. 表单数据的前端 JavaScript 验证

在表单数据真正提交到服务器端之前，一般先要对表单数据的规范性进行本地 JavaScript 验证，减轻服务器验证的压力。在 js 文件夹中创建 register. js 文件，编写实现注册表单验证的代码如下。

```
window.onload = function() {
    var reset = document.getElementById('reset');
    var fm = document.getElementsByTagName('form')[0];
    var stuAddMess = document.getElementById('stuAddMess');
    reset.onclick = function() {
        username.value = '';
        password.value = '';
        confirmpass.value = '';
        code.value = '';
        username.focus();
    };
    fm.onsubmit = function() {
        if (!/^\w{6,20}$/.test(username.value)) {  //用户名验证
            stuAddMess.innerHTML = "* 用户名不合法!';
            username.value = '';
            username.focus();
            return false;
        }
        if (!/^\w{6,20}$/.test(password.value)) {  //密码验证
            stuAddMess.innerHTML = "* 密码不合法!";
            password.value = '';
            password.focus();
            return false;
        }
        if (password.value != confirmpass.value) {  //密码确认验证
            stuAddMess.innerHTML = "* 两次输入的密码不一致,请重新输入!";
            password.value = '';
            confirmpass.value = '';
            password.focus();
            return false;
        }
        if(!/^\d{4}$/.test(code.value)){            //验证码验证
            stuAddMess.innerHTML = "* 验证码错误!";
            code.value = '';
```

```
35                code.focus();
36                return false;
37            }
38            return true;
39        };
40    };
```

代码说明如下：

(1) 第 01 行，window. onload 表示网页加载完毕之后执行后面的匿名函数(第 02～39 行代码)。

(2) 第 02 行，通过元素 id 取得页面中的“重置”按钮；第 03 行，通过元素标签名取得页面中的 form 表单元素；第 04 行，取得 id 为 stuAddMess 的元素(用于显示提示信息)。

(3) 第 05～11 行，定义了“重置”按钮的单击(onclick)事件。当单击“重置”按钮时，依次清空表单中的用户名、密码、确认密码和验证码内容，然后将光标定位于“用户名”文本框中。

(4) 第 12～39 行，定义了表单的提交事件，当单击“注册”按钮时发生，对注册表单信息的验证程序定义在此。以第 13～18 行的用户名验证程序为例，首先使用正则表达式 ^\w{6,20}$ 对用户名进行匹配，如果输入的用户名不匹配，则依次执行设置错误提示信息、清空用户名、将光标定位于“用户名”文本框中这三个操作。其他表单信息验证过程与此类似，此处不再详述，图 6.5 展示的是当两次输入密码不一致时的页面效果。

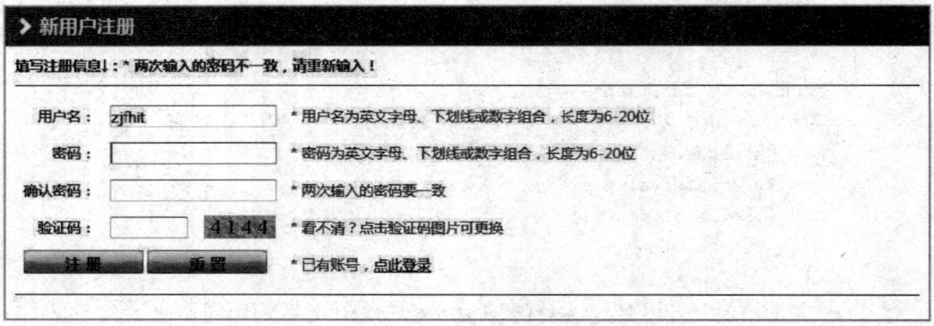

图 6.5　用户注册前端验证示例

6.1.3　验证码的生成

1. 验证码的作用及工作原理

验证码，其英文名称叫 CAPTCHA，全称是全自动区分计算机和人类的图灵测试，它是一种区分用户是计算机或人的全自动程序。一般上来说，我们理解的验证码就是指包含一串数字或其他字符的一幅图片，图片里加上一些干扰像素，在用户浏览网页时显示出来，经过终端用户肉眼识别后，将其中的附加码信息连同用户名和密码一起输入到 Web 表单提交 Web 系统验证，验证成功后才能使用某项功能。

验证码用于区分用户是计算机还是人类，主要为了安全性考虑，防止对网站的大量恶意注册、论坛灌水、垃圾信息回复及发布、暴力破解密码等，避免服务器遭受此类攻击。验证码的验证原理及流程如图 6.6 所示。

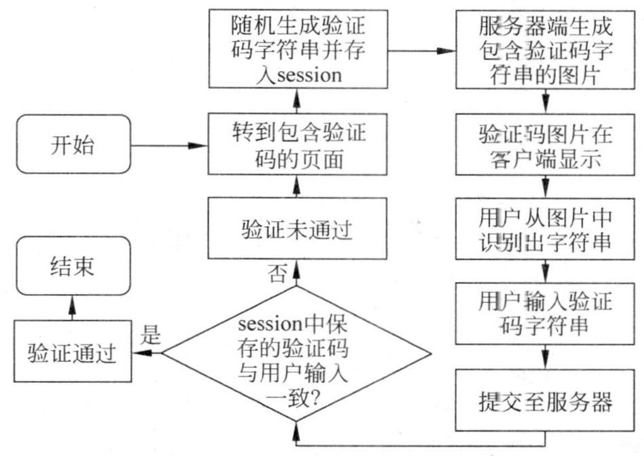

图 6.6　验证码的验证原理及流程

2. 验证码的一个简单实现

根据验证码的原理,实现一个简单的验证码图片生成程序,在需要验证码的页面中进行加载。在系统 includes 文件夹中新建 code.jsp 文件,编写如下的代码。

```
<%@ page contentType="image/jpeg"
import="java.awt.*, java.awt.image.*,java.util.*,javax.imageio.*" %>
<%!
    Color getRandColor(int fc,int bc) {
        Random random = new Random();
        if(fc>255) fc=255;
        if(bc>255) bc=255;
        int r=fc+random.nextInt(bc-fc);
        int g=fc+random.nextInt(bc-fc);
        int b=fc+random.nextInt(bc-fc);
        return new Color(r,g,b);
    }
 %>
<%
    out.clear();
    response.setHeader("Pragma","No-cache");
    response.setHeader("Cache-Control","no-cache");
    response.setDateHeader("Expires", 0);
    int width=60, height=20;
    BufferedImage image = new BufferedImage(width, height,
BufferedImage.TYPE_INT_RGB);
    Graphics g = image.getGraphics();
    Random random = new Random();
    g.setColor(getRandColor(200,250));
    g.fillRect(0, 0, width, height);
    g.setFont(new Font("Times New Roman",Font.PLAIN,13));
    g.setColor(getRandColor(160,200));
    for (int i=0;i<200;i++) {
```

```
27            int x = random.nextInt(width);
28            int y = random.nextInt(height);
29            int xl = random.nextInt(12);
30            int yl = random.nextInt(12);
31            g.drawLine(x,y,x+xl,y+yl);
32        }
33        String sRand = "";
34        for (int i = 0;i < 4;i++){
35            String rand = String.valueOf(random.nextInt(10));
36            sRand += rand;
37            g.setColor(new
   Color(20 + random.nextInt(110),20 + random.nextInt(110),20 + random.nextInt(110)));
38            g.drawString(rand,13 * i + 6,16);
39        }
40        session.setAttribute("sessioncode",sRand);
41        g.dispose();
42        ImageIO.write(image, "JPEG", response.getOutputStream());
43    %>
```

关键代码说明如下。

(1) 第 01 行,page 指令指定页面类型为 jpeg 图片格式,并导入绘图使用的 Java 类。

(2) 第 03～11 行,定义函数 getRandColor(),其功能为生成随机的颜色值。

(3) 第 15～17 行,设置请求和响应遵循的缓存机制。不能够对验证码图片进行缓存,否则将造成验证码图片不能及时刷新。

(4) 第 18～25 行,在内存中创建图像,并设定图像的背景颜色、字体等属性。

(5) 第 26～32 行,随机产生 200 条干扰线。

(6) 第 34～39 行,随机生成 4 位数字,并依次将其显示到图像中。

(7) 第 40 行,将随机生成的验证码字符串保存至 session 中。

(8) 第 41,42 行,使图像生效,并将图像输出到页面中。

3. 验证码技术的发展

设计验证码时要考虑增加它的识别难度,同时也要掌握好度,太难识别的验证码,会影响用户对网站的使用积极性。验证码技术在不断发展,目前常见的验证码的种类有以下几种。

(1) 文本验证码,方便计算机自动地大量产生,是目前应用最多的最广泛的技术,文本验证码主要靠图像变形和添加噪声。文本验证码比较容易被 OCR(Optical Character Recogntion,光学字符识别)软件识别,因此有的网站提供 GIF 动态的验证码图片。

(2) 问题验证码,它是以问答形式进行填写的。系统随机生成诸如"2+3=?"的简单问题让用户进行回答。

(3) 图像验证码,它是基于图像分类、目标识别、场景理解等问题,一般情况下比文本验证码更加难以破解,但是现有的图像验证码需要庞大的图像数据库,而且无法大规模产生,更糟糕的是,一旦数据库被公布,算法不攻自破。

(4) 声音验证码,以随机间隔播放随机选择的一个或多个人播报的数字字母,再添加背景噪声。

(5) 交互式验证码，是一种全新的验证码形态，通过让用户将“滑块”拖动到指定位置进行验证。这种新的交互方式，可以同时解决网站安全和用户体验两端的矛盾。

(6) 视频验证码，它是验证码中的新秀，视频验证码中随机数字、字母和中文组合而成的验证码动态嵌入到 MP4、flv 等格式的视频中，增大了破解难度。视频验证码的安全度远高于普通的验证码，而且这种验证码形式使用户不会感到枯燥，由于其提高了机器识别的难度从而可以降低用户识别的难度，使得用户更容易辨认。

6.1.4 密码加密

1. MD5 加密算法

Message Digest Algorithm MD5(消息摘要算法第 5 版)是计算机安全领域广泛使用的一种散列函数，用以提供消息的完整性保护。对 MD5 算法简要的叙述为：MD5 以 512 位分组来处理输入的信息，且每一分组又被划分为 16 个 32 位子分组，经过一系列的处理后，算法的输出由 4 个 32 位分组组成，将这 4 个 32 位分组级联后将生成一个 128 位散列值。

在 MD5 算法中，首先需要对信息进行填充，使其位长对 512 求余的结果等于 448。因此，信息的位长(Bits Length)将被扩展至 $N\times512+448$，N 为一个非负整数，N 可以是零。填充的方法如下，在信息的后面填充一个 1 和无数个 0，直到满足上面的条件时才停止用 0 对信息的填充。然后，在这个结果后面附加一个以 64 位二进制表示的填充前信息长度。经过这两步的处理，信息的位长 $=N\times512+448+64=(N+1)\times512$，即长度恰好是 512 的整数倍。这样做的原因是为满足后面处理中对信息长度的要求。

2. SHA 加密算法

SHA(Secure Hash Algorithm，安全散列算法)是由美国国家标准和技术协会于 1993 年提出，并作为联邦信息处理标准(FIPS PUB 180)公布；1995 年又发布了一个修订版 FIPS PUB 180-1，通常称之为 SHA-1。

SHA-1 加密算法的思想是接收一段明文，然后以一种不可逆的方式将它转换成一段(通常更小)密文，也可以简单地理解为取一串输入码(称为预映射或信息)，并把它们转化为长度较短、位数固定的输出序列即散列值(也称为信息摘要或信息认证代码)的过程。

3. MD5 和 SHA 加密算法的实现

MD5、SHA 这两种加密算法，都属于非可逆加密，也就是不可解密的加密方法，我们称之为单向加密算法。所以要解密 MD5 和 SHA 没有现成的算法，只能用穷举法，把可能出现的明文，使用加密算法散列之后，把得到的散列值和原始的数据形成一个一对一的映射表，通过比较表中被破解密码的算法散列值，通过匹配从映射表中找出破解密码所对应的原始明文。对信息系统或者网站系统来说，这两种算法都可以用于用户注册口令的加密。

Java 中为安全框架提供类和接口。JDK 安全 API 是 Java 编程语言的核心 API，位于 java. security 包(及其子包)中，其中已经封装了 MD5 和 SHA 加密算法。

我们在报名系统的 com. tjzhic. util 包中新建 Encrypt. java 类，并在该类中分别实现 MD5 和 SHA 加密算法，代码如下。

```
package com.tjzhic.util;
import java.security.MessageDigest;
```

```
03 public class Encrypt {
04   public final static String MD5(String s) {
05     char hexDigits[] = {'0','1','2','3','4','5','6','7','8','9','A','B','C','D','E','F'};
06     try {
07       MessageDigest mdInst = MessageDigest.getInstance("MD5");
08       mdInst.update(s.getBytes());
09       byte[] md = mdInst.digest();
10       int k = 0, j = md.length;
11       char str[] = new char[j * 2];
12       for (int i = 0; i < j; i++) {
13         byte byte0 = md[i];
14         str[k++] = hexDigits[byte0 >>> 4 & 0xf];
15         str[k++] = hexDigits[byte0 & 0xf];
16       }
17       return new String(str);
18     } catch (Exception e) {
19       e.printStackTrace();
20       return "";
21     }
22   }
23   public final static String SHA(String s) {
24     MessageDigest sha = null;
25     StringBuffer hexValue = null;
26     try {
27       sha = MessageDigest.getInstance("SHA");
28       byte[] md5Bytes = sha.digest(s.getBytes("UTF-8"));
29       hexValue = new StringBuffer();
30       for (int i = 0; i < md5Bytes.length; i++) {
31         int val = ((int) md5Bytes[i]) & 0xff;
32         if (val < 16) {
33           hexValue.append("0");
34         }
35         hexValue.append(Integer.toHexString(val));
36       }
37     } catch (Exception e) {
38       e.printStackTrace();
39       return "";
40     }
41     return hexValue.toString();
42   }
43 }
```

代码说明如下。

(1) 第 04～22 行，MD5 加密算法的实现方法。

(2) 第 07 行，获得 MD5 摘要算法的 MessageDigest 对象。

(3) 第 08 行，将输入字符串转换为字节数组，并更新摘要。

(4) 第 09 行，生成加密后的密文。

(5) 第 10～17 行，把密文转换成十六进制的字符串形式。

(6) 第 23～42 行，SHA 加密算法的实现方法，算法实现的过程与 MD5 加密算法的实现类似，此处不再详述。

6.1.5 用户注册 Servlet 的实现

Servlet 用于实现控制层功能，如图 6.1 所示，实现用户注册的 Servlet 主要完成注册信息接收、服务器端数据验证、调用模型层相关类实现注册以及调用指定的页面视图显示结果信息等功能。

在 com.tjzhic.servlet 包中新建 Servlet，命名为 StuRegister.java，并在 web.xml 文件中对该 Servlet 做如下配置。

```
<servlet>
    <servlet-name>StuRegister</servlet-name>
    <servlet-class>com.tjzhic.servlet.StuRegister</servlet-class>
</servlet>
<servlet-mapping>
    <servlet-name>StuRegister</servlet-name>
    <url-pattern>/register.do</url-pattern>
</servlet-mapping>
```

双击打开 StuRegister.java 文件，重写其中的 doGet()和 doPost()方法，并定义一个验证表单输入的方法 validateForm()，这三个方法的代码如下所示。

```
public void doGet(HttpServletRequest request, HttpServletResponse response)
        throws ServletException, IOException {
    this.doPost(request, response);
  }
public void doPost(HttpServletRequest request, HttpServletResponse response)
        throws ServletException, IOException {
   response.setContentType("text/html; charset=utf-8");
   HttpSession session = request.getSession();
   StuDao stuDao = new StuDaoImpl();
   String username = request.getParameter("username");
   String password = request.getParameter("password");
   String confirmpass = request.getParameter("confirmpass");
   String code = request.getParameter("code");
   String regip = request.getRemoteAddr();
   request.setAttribute("username", username);
   request.setAttribute("password", password);
   request.setAttribute("confirmpass", confirmpass);
   request.setAttribute("code", code);
   String mess = validateForm(username, password, confirmpass,code);
   if (!"".equals(mess)){
     request.setAttribute("stuAddMess", mess);
     request.getRequestDispatcher("/register.jsp").forward(request, response);
   }else {
     Stu stu = new Stu();
```

```
23       stu.setUsername(username);
24       stu.setPassword(Encrypt.SHA(password));
25       stu.setRegip(regip);
26       String sessioncode = session.getAttribute("sessioncode").toString();
27       if (!code.equals(sessioncode)) {
28         request.setAttribute("stuAddMess", "* 验证码错误!");
29         request.getRequestDispatcher("/register.jsp").forward(request, response);
30       }else if (stuDao.findByUsername(username) != null) {
31         request.setAttribute("stuAddMess", "* 用户名已存在!");
32         request.getRequestDispatcher("/register.jsp").forward(request, response);
33       }else if (stuDao.add(stu) != 0) {
34         request.setAttribute("stuLoginMess", "* 注册成功,请登录!");
35         request.removeAttribute("username");
36         request.removeAttribute("password");
37         request.removeAttribute("confirmpass");
38         request.removeAttribute("code");
39         request.getRequestDispatcher("/index.jsp").forward(request, response);
40       }else {
41         request.setAttribute("stuAddMess", "* 用户注册失败!");
42         request.getRequestDispatcher("/register.jsp").forward(request, response);
43       }
44     }
45   }
46   private String validateForm(String username,String password,
            String confirmpass,String code){
47     if (username == null || !username.matches("\\w{6,20}")){
48       return "* 用户名不合法!";
49     }else if (password == null || !password.matches("\\w{6,20}")) {
50       return "* 密码不合法!";
51     }else if (!password.equals(confirmpass)) {
52       return "* 两次输入的密码不一致,请重新输入!";
53     }else if (code == null || !code.matches("\\d{4}")) {
54       return "* 验证码错误!";
55     }
56     return "";
57   }
```

代码说明如下。

(1) 第 01～03 行,doGet()方法,直接调用本类 doPost()方法。也就是说当客户端使用 get 方法请求时,处理方式与使用 post 方法请求一致。

(2) 第 46～57 行,validateForm()方法,实现服务器端对表单数据的验证功能,验证通过返回空字符串,否则返回相应的提示信息字符串。

(3) 第 04～45 行,doPost()方法,完成了用户注册功能的核心控制逻辑。

(4) 第 08～12 行,获取客户端表单输入和客户端 IP 地址。

(5) 第 13～16 行,将客户端表单输入保存至 request 作用域,当验证或者注册未成功,页面重新跳转到 register.jsp 时,用于保留上次的表单输入。

(6) 第 17～20 行，调用 validateForm()方法进行服务器端对表单数据的验证。如果验证未通过，将提示信息保存至 request 作用域，然后跳转到 register.jsp 页面；如果验证通过，继续后面的处理流程。

(7) 第 22～25 行，将用户注册信息转换为学生实体对象。

(8) 第 26～29 行，验证码验证，将用户输入的验证码与 session 中保存的原始验证码字符串进行比较。如果验证码不正确，将提示信息保存至 request 作用域，然后跳转到 register.jsp 页面；如果验证码正确，继续后面的处理流程。

(9) 第 30～32 行，调用模型层相应功能，通过注册用户名查询学生，判断该用户是否已存在。如果用户已存在，将提示信息保存至 request 作用域，然后跳转到 register.jsp 页面；如果用户不存在，继续后面的处理流程。

(10) 第 33～42 行，调用模型层相应功能，插入注册用户。如果插入用户成功，将提示信息保存至 request 作用域，清除 request 作用域中保存的用户注册信息，注册流程结束，系统跳转到登录页面 index.jsp；如果插入用户失败，将提示信息保存至 request 作用域，然后跳转到 register.jsp 页面。

6.1.6 用户注册模型层实现

模型层采用 DAO(Data Access Object，数据访问对象)模式进行设计，DAO 是一个数据访问接口，J2EE 开发人员使用数据访问对象设计模式把底层的数据访问逻辑和高层的业务逻辑分开，实现 DAO 模式能够更加专注于编写数据访问代码。一个典型的 DAO 实现有下列几个组件；DAO 接口，定义从特定的数据源访问数据的方法；实现 DAO 接口的具体类，完成从特定的数据源访问数据的逻辑；数据传递对象，也称数据实体对象。

1. 数据库连接

本系统对数据库的连接访问通过配置数据源的方式实现，步骤如下。

(1) 下载 MySQL 的 JDBC 驱动包 mysql-connector-java-5.1.7-bin.jar，并将该驱动包复制到 WEB-INF 目录下的 lib 文件夹中。

(2) 在 WebRoot 下的 META-INF 文件夹中新建 context.xml 文件，在此文件中配置与数据连接信息相关的属性，代码如下所示。

```
<?xml version = '1.0' encoding = 'utf - 8'?>
<Context>
    <Resource name = "jdbc/bkxt"
        auth = "Container"
        type = "javax.sql.DataSource"
        driverClassName = "com.mysql.jdbc.Driver"
        url = "jdbc:mysql://localhost:3306/bkxt"
        username = "root"
        password = "root"
        maxActive = "50"
        maxIdle = "20"
        maxWait = " - 1" />
</Context>
```

其中,Resource 元素各属性的含义如表 6.1 所示。

表 6.1 Resource 元素各属性

属　性	说　明
name	指定 Resource 的 JNDI 名字
auth	指定管理 Resource 的 Manager,有两个可选值：Container 和 Application。Container 表示由容器来创建和管理 Resource,Application 表示由 Web 应用创建和管理 Resource
type	指定 Resource 所属的 Java 类名
driveClassName	指定连接数据库的 JDBC 程序
url	指定连接数据库的 URL
username	指定连接数据库的用户名
password	指定连接数据库的密码
maxActive	指定数据库连接池中处于活动状态的数据库连接最大数目,0 表示不受限制
maxIdle	指定数据库连接池中处于空闲状态的数据库连接最大数目,0 表示不受限制
maxWait	指定数据库连接池中数据库连接处于空闲状态的最长时间(单位为 ms),超过这一时间,将会抛出异常,-1 表示可以无限期等待

(3) 在 WEB-INF 目录下的 web.xml 文件中配置数据源的 JNDI(Java Naming and Directory Interface)参数,然后在程序中就可以通过数据源名称引用数据源,实现对数据库的访问,数据源的 JNDI 名称配置代码如下所示。

```
<env-entry>
    <env-entry-name>JNDIname</env-entry-name>
    <env-entry-type>java.lang.String</env-entry-type>
    <env-entry-value>jdbc/bkxt</env-entry-value>
</env-entry>
```

(4) 在项目的 com.tjzhic.db 包中创建一个用于获取 MySQL 数据库连接的工厂类 ConnectionFactory.java,在其中定义 getConnection()方法,通过之前配置的数据源和 JNDI 参数获取连接,代码如下所示。

```
public class ConnectionFactory {
    private ConnectionFactory() {}
    public static Connection getConnection() {
        try {
            String JNDIname =
(String) new javax.naming.InitialContext().lookup("java:comp/env/JNDIname");
            return ConnectionFactory.getConnection(JNDIname);
        } catch (NamingException e) {
            System.out.print("数据库未启动或连接池未配置!");
        }
        return null;
    }
    public static Connection getConnection(String JNDIname) {
        try {
            Context initCtx = new InitialContext();
            Context envCtx = (Context) initCtx.lookup("java:comp/env");
```

```
                DataSource ds = (DataSource) envCtx.lookup(JNDIname);
                return ds.getConnection();
            } catch (NamingException e1) {
                System.out.print("数据库未启动或连接池未配置!");
                return null;
            } catch (SQLException e) {
                e.printStackTrace();
                return null;
            }
        }
}
```

2. 学生用户实体类

实体是指普通的Java对象,对应数据库关系表记录,用于将关系表中的记录封装为对象存储并传递。例如,在数据库中stu表中每条记录就代表一个学生用户,对应在Java中,用Stu类表示学生,Stu类中的各个属性分别对应数据库stu表中的各个字段,Stu类仅提供对各个属性的设置(set)和获取(get)方法。在项目的com.tjzhic.entity包中新建Stu.java类,对应代码如下。

```
01 package com.tjzhic.entity;
02 public class Stu {
03   private int userid;            //用户ID
04   private String username;       //用户名
05   private String password;       //密码
06   private String regip;          //注册IP
07   private String regtime;        //注册时间
08   public int getUserid() { return userid; }
09   public void setUserid(int userid) { this.userid = userid; }
10   public String getUsername() { return username; }
11   public void setUsername(String username) { this.username = username; }
12   public String getPassword() { return password; }
13   public void setPassword(String password) { this.password = password; }
14   public String getRegip() { return regip; }
15   public void setRegip(String regip) { this.regip = regip; }
16   public String getRegtime() { return regtime; }
17   public void setRegtime(String regtime) { this.regtime = regtime; }
18 }
```

在MyEclipse环境下编写实体类代码时,只需要定义好类的成员属性,属性的get和set方法可以在右键菜单中选择Source→Generate Getters and Setters…命令自动生成,例如学生用户类Stu.java中的第08～17行可以自动生成。

3. DAO接口

DAO接口中定义了从特定的数据源访问数据的方法,例如,在学生用户注册、学生用户登录等相关功能中会使用从stu表中访问和修改数据的方法。我们把涉及stu表中所有操作的方法统一定义到StuDao.java这个接口中,本项目所有接口都定义在com.tjzhic.dao包中,StuDao.java接口的代码如下所示。

```
01  package com.tjzhic.dao;
02  import java.util.ArrayList;
03  import com.tjzhic.entity.Stu;
04  public interface StuDao {
05    public int add(Stu stu);
06    public Stu findByUsername(String username);
07    public Stu validateLogin(String username,String password);
08    public int passModify(String username,String newpass);
09    public ArrayList<Stu> findStusLikeUsername(String username);
10    public ArrayList<Stu> findStusLikeIdcode(String idcode);
11  }
```

下面分别对接口中定义的方法进行说明。

（1）第 05 行，添加学生用户方法，在学生用户注册功能中使用。

（2）第 06 行，通过给定的用户名查找学生，在学生用户注册功能中用于判断用户是否已经存在。

（3）第 07 行，验证登录方法，在学生用户登录功能中使用。

（4）第 08 行，修改密码方法，在学生修改密码功能中使用。

（5）第 09 行，按照用户名模糊查找学生，返回查找结果列表集合，在招生管理员的学生密码清零功能中用于查找学生。

（6）第 10 行，按照身份证号模糊查找学生，返回查找结果列表集合，在招生管理员的学生密码清零功能中用于查找学生。

（7）第 11 行，学生用户密码清零方法，在招生管理员的学生密码清零功能中使用。

4. DAO 接口的实现类

项目中对 DAO 接口的具体实现类统一定义在 com. tjzhic. dao. impl 包中，例如 StuDaoImpl. java 类是对 StuDao. java 接口的实现。本节给出 StuDaoImpl. java 类中与用户注册相关的两个方法的具体代码，其中添加学生用户方法属于对数据库的更新（包括插入、修改和删除）操作，仅返回操作影响的行数，代码如下。

```
public int add(Stu stu) {
    int rows = 0;
    Connection con = ConnectionFactory.getConnection();
    PreparedStatement pre = null;
    try {
        String sql = "insert into stu(username,password,regip,regtime)
values(?,?,?,NOW())";
        pre = con.prepareStatement(sql);
        pre.setString(1, stu.getUsername());
        pre.setString(2, stu.getPassword());
        pre.setString(3, stu.getRegip());
        rows = pre.executeUpdate();
    } catch (SQLException e) {
        e.printStackTrace();
    } finally {
        try{
            if (pre!= null)
```

```
17                  pre.close();
18              if (con != null)
19                  con.close();
20          }catch (SQLException e) {
21              e.printStackTrace();
22          }
23      }
24      return rows;
25  }
```

结合上述代码，对数据库更新操作的实现步骤简述如下。

(1) 第 03 行，建立数据库连接，通过 com. tjzhic. db 包中的 ConnectionFactory 工厂类获取连接。

(2) 第 06 行，定义 sql 语句，sql 语句不再采用拼接方式，而是应用占位符问号的方式写 sql 语句。

(3) 第 07 行，通过 Connection 对象创建 PreparedStatement 对象，PreparedStatement 对象会将传入的 sql 语句事先编好等待使用。

(4) 第 08～10 行，对占位符设置值，占位符顺序从 1 开始，第一个参数对应第一个占位符的位置，第二个参数对应第二个占位符的位置，以此类推。

(5) 第 11 行，调用 PreparedStatement 对象的 executeUpdate()方法执行 sql 命令，返回操作影响的行数。

(6) 第 15～22 行，关闭 PreparedStatement 对象，关闭数据库连接 Connection 对象。

用户注册模块中使用到的另一个方法是通过给定的用户名查找学生的方法，该方法属于对数据库的查询操作，将返回一个结果集，实现代码如下。

```
public Stu findByUsername(String username) {
    Stu stu = null;
    Connection con = ConnectionFactory.getConnection();
    PreparedStatement pre = null;
    ResultSet rs = null;
    try{
      pre = con.prepareStatement("select username,regip,regtime from stu where
username = ? limit 1");
      pre.setString(1, username);
      rs = pre.executeQuery();
      while(rs.next()){
          stu = new Stu();
          stu.setUsername(rs.getString(1));
          stu.setRegip(rs.getString(2));
          stu.setRegtime(rs.getString(3));
      }
    }catch (Exception e){
      e.printStackTrace();
    }finally{
      try {
```

```
20              if (rs != null)
21                  rs.close();
22              if (pre != null)
23                  pre.close();
24              if (con != null)
25                  con.close();
26          } catch (SQLException e) {
27              e.printStackTrace();
28          }
29      }
30      return stu;
31  }
```

结合上述代码，对数据库查询操作的实现步骤简述如下。

(1) 第 03 行，建立数据库连接，通过 com. tjzhic. db 包中的 ConnectionFactory 工厂类获取连接。

(2) 第 07 行，通过 Connection 对象创建 PreparedStatement 对象，并传入应用占位符问号的方式定义 sql 语句。

(3) 第 08 行，依次对占位符设置值。

(4) 第 09 行，调用 PreparedStatement 对象的 executeQuery()方法执行 sql 命令，返回一个 ResultSet 结果集对象。

(5) 第 10～15 行，从结果集中循环读出结果记录并封装为实体类对象，如果确定结果仅有一条记录，则可以将结果封装到一个实体类对象中返回；如果结果中有多条记录，则可以使用 ArrayList 保存多个实体类对象，并返回该数组列表 ArrayList。

(6) 第 19～29 行，依次关闭 ResultSet 结果集对象、PreparedStatement 对象以及数据库连接 Connection 对象。

6.2 用户登录模块

用户登录模块分为学生用户登录模块和管理员用户登录模块，它们的登录流程一致，但是涉及的页面视图以及操作的数据库表不同。本节主要以学生用户登录模块为例进行讲解。

6.2.1 学生用户登录

学生用户登录的处理流程如图 6.7 所示，流程中涉及的各项功能按照 MVC 模式分层组织，便于代码的实现。

详细的学生用户登录步骤说明如下。

(1) 用户进入系统首页 index. jsp，如果用户未注册账号，则进入用户注册子流程。

(2) 在学生用户登录页面填写用户名、密码和验证码。

(3) 单击“登录”按钮提交登录信息。

(4) 对登录表单信息进行前端 JavaScript 验证，通过后提交给服务器，否则提示用户重

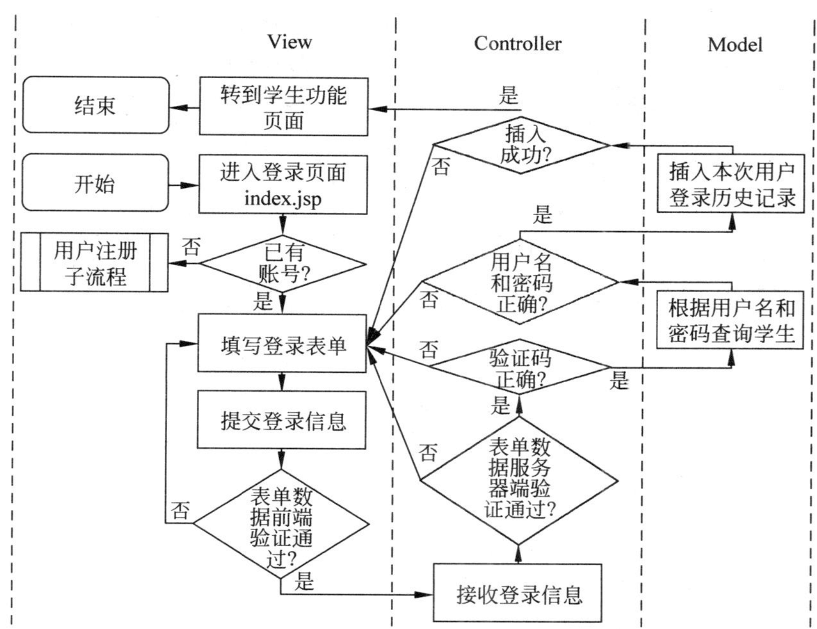

图 6.7　学生用户登录流程图

新填写登录表单。

(5) 服务器端控制层相应的 Servlet 接收登录信息,然后对表单数据进行服务器端验证,如果没有通过,将请求转至用户登录页面并提示相关信息,如果验证通过则进行下一步。

(6) 验证码正确性验证,如果验证码正确,用户可以进行下一步操作,否则验证失败,将请求转至用户登录页面并提示相关信息。

(7) 根据用户填写的用户名和密码信息在学生用户表中进行查找。

(8) 如果查找成功说明用户输入了正确的用户名和密码,可以进行下一步操作,否则将请求转至用户登录页面并提示相关信息。

(9) 将用户此次登录信息插入到用户登录历史记录表中。

(10) 如果记录登录历史操作成功,登录成功,转到学生报名的功能页面,否则将请求转至用户登录页面并提示相关信息。

根据学生用户登录的处理流程,编程实现时涉及的各类文件及其关联关系如图 6.8 所示,其中的文件均按照在登录流程中出现或应用的顺序进行了编号。有些文件在前面的章节中已经创建并且不需要修改或新增代码,有些文件是在实现本功能时新创建的,还有一些文件是已经被创建,但需要修改或者新增代码。在针对某一具体功能讲解的过程中会给出相应的说明,以期读者能够全面、快速地查阅与本功能实现相关的资源。

1. 学生用户登录页面

学生登录页面代码总体结构与学生用户注册页面相同,参见 6.1.2 节。图 6.8 中的页面包含文件 2(includes/header. jsp)和页面包含文件 4(includes/footer. jsp)参见 6.1.2 节,引用的验证码程序文件 3(includes/code. jsp)参见 6.1.3 节,引用的样式表文件 5(styles/basic. css)参见 4.3.2 节。

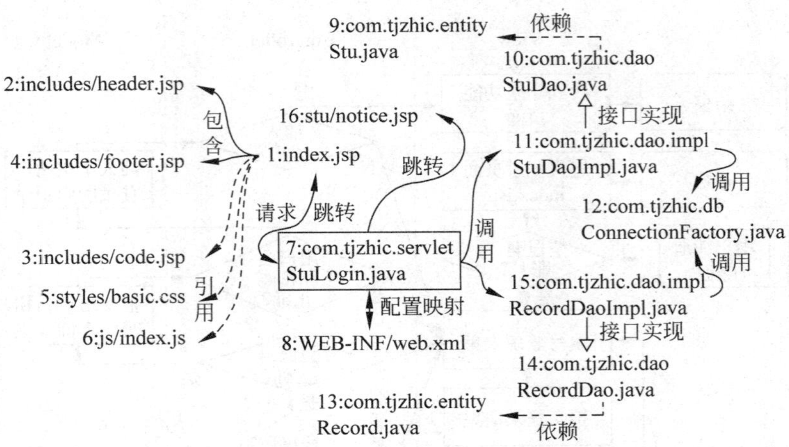

图 6.8　学生用户登录功能相关文件关联图

学生用户注册页面主体部分左侧显示登录提示信息，代码如下。

```
<div id = "left">
  <h1 >系统使用说明</h1 >
  <div class = "ft" style = "border: none;">
  <table >
    <tr ><td >1.还没有账号,<a href = " ${webroot}/register.jsp">点此注册</a >!</td ></tr >
    <tr ><td >2.已有账号,在本页面右侧登录!</td ></tr >
    <tr ><td >3.登录成功后,根据页面左侧"报考步骤"中的菜单按步骤进行报名!
        </td ></tr >
    <tr ><td >4.咨询电话: ${applicationScope.school.shtel}</td ></tr >
   </table >
  </div >
</div >
```

学生用户注册页面主体部分右侧显示为登录表单，代码如下。

```
<div id = "right">
<h1 >${title}</h1 >
<div class = "operation">验证登录信息↓:
  <span class = "mess" id = "stuLoginMess">${requestScope.stuLoginMess}</span >
</div >
<div class = "ft">
  <form method = "post" action = " ${webroot}/login.do">
    <table >
      <tr >
        <td class = "label">用户名: </td >
        <td colspan = "2"><input type = "text" name = "username" id = "username" value = " ${ requestScope.username }" /></td >
        <td class = "hint">*</td >
      </tr >
      <tr >
```

```
            <td class="label">密码:</td>
            <td colspan="2"><input type="password" name="password" id="password" value="${requestScope.password}" /></td>
            <td class="hint">*</td>
          </tr>
          <tr>
            <td class="label">验证码:</td>
            <td><input style="width: 65px;" type="text" name="code" id="code" value="${requestScope.code}" /></td>
            <td><img src="${webroot}/includes/code.jsp" id="imagecode" title="点击图片可更换" onclick="this.src+='?tm='+ Math.random();"/></td>
            <td class="hint">*</td>
          </tr>
          <tr>
            <td colspan="3">
              <input type="submit" value="登录系统" class="button" id="submit" />
              <input type="reset" value="重置" class="button" id="reset" />
            </td>
            <td class="hint">* 还没有账号,<a href="${webroot}/register.jsp">点此注册</a></td>
          </tr>
        </table>
      </form>
    </div>
</div>
```

学生登录页面的效果如图 6.9 所示。

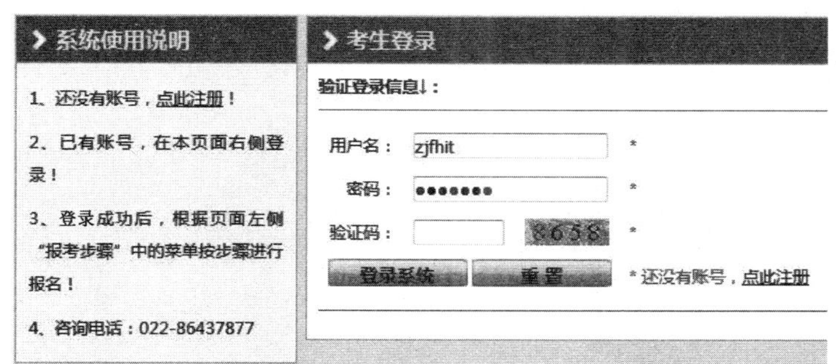

图 6.9　学生登录页面

2. 学生登录表单的前端验证

新建文件 6(js/index.js),实现对学生登录表单的前端 js 验证,代码如下。

```
window.onload = function() {
    var fm = document.getElementsByTagName('form')[0];
    var stuLoginMess = document.getElementById('stuLoginMess');
    var reset = document.getElementById('reset');
    reset.onclick = function() {
        username.value = '';                          //清空
        password.value = '';                          //清空
```

```
            code.value = '';                                    //清空
            username.focus();                                   //将焦点移到表单字段
        };
        fm.onsubmit = function() {
            if (!/^\w{6,20}$/.test(username.value)) {           //用户名验证
                stuLoginMess.innerHTML = "* 用户名错误!";
                username.value = "";
                username.focus();
                return false;
            }
            if (!/^\w{6,20}$/.test(password.value)) {           //密码验证
                stuLoginMess.innerHTML = "* 密码错误!";
                password.value = '';
                password.focus();
                return false;
            }
            if (!/^\d{4}$/.test(code.value)) {                  //验证码验证
                stuLoginMess.innerHTML = "* 验证码错误!";
                code.value = '';
                code.focus();
                return false;
            }
            return true;
        };
    };
```

3. 学生用户登录的 Servlet 实现

在 com.tjzhic.servlet 包中新建一个 Servlet，命名为 StuLogin.java，并在文件 8(WEB-INF/web.xml)中对该 Servlet 做如下配置。

```
<servlet>
    <servlet-name>StuLogin</servlet-name>
    <servlet-class>com.tjzhic.servlet.StuLogin</servlet-class>
</servlet>
<servlet-mapping>
    <servlet-name>StuLogin</servlet-name>
    <url-pattern>/login.do</url-pattern>
</servlet-mapping>
```

双击打开 StuLogin.java 文件，重写其中的 doGet()和 doPost()方法，并定义一个验证表单输入的方法 validateForm()，这三个方法的代码如下所示。

```
public void doGet(HttpServletRequest request, HttpServletResponse response)
        throws ServletException, IOException {
    this.doPost(request, response);
  }
public void doPost(HttpServletRequest request, HttpServletResponse response)
        throws ServletException, IOException {
    response.setContentType("text/html; charset=utf-8");
```

```
08      HttpSession session = request.getSession();
09      StuDao stuDao = new StuDaoImpl();
10      RecordDao recordDao = new RecordDaoImpl();
11      String username = request.getParameter("username");
12      String password = request.getParameter("password");
13      String code = request.getParameter("code");
14      request.setAttribute("username", username);
15      request.setAttribute("password", password);
16      request.setAttribute("code", code);
17      String mess = validateForm(username, password, code);
18      if (!"".equals(mess)){
19        request.setAttribute("stuLoginMess", mess);
20        request.getRequestDispatcher("/index.jsp").forward(request, response);
21      }else {
22        String sessioncode = session.getAttribute("sessioncode").toString();
23        if (!code.equals(sessioncode)) {
24          request.setAttribute("stuLoginMess", "* 验证码错误!");
25          request.getRequestDispatcher("/index.jsp").forward(request, response);
26        }else if (stuDao.validateLogin(username, Encrypt.SHA(password)) == null) {
27          request.setAttribute("stuLoginMess", "* 用户名或密码输入错误!");
28          request.getRequestDispatcher("/index.jsp").forward(request, response);
29        }else {
30          Record record = new Record();
31          record.setLogname(username);
32          record.setUsergroup("学生");
33          record.setLogip(request.getRemoteAddr());
34          if (recordDao.add(record) != 0) {
35            session.setAttribute("username", username);
36            response.sendRedirect(request.getContextPath() + "/stu/notice.jsp");
37          } else {
38            request.setAttribute("stuLoginMess", "* 登录异常!");
39            request.getRequestDispatcher("/index.jsp").forward(request, response);
40          }
41        }
42      }
43  }
44  private String validateForm(String username,String password,String code){
45      if (username == null || !username.matches("\\w{6,20}")){
46        return "* 用户名错误!";
47      }else if (password == null || !password.matches("\\w{6,20}")) {
48        return "* 密码错误!";
49      }else if (code == null || !code.matches("\\d{4}")) {
50        return "* 验证码错误!";
51      }
52      return "";
53  }
```

代码说明如下。

(1) 第 01～04 行，doGet()方法，直接调用本类 doPost()方法。也就是说当客户端使用

get 方法请求时，处理方式与使用 post 方法请求一致。

(2) 第 44～53 行，validateForm()方法，实现服务器端对表单数据的验证功能，验证通过返回空字符串，否则返回相应的提示信息字符串。

(3) 第 05～45 行，doPost()方法，完成了用户登录功能的核心控制逻辑。

(4) 第 11～13 行，获取客户端表单输入的用户名、密码和验证码。

(5) 第 14～16 行，将客户端表单输入保存至 request 作用域，当验证或者登录未成功，页面重新跳转到登录页面 index.jsp 时，用于保留上次的表单输入。

(6) 第 17～20 行，调用 validateForm()方法进行服务器端对表单数据的验证。如果验证未通过，将提示信息保存至 request 作用域，然后跳转到 index.jsp 页面；如果验证通过，继续后面的处理流程。

(7) 第 22～25 行，验证码正确性验证。

(8) 第 26～28 行，调用模型层相应功能，通过用户输入的用户名和密码查询学生，如果不存在，提示"用户名或密码输入错误"，然后跳转到 index.jsp 页面。

(9) 第 29～41 行，用户验证成功后，需要将用户此次登录记录添加到用户登录记录表(record)中，如果添加失败，提示用户"登录异常"，然后跳转到 index.jsp 页面；如果添加成功，跳转到学生用户功能页面的首页(stu/notice.jsp)，登录流程结束。

4. 学生用户登录模型层实现

图 6.8 中的文件 9(com.tjzhic.entity 包中的学生实体类 Stu.java)、文件 10(com.tjzhic.dao 包中的接口 StuDao.java)以及文件 12(com.tjzhic.db 包中的数据库连接工厂类 ConnectionFactory.java)参见 6.1.6 节。文件 11(com.tjzhic.dao.impl 包中的实现类 StuDaoImpl.java)中实现了接口 StuDao.java 中定义的验证用户登录的 validateLogin()方法，该方法属于对数据库的查询操作，将返回一个学生对象，方法的参数和返回值如下。

```
public Stu validateLogin(String username,String password)
```

方法中执行的 SQL 语句如下所示，其中两个占位符分别由方法的两个参数提供。

```
SELECT * FROM stu WHERE username = ? AND password = ? LIMIT 1
```

文件 13(com.tjzhic.entity 包中的 Record.java)、文件 14(com.tjzhic.dao 包中的 RecordDao.java)和文件 15(com.tjzhic.dao.impl 包中的 RecordDaoImpl.java)分别对应用户登录记录实体、数据存取操作的接口以及接口的实现类。其中，Record.java 的代码如下(属性的 get 和 set 方法省略)。

```
package com.tjzhic.entity;
public class Record {
    private int rid;                    //记录 ID
    private String logname;             //用户名
    private String usergroup;           //用户组
    private String logtime;             //登录时间
    private String logip;               //登录 IP
}
```

用户登录记录的 DAO 接口 RecordDao.java 定义了如下所示的若干个方法。

```
package com.tjzhic.dao;
import com.tjzhic.entity.Record;
import com.tjzhic.util.PageModel;
public interface RecordDao {
    public int add(Record record);
    public PageModel<Record> pageByLogname(String logname,String usergroup,int pageSize,
            int pageNo);
    public int total(String sql);
}
```

在用户登录模块中使用了其中的add()方法，用于在登录验证通过后记录本次用户登录情况。该方法属于对数据库的更新操作，仅返回操作影响的行数，它在RecordDaoImpl.java中实现，方法中执行的SQL语句如下，其中占位符的具体值由方法传入的Record对象提供。

```
INSERT INTO record(logname,usergroup,logtime,logip) VALUES(?,?,NOW(),?)
```

6.2.2 管理员用户登录

管理员用户登录的处理流程以及文件组织与学生用户登录模块基本一致，下面给出管理员用户登录功能所涉及到的文件及其关联情况，如图6.10所示，读者可以参考学生用户登录模块进行编码实现。

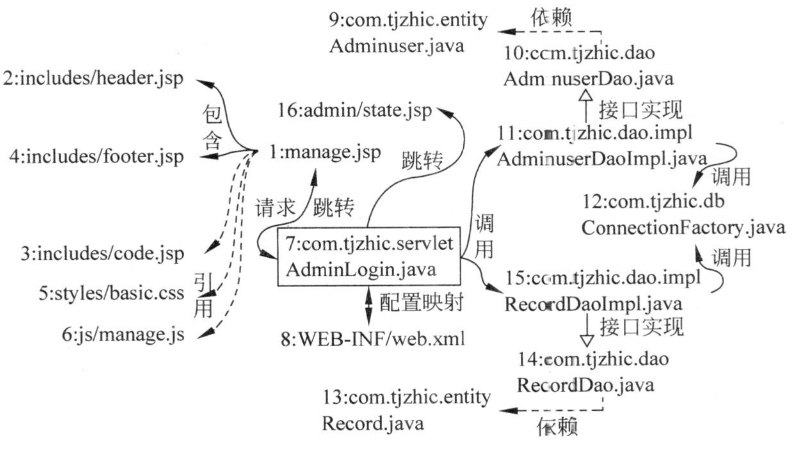

图6.10 管理员用户登录功能文件关联图

6.2.3 用户退出模块

用户退出时需要移除存储用户信息的session属性，然后将页面转到登录页即可。以学生用户退出系统为例，首先在com.tjzhic.servlet包中创建名为StuLogout.java的Servlet，并在项目的web.xml文件中做如下配置。

```
<servlet>
    <servlet-name>StuLogout</servlet-name>
```

```
    <servlet-class>com.tjzhic.servlet.StuLogout</servlet-class>
</servlet>
<servlet-mapping>
    <servlet-name>StuLogout</servlet-name>
    <url-pattern>/stu/logout.do</url-pattern>
</servlet-mapping>
```

然后在 StuLogout.java 中重写其 doGet()方法和 doPost()方法，如下所示。

```
public void doGet(HttpServletRequest request, HttpServletResponse response)
        throws ServletException, IOException {
    this.doPost(request, response);
}
public void doPost(HttpServletRequest request, HttpServletResponse response)
        throws ServletException, IOException {
    HttpSession session = request.getSession();
    session.removeAttribute("username");
    response.sendRedirect(request.getContextPath());
}
```

在页面中通过超链接对 StuLogout.java 这个 Servlet 进行请求即可完成学生用户的退出功能，超链接代码如下所示。

```
<a href = "${webroot}/stu/logout.do">退出系统</a>
```

同样地，读者可以自行编码实现管理员用户的退出功能。

6.3 用户管理模块

系统数据库初始化时仅有一个系统管理员账号 sadmin，其他管理员用户则由系统管理员维护，包括管理员账号的添加、删除和密码清零操作。学生用户则由学生自行注册添加，学生忘记密码时可以致电招生管理员，招生管理员可以对学生账号进行密码清零操作。此外，各类用户登录系统后均可以进行修改个人密码、查看个人登录历史记录的操作。

6.3.1 管理员维护功能

管理员维护功能是系统管理员 sadmin 所具有的功能，用于对管理员用户的信息维护，包括管理员用户账号的添加、删除和密码清零操作。管理员维护功能所涉及的文件及其关联情况如图 6.11 所示。

系统管理员登录系统成功后，在管理员页面左侧功能菜单中单击管理员维护菜单，开始对 Servlet 文件 1(com.tjzhic.servlet 包中的 SadminManage.java)的请求，请求处理后通过内部跳转调用 jsp 文件 3(sadmin/manage.jsp)显示当前已有的管理员列表以及新增管理员的表单，此后系统管理员可以在此页面进行对管理员的维护(添加、删除和密码清零)操作。下面分别对管理员维护功能相关文件及其实现进行介绍。

1. 管理员功能菜单

管理员功能菜单出现在管理员页面的左侧，页面代码定义在如图 6.11 所示的文件 5

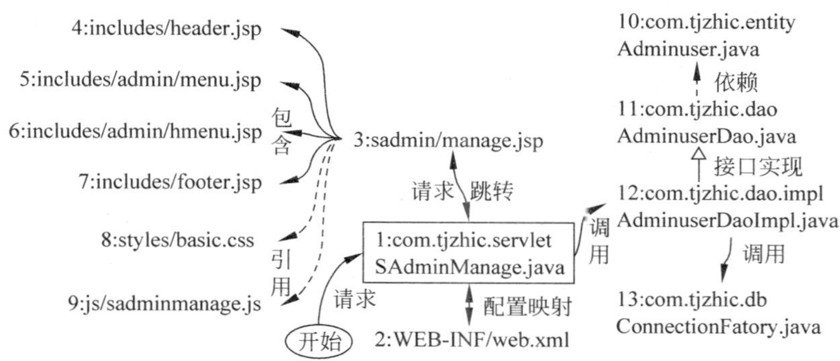

图 6.11　管理员维护功能文件关联图

(includes/admin/menu.jsp)中，所有管理员页面的左侧 div 中都要使用 include 指令包含该文件。管理员功能菜单 menu.jsp 文件对应的代码如下所示。

```
<%@ page language="java" import="java.util.*" pageEncoding="UTF-8"%>
<%@ taglib uri="http://java.sun.com/jsp/jstl/core" prefix="c"%>
<c:set var="webroot" value="${pageContext.request.contextPath}" />
<c:choose>
    <%-- 系统管理员菜单 --%>
    <c:when test="${ '系统管理员' eq sessionScope.adminuser.admingroup }">
        <div id="menu">
            <a href="${webroot}/admin/state.do">系统状态</a>
            <a href="${webroot}/sadmin/stageadd.do">阶段定义</a>
            <a href="${webroot}/sadmin/manage.do">管理员维护</a>
            <a href="${webroot}/sadmin/db.do">数据库管理</a>
            <a href="${webroot}/admin/reginfomanage.do">查看报名信息</a>
            <a href="${webroot}/admin/grade.do">查看成绩信息</a>
            <a href="${webroot}/admin/record.do">我的登录历史</a>
            <a href="${webroot}/admin/pass.jsp">修改密码</a>
            <a href="${webroot}/admin/logout.do">退出系统</a>
        </div>
    </c:when>
    <%-- 招生管理员菜单 --%>
    <c:when test="${ '招生管理员' eq sessionScope.adminuser.admingroup }">
        <div id="menu">
            <a href="${webroot}/admin/state.do">系统状态</a>
            <a href="${webroot}/zadmin/stageset.do">阶段设置</a>
            <a href="${webroot}/zadmin/release.do">招考信息设置</a>
            <a href="${webroot}/admin/reginfomanage.do">查看报名信息</a>
            <a href="${webroot}/zadmin/confirm.do">现场确认</a>
            <a href="${webroot}/admin/grade.do">查看成绩信息</a>
            <a href="${webroot}/zadmin/line.do">设置录取分数线</a>
            <a href="${webroot}/zadmin/stumanage.jsp">学生密码清零</a>
            <a href="${webroot}/admin/record.do">我的登录历史</a>
            <a href="${webroot}/admin/pass.jsp">修改密码</a>
            <a href="${webroot}/admin/logout.do">退出系统</a>
        </div>
```

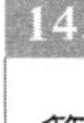

```
34      </c:when>
35      <%-- 教务管理员菜单 --%>
36      <c:when test="${'教务管理员' eq sessionScope.adminuser.admingroup }">
37          <div id="menu">
38              <a href="${webroot}/admin/state.do">系统状态</a>
39              <a href="${webroot}/admin/reginfomanage.do">查看报名信息</a>
40              <a href="${webroot}/jadmin/cardnum.do">准考证号分配</a>
41              <a href="${webroot}/jadmin/room.do">考场分配</a>
42              <a href="${webroot}/jadmin/gradeinput.do">录入成绩</a>
43              <a href="${webroot}/admin/grade.do">查看成绩信息</a>
44              <a href="${webroot}/admin/record.do">我的登录历史</a>
45              <a href="${webroot}/admin/pass.jsp">修改密码</a>
46              <a href="${webroot}/admin/logout.do">退出系统</a>
47          </div>
48      </c:when>
49      <%-- 非管理员用户 --%>
50      <c:otherwise>
51          <c:redirect url="${webroot}/admin/logout.do"></c:redirect>
52      </c:otherwise>
53  </c:choose>
```

管理员分为系统管理员、招生管理员和教务管理员三类，对应每类管理员的功能不尽相同，具体可参见 2.3 节的系统功能结构图 2.1。在管理员菜单页面首先判断当前登录的管理员用户属于哪类管理员，然后针对不同类别的管理员显示不同的功能菜单。例如，系统管理员的功能菜单定义在第 07～17 行，招生管理员的功能菜单定义在第 21～33 行，教务管理员的功能菜单定义在 37～47 行。

2. 管理员页面快捷菜单

管理员页面快捷菜单出现在管理员页面的右侧顶部，对应显示欢迎当前管理员用户的信息以及我的登录历史、修改密码、退出系统功能的快捷操作入口。管理员页面快捷菜单定义在如图 6.11 所示的文件 6(includes/admin/hmenu.jsp)中，所有管理员页面的右侧 div 中首先包含的就是该文件，对应的代码如下所示。

```
<%@ page language="java" pageEncoding="UTF-8" %>
<%@ taglib uri="http://java.sun.com/jsp/jstl/core" prefix="c" %>
<c:set var="webroot" value="${pageContext.request.contextPath}" />
<div id="hmenu">
    <ul>
        <li><a href="${webroot}/admin/logout.do">退出系统</a></li>
        <li><a href="${webroot}/admin/pass.jsp">修改密码</a></li>
        <li><a href="${webroot}/admin/record.do">我的登录历史</a></li>
        <li>欢迎您: ${sessionScope.adminuser.adminname }</li>
    </ul>
</div>
```

3. 管理员维护页面

管理员维护页面对应图 6.11 中的文件 3(sadmin/manage.jsp)，页面效果如图 6.12 所示，其中页面左侧为系统管理员菜单，页面右侧最上面显示快捷菜单，接着显示的是已添加的管理员列表，下面是添加新的管理员用户的表单显示。

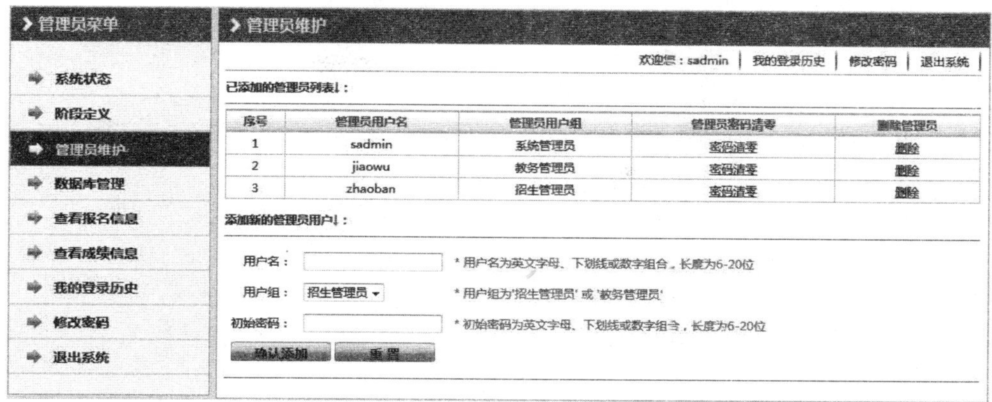

图 6.12　管理员维护页面效果

已添加管理员列表在管理员维护页面中对应的代码如下所示。

```
01  <div class = "operation">已添加的管理员列表↓：
02      <span class = "mess"> ${manageMess}</span>
03  </div>
04  <table class = "dt" border = "0" cellspacing = "1">
05      <tr>
06          <th>序号</th>
07          <th>管理员用户名</th>
08          <th>管理员用户组</th>
09          <th>管理员密码清零</th>
10          <th>删除管理员</th>
11      </tr>
12      <c:forEach items = " ${adminusers}" var = "adminuser" varStatus = "rows">
13          <tr>
14              <td> ${rows.count}</td>
15              <td> ${adminuser.adminname}</td>
16              <td> ${adminuser.admingroup}</td>
17              <td><a href = " ${webroot}/sadmin/manage.do?action = passReset&adminname
    = ${adminuser.adminname}">密码清零</a></td>
18              <td><a href = " ${webroot}/sadmin/manage.do?action = deleteByAdminname&
    adminname = ${adminuser.adminname}">删除</a></td>
19          </tr>
20      </c:forEach>
21  </table>
```

代码说明如下。

(1) 第 01～03 行，显示操作信息以及执行密码清零和删除管理员操作时的提示信息。

(2) 第 04～21 行，以表格的形式显示所有已添加的管理员信息。

(3) 第 17 行，对当前行管理员进行密码清零操作的请求链接。

(4) 第 18 行，删除当前行管理员用户的请求链接。

添加新的管理员用户表单在管理员维护页面中对应的代码如下所示。

```
<div class="operation">添加新的管理员用户↓:
    <span class="mess" id="addMess">${addMess}</span>
</div>
<div class="ft">
<form method="post" action="${webroot}/sadmin/manage.do?action=add">
  <table>
    <tr>
      <td class="label">用户名:</td>
      <td><input type="text" name="adminname" id="adminname"
value="${requestScope.newadmin.adminname}"/></td>
      <td class="hint"> *用户名为英文字母、下划线或数字组合,长度为6-20位</td>
    </tr>
    <tr>
      <td class="label">用户组:</td>
      <td>
        <select name="admingroup">
          <option value="招生管理员" selected="selected">招生管理员</option>
          <option value="教务管理员">教务管理员</option>
        </select>
      </td>
      <td class="hint">* 用户组为'招生管理员'或'教务管理员'</td>
    </tr>
    <tr>
      <td class="label">初始密码:</td>
      <td><input type="text" name="adminpass" id="adminpass"
value="${requestScope.newadmin.adminpass}"/></td>
      <td class="hint"> *初始密码为英文字母、下划线或数字组合,长度为6～20位</td>
    </tr>
    <tr>
      <td colspan="3">
        <input type="submit" value="确认添加" class="button" />
        <input type="reset" value="重置" class="button" id="reset" />
    </td>
    </tr>
  </table>
</form>
</div>
```

4. 前端脚本文件

管理员维护页面引用的js文件对应图6.11中的文件1(js/sadminmanage.js),代码如下所示。

```
window.onload = function(){
    var title = document.title;
    var menu = document.getElementById('menu');
    var items = menu.getElementsByTagName('a');
    for ( var i = 0; i < items.length; i++) {
        if (title == items[i].innerHTML) {
            items[i].className = "checked";
```

```
08            }
09        }
10        var fm = document.getElementsByTagName('form')[0];
11        var addMess = document.getElementById('addMess');
12        var reset = document.getElementById('reset');
13        reset.onclick = function() {
14            adminname.value = '';
15            adminpass.value = '';
16            adminname.focus();
17        };
18        fm.onsubmit = function(){
19            if(!/^\w{6,20}$/.test(adminname.value)){
20                addMess.innerHTML = "* 用户名不合法!";
21                adminname.value = "";
22                adminname.focus();
23                return false;
24            }
25            if(!/^\w{6,20}$/.test(adminpass.value)){
26                addMess.innerHTML = "* 密码不合法!";
27                adminpass.value = '';
28                adminpass.focus();
29                return false;
30            }
31            return true;
32        };
33    };
```

代码说明如下。

(1) 第 02～09 行,用于设置当前菜单超链接的 class 属性值,结合已设定的样式使当前功能菜单显示不同的效果,具体样式为蓝色背景和白色字体,效果参见图 6.12 左侧的管理员维护菜单。

(2) 第 13～17 行,定义了"重置"按钮的响应事件。

(3) 第 18～32 行,实现了添加管理员用户时对用户名和初始密码表单的验证。

5. 管理员维护 Servlet 的实现

管理员维护的 Servlet 文件对应图 6.11 中的文件 1(com.tjzhic.servlet 包中的 SAdminManage.java),其在项目 web.xml 中配置的 URL 映射为"/sadmin/manage.do"。SAdminManage.java 中的 validateForm()方法用于表单输入的服务器端验证,doPost()方法通过调用模型层相关功能来响应来自客户端的管理员维护操作请求。下面给出 doPost()方法的实现代码。

```
public void doPost(HttpServletRequest request, HttpServletResponse response)
        throws ServletException, IOException {
    response.setContentType("text/html; charset = utf - 8");
    AdminuserDao adminuserDao = new AdminuserDaoImpl();
    String action = request.getParameter("action");
    if("findAll".equals(action)){
```

```
07          ArrayList<Adminuser> adminusers = adminuserDao.findAll();
08          request.setAttribute("adminusers", adminusers);
09          request.getRequestDispatcher("/sadmin/manage.jsp").forward(request, response);
10      }else {
11          if ("add".equals(action)){
12            String adminname = request.getParameter("adminname");
13            String adminpass = request.getParameter("adminpass");
14            String admingroup = request.getParameter("admingroup");
15            Adminuser adminuser = new Adminuser();
16            adminuser.setAdminname(adminname);
17            adminuser.setAdminpass(Encrypt.SHA(adminpass));
18            adminuser.setAdmingroup(admingroup);
19            request.setAttribute("newadmin", adminuser);
20            String mess = validateForm(adminname, adminpass, admingroup);
21            if (!"".equals(mess)){
22              request.setAttribute("addMess", mess);
23            }else {
24              if(adminuserDao.findByAdminname(adminname) != null){
25                request.setAttribute("addMess", "* 用户名已存在!");
26              }else if(adminuserDao.add(adminuser) != 0 ){
27                request.removeAttribute("newadmin");
28                request.setAttribute("addMess", "* 添加新管理员成功!");
29              }else {
30                request.setAttribute("addMess", "* 添加新管理员失败!");
31              }
32            }
33          }else if ("deleteByAdminname".equals(action)){
34            String adminname = request.getParameter("adminname");
35            if(adminuserDao.findByAdminname(adminname).getAdmingroup().equals("系统管理员")){
36              request.setAttribute("manageMess", "* 不能删除系统管理员!");
37            }else if(adminuserDao.deleteByAdminname(adminname) != 0){
38              request.setAttribute("manageMess", "* 删除管理员成功!");
39            }else{
40              request.setAttribute("manageMess", "* 删除管理员失败!");
41            }
42          }else if ("passReset".equals(action)){
43            String adminname = request.getParameter("adminname");
44            if(adminuserDao.passModify(adminname,Encrypt.SHA("000000")) != 0){
45              request.setAttribute("manageMess", "* 管理员密码清零成功!");
46            }else{
47              request.setAttribute("manageMess", "* 管理员密码清零失败!");
48            }
49          }
50            request.getRequestDispatcher("/sadmin/manage.do?action=findAll").forward
    (request, response);
51      }
52  }
```

代码说明如下。

(1) 第 06～09 行,当请求参数 action 为 findAll 时,查询所有的管理员信息并调用管理员维护页面视图显示。

(2) 第 11～32 行,当请求参数 action 为 add 时,实现服务器端验证表单及添加新管理员的功能。

(3) 第 33～41 行,当请求参数 action 为 deleteByAdminname 时,实现删除管理员的功能,其中系统管理员不允许删除。

(4) 第 42～49 行,当请求参数 action 为 passReset 时,实现管理员密码清零功能。

(5) 第 50 行,处理完相关操作(添加、删除和密码清零)后,将请求参数 action 修改为 findAll,然后重新转到当前 Servlet。

6. 管理员维护的模型层实现

与数据库中管理员表相关的操作定义在如图 6.11 所示的接口文件 11(com. tjzhic. dao 包中的 AdminuserDao. java)中,共定义了 6 个方法,如下所示,其中,validateLogin()方法用于管理员登录模块的实现,其他方法用于管理员维护功能。这些方法的具体实现定义在接口的实现类(com. tjzhic. dao. impl 包中的 AdminuserDaoImpl. java)中,具体参见本书附带源码。

```
package com.tjzhic.dao;
import java.util.ArrayList;
import com.tjzhic.entity.Adminuser;
public interface AdminuserDao {
    public Adminuser validateLogin(String adminname,String adminpass);
    public int add(Adminuser adminuser);
    public int deleteByAdminname(String adminname);
    public ArrayList<Adminuser> findAll();
    public Adminuser findByAdminname(String adminname);
    public int passModify(String adminname,String newpass);
}
```

6.3.2 学生密码清零功能

学生密码清零功能用于当某个学生忘记账号密码时,由招生管理员对单个学生用户的密码进行清零重置,实现该功能涉及的文件及其关联情况如图 6.13 所示。

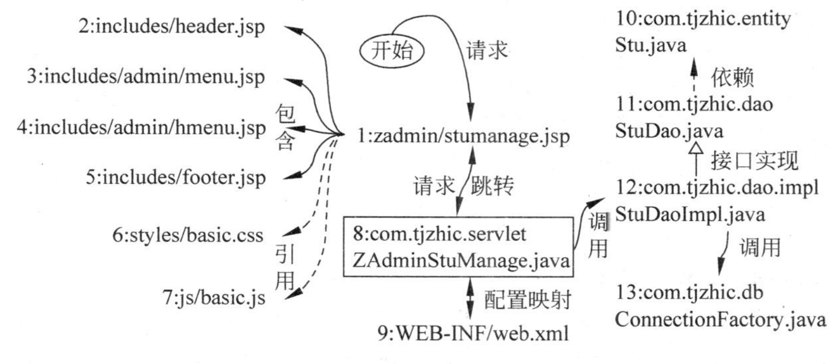

图 6.13 学生密码清零功能文件关联图

1. 学生密码清零功能页面

招生管理员登录系统成功后，在管理员页面左侧功能菜单中单击学生密码清零菜单，打开图 6.13 中的页面文件 1（zadmin/stumanage.jsp），其中页面右侧功能区效果如图 6.14 所示。

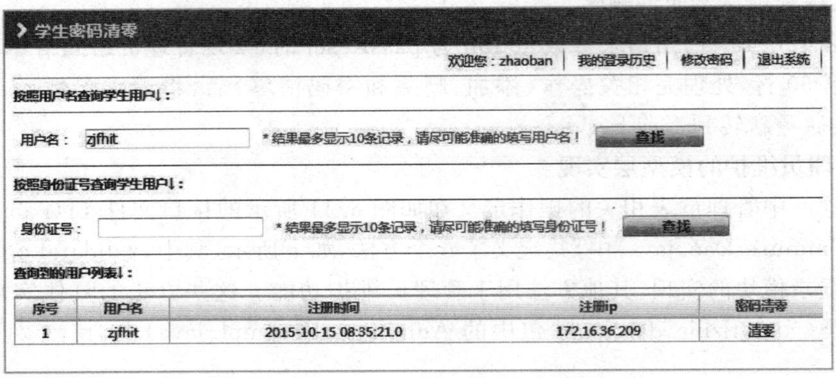

图 6.14　学生用户密码清零页面

当学生忘记个人密码时，需要联系招生管理员进行处理。招生管理员首先通过页面查询用户，在此提供了两种方式对学生用户进行模糊查询，如果学生记得自己的用户名，可以直接输入用户名查询。如果学生忘记了自己的用户名，可以通过提供身份证号来查询自己的用户名，前提是该学生已经填写过报名信息。然后在查找到的用户列表中单击“清零”链接即可完成对学生用户的密码清零操作。

如果学生还没有填写报名信息，又忘记了自己的用户名，那么就无法找回该学生用户信息，可以让学生重新注册新用户进行报名。

学生密码清零页面引用的 js 文件对应图 6.13 中的文件 7（js/basic.js），代码如下所示，用于设置当前菜单超链接的 class 属性值，结合已设定的样式使当前功能菜单显示为蓝色背景和白色字体。

```
window.onload = function() {
    var title = document.title;
    var menu = document.getElementById('menu');
    var items = menu.getElementsByTagName('a');
    for ( var i = 0; i < items.length; i++) {
        if (title == items[i].innerHTML) {
            items[i].className = "checked";
        }
    }
};
```

2. 学生密码清零 Servlet 的实现

学生密码清零的 Servlet 文件对应图 6.13 中的文件 8（com.tjzhic.servlet 包中的 ZAdminStuManage.java），它在项目 web.xml 中配置的 URL 映射为“/zadmin/stumanage.do”。ZAdminStuManage.java 文件中的 doPost()方法通过调用模型层相关功能来响应来自客户端的学生查找和密码清零操作请求，下面给出 doPost()方法的实现代码。

```
01 public void doPost(HttpServletRequest request, HttpServletResponse response)
02         throws ServletException, IOException {
03   response.setContentType("text/html; charset = utf - 8");
04   ServletContext servletContext = request.getServletContext();
05   StuDao stuDao = new StuDaoImpl();
06   String action = request.getParameter("action");
07   if("findStusLikeUsername".equals(action)){
08     String username = request.getParameter("username").toString();
09     ArrayList<Stu> stus = stuDao.findStusLikeUsername(username);
10     request.setAttribute("stus", stus);
11     request.getRequestDispatcher("/zadmin/stumanage.jsp").forward(request, response);
12   }else if("findStusLikeIdcode".equals(action)) {
13     String idcode = request.getParameter("idcode").toString();
14     ArrayList<Stu> stus = stuDao.findStusLikeIdcode(idcode);
15     request.setAttribute("stus", stus);
16     request.getRequestDispatcher("/zadmin/stumanage.jsp").forward(request, response);
17   }else if ("stuPassReset".equals(action)){
18     String username = request.getParameter("username").toString();
19     if(stuDao.passModify(username, Encrypt.SHA("000000")) != 0){
20     request.setAttribute("stuPassResetMess", "* 用户 " + username + " 的密码已重置为
   '000000'!");
21       request.getRequestDispatcher("/zadmin/stumanage.jsp").forward(request, response);
22     }else{
23       request.setAttribute("stuPassResetMess", "* 用户 " + username + " 的密码清零操
   作失败!");
24       request.getRequestDispatcher("/zadmin/stumanage.jsp").forward(request, response);
25     }
26   }else{
27     response.sendRedirect(servletContext.getContextPath() + "/zadmin/stumanage.jsp");
28   }
29 }
```

代码说明如下。

(1) 第 07～11 行，按照用户名模糊查询学生信息。

(2) 第 12～16 行，按照身份证号模糊查询学生信息。

(3) 第 17～25 行，将某个学生用户的密码重置为“000000”。

3. 学生密码清零功能的模型层实现

与学生用户表相关的操作定义在如图 6.13 所示的接口文件 11(com.tjzhic.dao 包中的 StuDao.java)中，共定义了 6 个方法，参见 6.1.6 节。其中，学生密码清零功能中用到了 passModify()、findStusLikeUsername()和 findStusLikeIdcode()这三个方法。方法的具体实现定义在接口的实现类文件(com.tjzhic.dao.impl 包中的 StuDaoImpl.java)中，具体参见本书附带源码。

6.3.3 用户修改密码功能

用户登录系统后可以修改个人密码，在用户页面左侧功能菜单中以及用户页面右侧顶部的快捷菜单中都提供了修改密码的链接。下面以学生用户修改个人密码功能的实现为例进行介绍，实现学生用户修改个人密码功能涉及的文件及其关联情况如图 6.15 所示。

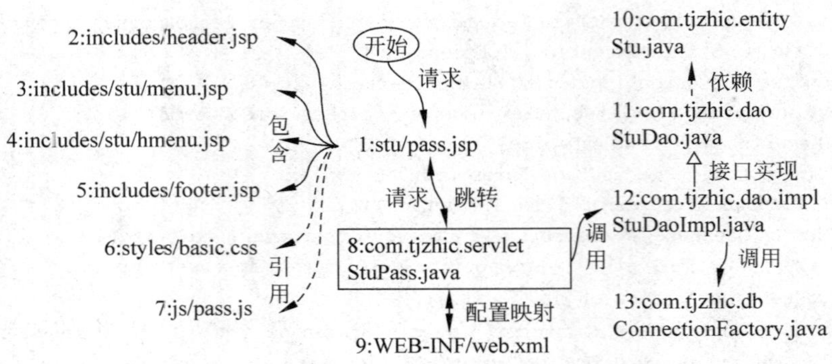

图 6.15　学生修改密码功能文件关联图

学生用户登录系统后，通过单击左侧功能菜单(文件 3)中的修改密码功能，或者单击右侧快捷菜单(文件 4)中的修改密码功能，打开修改密码(文件 1)页面，然后在该页面中填写新密码并发送相应请求到服务器端实现。

1. 学生功能菜单

学生功能菜单出现在学生功能页面的左侧，页面代码定义在如图 6.15 所示的文件 3(includes/stu/menu.jsp)中，所有学生功能页面的左侧 div 中都要使用 include 指令包含该文件。学生功能菜单 menu.jsp 文件对应的代码如下所示。

```
<%@ page language = "java" import = "java.util.*" pageEncoding = "UTF-8"%>
<%@ taglib uri = "http://java.sun.com/jsp/jstl/core" prefix = "c"%>
<c:set var = "webroot" value = "${pageContext.request.contextPath}" />
<div id = "menu">
    <a href = "${webroot}/stu/notice.do">报考须知</a>
    <a href = "${webroot}/stu/entry.do">我的报名信息</a>
    <a href = "${webroot}/stu/photo.do">上传照片</a>
    <a href = "${webroot}/stu/form.do">报名表打印</a>
    <a href = "${webroot}/stu/card.do">准考证打印</a>
    <a href = "${webroot}/stu/grade.do">成绩与录取查询</a>
    <a href = "${webroot}/stu/record.do">我的登录历史</a>
    <a href = "${webroot}/stu/pass.jsp">修改密码</a>
    <a href = "${webroot}/stu/logout.do">退出系统</a>
</div>
```

该文件定义了学生用户的各项功能入口，包括学生查看报考须知、在线报名、上传照片、报名表打印、准考证打印、成绩预录取查询、查看登录历史、修改密码以及退出系统。

2. 学生页面快捷菜单

学生页面快捷菜单出现在管理员页面的右侧顶部，对应显示当前登录学生的欢迎信息以及我的登录历史、修改密码、退出系统功能的快捷操作入口。学生页面快捷菜单定义在如图 6.15 所示的文件 4(includes/stu/hmenu.jsp)中，所有学生功能页面的右侧 div 中首先包含的就是该文件，对应的代码如下所示。

```
<%@ page language = "java" pageEncoding = "UTF-8"%>
<%@ taglib uri = "http://java.sun.com/jsp/jstl/core" prefix = "c"%>
```

```
<c:set var="webroot" value="${pageContext.request.contextPath}" />
<div id="hmenu">
    <ul>
        <li><a href="${webroot}/stu/logout.do">退出系统</a></li>
        <li><a href="${webroot}/stu/pass.jsp">修改密码</a></li>
        <li><a href="${webroot}/stu/record.do">我的登录历史</a></li>
        <li>欢迎您：${sessionScope.username }</li>
    </ul>
</div>
```

3. 学生用户密码修改页面

学生用户密码修改页面对应图 6.15 中的文件 1(stu/pass.jsp)，页面效果如图 6.16 所示，其中，页面左侧为学生功能菜单，页面右侧最上面显示快捷菜单，接着是实现修改密码的表单，页面源代码请参考本书附带源码。

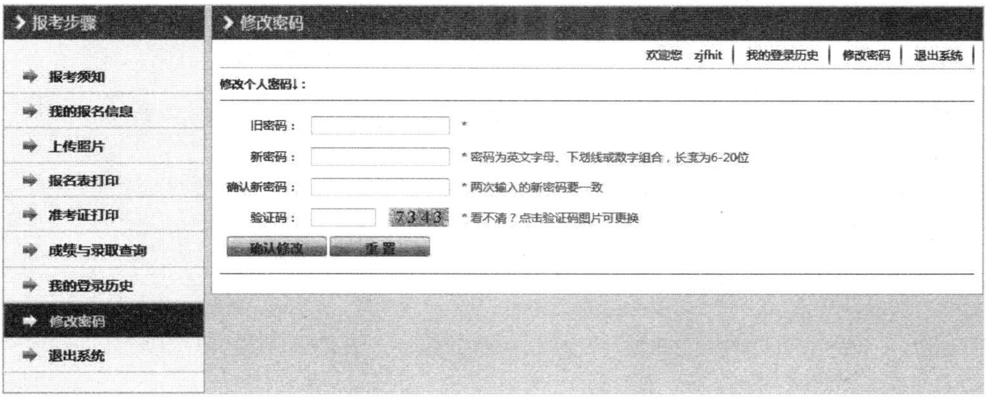

图 6.16　学生用户修改密码页面

4. 前端脚本文件

学生修改密码页面引用的 js 文件对应图 6.15 中的文件 7(js/pass.js)，代码如下所示。

```
window.onload = function(){
  var title = document.title;
  var menu = document.getElementById('menu');
  var items = menu.getElementsByTagName('a');
  for ( var i = 0; i < items.length; i++) {
    if (title == items[i].innerHTML) {
      items[i].className = "checked";
    }
  }
  var reset = document.getElementById('reset');
  var fm = document.getElementsByTagName('form')[0];
  var passModifyMess = document.getElementById('passModifyMess');
  reset.onclick = function() {
    oldpass.value = '';
    newpass.value = '';
```

```
16        confirmpass.value = '';
17        code.value = '';
18        oldpass.focus();
19      };
20      fm.onsubmit = function() {
21        if (!/^\w{6,20}$/.test(oldpass.value)) {
22          passModifyMess.innerHTML = "* 旧密码错误!";
23          oldpass.value = "";
24          oldpass.focus();
25          return false;
26        }
27        if (!/^\w{6,20}$/.test(newpass.value)) {
28          passModifyMess.innerHTML = "* 新密码不合法!";
29          newpass.value = '';
30          newpass.focus();
31          return false;
32        }
33        if (newpass.value != confirmpass.value) {
34          passModifyMess.innerHTML = "* 两次输入的新密码不一致,请重新输入!";
35          newpass.value = '';
36          confirmpass.value = '';
37          newpass.focus();
38          return false;
39        }
40        if(!/^\d{4}$/.test(code.value)){
41          passModifyMess.innerHTML = "* 验证码错误!";
42          code.value = '';
43          code.focus();
44          return false;
45        }
46        return true;
47      };
48    };
```

代码说明如下。

(1) 第 02～09 行,用于设置当前菜单超链接的 class 属性值,结合已设定的样式使当前功能菜单显示不同的效果,具体样式为蓝色背景和白色字体,效果参见图 6.16 左侧的修改密码菜单。

(2) 第 13～19 行,定义了"重置"按钮的响应事件。

(3) 第 20～47 行,实现了对密码及验证码表单的验证。

5. 学生修改密码 Servlet 的实现

学生修改密码的 Servlet 文件对应图 6.15 中的文件 8(com.tjzhic.servlet 包中的 StuPass.java),其在项目 web.xml 中配置的 URL 映射为"/stu/pass.do"。StuPass.java 中的 validateForm()方法用于表单输入的服务器端验证,doPost()方法通过调用模型层相关功能来响应来自客户端修改密码的操作请求。下面给出 doPost()方法的实现代码。

```
01 public void doPost(HttpServletRequest request, HttpServletResponse response)
02       throws ServletException, IOException {
03    response.setContentType("text/html; charset = utf - 8");
04    HttpSession session = request.getSession();
05    StuDao stuDao = new StuDaoImpl();
06    String oldpass = request.getParameter("oldpass");
07    String newpass = request.getParameter("newpass");
08    String confirmpass = request.getParameter("confirmpass");
09    String code = request.getParameter("code");
10    request.setAttribute("oldpass",oldpass);
11    request.setAttribute("newpass",newpass);
12    request.setAttribute("confirmpass",confirmpass);
13    request.setAttribute("code",code);
14    String mess = validateForm(oldpass, newpass, confirmpass,code);
15    if (!"".equals(mess)){
16      request.setAttribute("passModifyMess", mess);
17      request.getRequestDispatcher("/stu/pass.jsp").forward(request, response);
18    }else {
19      String sessioncode = session.getAttribute("sessioncode").toString();
20      if (!code.equals(sessioncode)) {
21        request.setAttribute("passModifyMess", " * 验证码错误!");
22        request.getRequestDispatcher("/stu/pass.jsp").forward(request, response);
23      }else {
24        String username = (String)session.getAttribute("username");
25        if (stuDao.validateLogin(username, Encrypt.SHA(oldpass)) == null) {
26          request.setAttribute("passModifyMess", " * 旧密码输入错误!");
27          request.getRequestDispatcher("/stu/pass.jsp").forward(request, response);
28        }else if (stuDao.passModify(username, Encrypt.SHA(newpass)) != 0) {
29          request.removeAttribute("oldpass");
30          request.removeAttribute("newpass");
31          request.removeAttribute("confirmpass");
32          request.removeAttribute("code");
33          session.removeAttribute("username");
34          request.setAttribute("stuLoginMess", " * 密码修改成功,请重新登录!");
35          request.getRequestDispatcher("/index.jsp").forward(request, response);
36        } else {
37          request.setAttribute("passModifyMess", " * 密码修改失败!");
38          request.getRequestDispatcher("/stu/pass.jsp").forward(request, response);
39        }
40      }
41    }
42 }
```

代码说明如下。

(1) 第 06～09 行,获取客户端表单输入。

(2) 第 10～13 行,将客户端表单输入保存至 request 作用域,当验证或者修改密码未成功时,页面重新跳转到 stu/pass.jsp 时,用于保留上次的表单输入。

(3) 第 14～17 行,调用 validateForm()方法进行服务器端对表单数据的验证。

(4) 第 19～22 行,验证码的正确性验证。

(5) 第 24～27 行，验证旧密码输入是否正确，不正确则提示相关信息并跳转至 stu/pass.jsp 页面显示。

(6) 第 28～35 行，调用模型层完成用户密码的修改功能，清除 request 作用域中保存的用户表单信息，清除 session 中保存的用户信息，然后将页面跳转至登录页面，要求学生使用新设置的密码重新登录系统。

(7) 第 36～39 行，如果修改密码操作失败，则提示相关信息并跳转至 stu/pass.jsp 页面显示。

6. 学生修改的模型层实现

在 StuDao.java 这个接口中已经定义了修改密码模块中使用到的两个方法 validateLogin()和 passModify()方法，方法的具体实现定义在接口的实现类(com.tjzhic.dao.impl 包中的 StuDaoImpl.java)中，具体参见本书附带源码。

6.3.4 用户查看登录历史功能

用户查看登录历史功能仅用于当前登录用户(包括学生用户和管理员用户)查看本人所有的登录信息。用户每次登录时都会记录一条登录信息，当用户登录次数非常多时，对应存储的登录记录条数也非常多。我们通过访问数据库并读取结果集时，如果记录数太多，会占用服务器的大量内存，造成服务器的负荷较大，数据传输、显示耗时增加；此外，一个前端页面一次性展示大量的数据也非常不合理。

因此，当检索的数据量较大时，通常采用分页的方式进行显示，一次仅显示一页(包含若干条数据记录)，并通过实现翻页导航，让用户可以逐页地查询数据，既能够减少每次访问服务器的数据量传输，又可以使页面清晰美观。本节结合用户查询登录历史功能，讲解一个通用的分页程序的实现。

1. 分页模型类设计

给定一个结果集，按页显示数据列表并实现翻页功能，必须要知道结果集的总记录数、当前页码以及每页显示的结果条数。我们通过建立一个分页模型类来封装数据页及页次导航信息，在 com.tjzhic.util 包中创建 PageModel.java 类，并在该类中添加如下所示的成员变量，其中变量的 set 和 get 方法省略。

```
public class PageModel<T> implements Serializable {
    private static final long serialVersionUID = 1L;
    private int pageSize = 10;                          //每页显示的记录数
    private int pageNo = 1;                             //当前页次
    private int recordCount = 0;                        //记录总数
    private int pageCount;                              //分页总数
    private List<T> data;                               //当前页记录集列表
    private String pageNav;                             //翻页导航的 HTML 实现
}
```

在分页模型类 PageModel.java 中添加初始构造方法如下所示。

```
public PageModel(int pageSize, int pageNo, int recordCount) {
    if(pageSize < 1){
```

```
            this.pageSize = 10;
        }else {
            this.pageSize = pageSize;
        }
        this.recordCount = recordCount;
        this.pageCount = (int)((recordCount + this.pageSize - 1) / this.pageSize);
        if(pageNo < 1){
            this.pageNo = 1;
        }else if(pageNo > this.pageCount){
            this.pageNo = this.pageCount;
        }else{
            this.pageNo = pageNo;
        }
    }
```

在创建分页对象时必须提供每页显示的记录数、当前页次和结果集的记录总数这三个参数。其中，pageSize(每页记录数)必须大于等于 1，默认值设置为 10 条；recordCount(记录总数)对应实际的数据查询结果总数；pageCount(分页总数)是根据记录总数和每页显示的记录数计算得到；pageNo(当前页次)必须大于等于 1，并且小于等于 pageCount。

分页模型类 PageModel.java 中的字符串变量 pageNav 用于保存生成的 HTML 格式的翻页导航，翻页导航的生成依赖于 pageSize、recordCount、pageNo 以及 pageCount 的取值，这些变量的值在构造分页对象时已经确定。在分页模型类 PageModel.java 中定义翻页导航生成方法 setPageNav()如下所示。

```
public void setPageNav(String url){
  if(url.lastIndexOf('?') != - 1){
    url += "&";
  }else{
    url += "?";
  }
  StringBuilder sb = new StringBuilder();
  sb.append("共  ").append(recordCount).append(" 条   ");
  sb.append(pageSize).append(" 条/页   ");
  if (pageNo >= 2) {
    sb.append("<a href = '").append(url);
    sb.append("pageNo = ").append(1).append("&pageSize = ").append(pageSize);
    sb.append("'>首页</a>   ");
    sb.append("<a href = '").append(url);
    sb.append("pageNo = ").append(pageNo - 1).append(' &pageSize = ");
    sb.append(pageSize).append("'>上一页</a>   ");
  } else {
    sb.append("首页   ");
    sb.append("上一页   ");
  }
  if (pageNo < pageCount && pageCount != 0) {
    sb.append("<a href = '").append(url);
    sb.append("pageNo = ").append(pageNo + 1).append(' &pageSize = ");
    sb.append(pageSize).append("'>下一页</a>   ");
```

```
25          sb.append("<a href = '").append(url);
26          sb.append("pageNo = ").append(pageCount).append("&pageSize = ");
27          sb.append(pageSize).append("'>尾页</a>   ");
28      } else {
29          sb.append("下一页   ");
30          sb.append("尾页   ");
31      }
32      sb.append("跳转到第  ").append("<select>");
33      for(int i = 1; i <= pageCount; i++){
34          if(pageNo != i){
35              sb.append("<option onclick = \"location.href = '").append(url);
36              sb.append("pageNo = ").append(i);
37              sb.append("&pageSize = ").append(pageSize).append("';\">");
38              sb.append(" ").append(i).append("/").append(pageCount);
39              sb.append(" ").append("</option>");
40          }else {
41              sb.append("<option selected = 'selected' onclick = \"location.href = '");
42              sb.append(url).append("pageNo = ").append(i);
43              sb.append("&pageSize = ").append(pageSize).append("';\">");
44              sb.append(" ").append(i).append("/").append(pageCount);
45              sb.append(" ").append("</option>");
46          }
47      }
48      sb.append("</select>  页");
49      this.pageNav = sb.toString();
50  }
```

翻页导航代码说明如下。

(1) 第 01 行，参数 url 为翻页链接中包含的基准 url。

(2) 第 02～06 行，如果基准 url 中已包含其他请求参数，就可以使用“&”符号在翻页超链接中增加 pageNo 和 pageSize 两个新的参数；如果基准 url 中不包含其他请求参数，则使用“?”在翻页超链接中添加 pageNo 和 pageSize 两个新的参数。

(3) 第 07 行，创建 StringBuilder 对象用于组装翻页导航 HTML。

(4) 第 08 行，显示共多少条记录，例如“共 46 条”。

(5) 第 09 行，显示每页多少条记录，例如“10 条/页”。

(6) 第 10～20 行，显示首页和上一页的导航链接，如果当前页次大于等于第 2 页，首页链接中参数 pageNo 等于 1，上一页链接中的参数 pageNo 等于当前页次减 1；如果当前页次等于第 1 页，那么首页和上一页无链接。

(7) 第 21～31 行，显示下一页和尾页的导航链接，如果当前页次小于总页数并且总页数不为 0，下一页链接中参数 pageNo 等于当前页次加 1，尾页链接中参数 pageNo 等于总页数；如果当前页次为最后一页，那么下一页和尾页无链接。

(8) 第 32～48 行，使用下拉列表的方式实现了自由选择页面跳转的链接，当在下拉列表中单击选中第 i 页时，页面就跳转到第 i 页。

2. 学生用户查询登录历史的 Servlet 实现

在学生功能页面中，菜单“我的登录历史”对应链接为 href=" ${webroot}/stu/record.

do"。请求的资源是实现学生用户登录历史查询的 Servlet，这个 Servlet 定义在 com.tjzhic.servlet 包中，类名为 StuRecord.java，在 web.xml 中配置的 url 映射为"/stu/record.do"。下面给出 StuRecord.java 中响应客户端查询请求的 doPost()方法代码。

```
01  public void doPost(HttpServletRequest request, HttpServletResponse response)
02        throws ServletException, IOException {
03    response.setContentType("text/html; charset = utf - 8");
04    HttpSession session = request.getSession();
05    RecordDao recordDao = new RecordDaoImpl();
06    int pageSize, pageNo;
07    try{
08      pageSize = request.getParameter("pageSize") == null
    ? 15 : Integer.parseInt(request.getParameter("pageSize").toString());
09      pageNo = request.getParameter("pageNo") == null
    ? 1 : Integer.parseInt(request.getParameter("pageNo").toString());
10    }catch (NumberFormatException e) {
11      pageSize = 10;
12      pageNo = 1;
13    }
14    String username = (String)session.getAttribute("username");
15    PageModel< Record > pm =  recordDao.pageByLogname(username, "学生",pageSize, pageNo);
16    pm.setPageNav(request.getRequestURI());
17    request.setAttribute("pm", pm);
18    request.getRequestDispatcher("/stu/record.jsp").forward(request, response);
19  }
```

代码说明如下。

(1) 第 06～13 行，获取客户端请求参数 pageNo 和 pageSize，如果这两个参数没有设置或者参数格式错误，则默认设置 pageNo 等于第 1 页，设置 pageSize 等于 10 条每页。

(2) 第 15 行，调用模型层相关方法查询当前页数据并返回已封装的分页对象。

(3) 第 16 行，调用分页对象中的 setPageNav()方法，生成翻页导航的 HTML。

(4) 第 17、18 行，分页对象存在 request 作用域，跳转至/stu/record.jsp 页面显示分页数据和翻页导航。

3. 用户登录记录模型层实现

分页查询用户登录记录的方法定义在 RecordDao.java 接口中，在 RecordDaoImpl 中的实现代码如下。

```
public PageModel < Record > pageByLogname(String logname,
      String usergroup, int pageSize, int pageNo) {
  String sql = "select logname, usergroup, logtime, logip "
          + "from record where logname = '"
          + logname + "' and usergroup = '" + usergroup + "' order by rid desc";
  ArrayList < Record > records = new ArrayList < Record >();
  PageModel < Record > pm = new PageModel < Record >(pageSize, pageNo, total(sql));
  Connection con = ConnectionFactory.getConnection();
  PreparedStatement pre = null;
```

```
    ResultSet rs = null;
    try{
      pre = con.prepareStatement(sql + " limit "
            + (pm.getPageNo() - 1) * pm.getPageSize() + "," + pm.getPageSize());
      rs = pre.executeQuery();
      while(rs.next()){
          Record record = new Record();
          record.setLogname(rs.getString(1));
          record.setUsergroup(rs.getString(2));
          record.setLogtime(rs.getString(3));
          record.setLogip(rs.getString(4));
          records.add(record);
      }
      pm.setData(records);
    }catch (Exception e){
        e.printStackTrace();
    }finally{
        try {
            if (rs != null){rs.close();}
            if (pre != null){pre.close();}
            if (con != null){con.close();}
        } catch (SQLException e) {
            e.printStackTrace();
        }
    }
    return pm;
}
public int total(String sql) {
    int recordCount = 0;
    String countsql = "select count( * ) "
          + sql.substring(sql.indexOf("from"), sql.length());
    Connection con = ConnectionFactory.getConnection();
    Statement stmt = null;
    ResultSet rs = null;
    try {
      stmt = con.createStatement();
      rs = stmt.executeQuery(countsql);
      if (rs.next()) {
        recordCount = rs.getInt(1);
      }
    }catch (SQLException e) {
        e.printStackTrace();
    } finally {
        try{
            if (rs != null){rs.close();}
            if (stmt != null){stmt.close();}
            if (con != null){con.close();}
        }catch (SQLException e) {
            e.printStackTrace();
```

```
59         }
60     }
61     return recordCount;
62 }
```

代码说明如下。

(1) 第 37～62 行，total()方法的实现，用于查询结果记录总数，通过将给定 sql 语句的 select 子句部分替换为 select count(*)，构造出一个新的语句实现。

(2) 第 01～36 行，pageByLogname()方法的实现，该方法根据指定的用户名、用户组、每页记录数和当前页次查询当前页数据，并封装到一个 PageModel 对象中返回。

(3) 第 03～05 行，原始的 sql 查询语句。

(4) 第 06 行，定义结果列表集 ArrayList。

(5) 第 07 行，创建分页对象，并按照给定参数及原始 sql 语句进行初始化。

(6) 第 12、13 行，原始 sql 语句增加 limit 子句，限定查询结果为当前页次对应的数据记录。

(7) 第 14、22 行，执行 sql 语句，将结果存入 ArrayList。

(8) 第 23 行，将结果集存入分页对象中。

4. 登录历史的页面视图

在页面 stu/record.jsp 右侧功能区用于显示用户登录历史记录列表代码如下所示。

```
01 <div class = "operation">我的登录历史列表↓：</div>
02 <table class = "dt" border = "0" cellspacing = "1">
03     <tr>
04         <th>序号</th>
05         <th>用户名</th>
06         <th>用户组</th>
07         <th>登录时间</th>
08         <th>登录 IP</th>
09     </tr>
10     <c:forEach items = " ${pm.data}" var = "record" varStatus = "rows">
11         <tr>
12             <td>${(pm.pageNo - 1) * pm.pageSize + rows.count}</td>
13             <td>${record.logname}</td>
14             <td>${record.usergroup}</td>
15             <td>${record.logtime}</td>
16             <td>${record.logip}</td>
17         </tr>
18     </c:forEach>
19 </table>
20 <div class = "pagenav">${pm.pageNav}</div>
```

代码说明如下。

(1) 第 02～19 行，以表格的形式显示登录历史记录，其中，第 03～09 行为表格标题行，第 10～18 行通过循环语句读出分页对象中所有结果记录。

(2) 第 20 行，显示翻页导航。

学生用户查看登录历史页面的效果如图 6.17 所示，展示的是第 2 页、第 11～20 条登录历史记录。

我的登录历史列表↓：

序号	用户名	用户组	登录时间	登录IP
11	zjfhit	学生	2015-11-18 10:50:07.0	127.0.0.1
12	zjfhit	学生	2015-11-18 10:46:52.0	127.0.0.1
13	zjfhit	学生	2015-11-18 10:40:55.0	127.0.0.1
14	zjfhit	学生	2015-11-18 10:39:11.0	172.16.36.209
15	zjfhit	学生	2015-11-18 10:29:46.0	172.16.36.209
16	zjfhit	学生	2015-11-18 10:28:08.0	172.16.36.209
17	zjfhit	学生	2015-11-18 10:19:03.0	172.16.36.209
18	zjfhit	学生	2015-11-18 10:17:40.0	172.16.36.209
19	zjfhit	学生	2015-11-17 13:42:17.0	127.0.0.1
20	zjfhit	学生	2015-11-17 13:41:31.0	127.0.0.1

共 48 条 10 条/页 首页 上一页 下一页 尾页 跳转到第 2/5 页

图 6.17 学生查看登录历史页面效果图

第7章 招考信息管理模块设计

本章介绍与招考信息相关的模块，包括招考信息设置、招考专业以及考试科目等相关功能。

7.1 招考阶段模块

招考阶段模块可以定义和设置招考不同阶段，当以系统管理员的身份登录后，在左侧子菜单中出现“阶段定义”菜单，单击后可以定义系统所使用的阶段信息。当以招办管理员的身份登录后，在左侧子菜单中找到阶段设置模块，在该模块中可以设置当前时间所处的招考阶段。

7.1.1 阶段定义功能

1. 阶段定义模块处理流程

阶段定义模块处理流程如图 7.1 所示，流程中涉及的各项功能按照 MVC 模式分层组织，便于代码的实现。

详细的步骤说明如下。

(1) 开始时，通过监听器，初始化阶段信息，查询数据库后将查询的当前设置的所有阶段信息保存至 application 作用域。

(2) 单击“阶段定义”菜单，读取保存在 application 作用域中的阶段信息，将信息显示在 stageadd.jsp 页面上。

(3) 当定义新阶段时，首先在页面中填写要插入的信息至表单，然后提交阶段信息。

(4) 当接收到提交的新定义阶段信息时，首先通过读取数据库判断当前提交的阶段编号是否存在。若已存在则返回 stageadd.jsp 页面，并将提示信息显示在页面上。

(5) 如果当前提交的阶段编号不存在可以进行插入操作，将数据保存至数据库。

(6) 判断当前插入操作是否成功，若插入成功，更新 application 作用域，并将提示信息显示至 stageadd.jsp 页面；若不成功则直接跳转至 stageadd.jsp 页面。

(7) 当进行删除操作时，首先选择要删除的页面。

(8) 提交删除页面编号，在数据库中执行删除操作，若删除成功，则更新 application 作用域，然后返回 stageadd.jsp 页面，否则直接返回 jsp 页面。

阶段定义功能所涉及的文件及其关联情况如图 7.2 所示。

图 7.2 中的页面包含文件 4(includes/header.jsp)和页面包含文件 7(includes/footer.jsp)参见 6.1.2 节，管理员菜单文件 5(includes/admin/menu.jsp)和文件 6(includes/

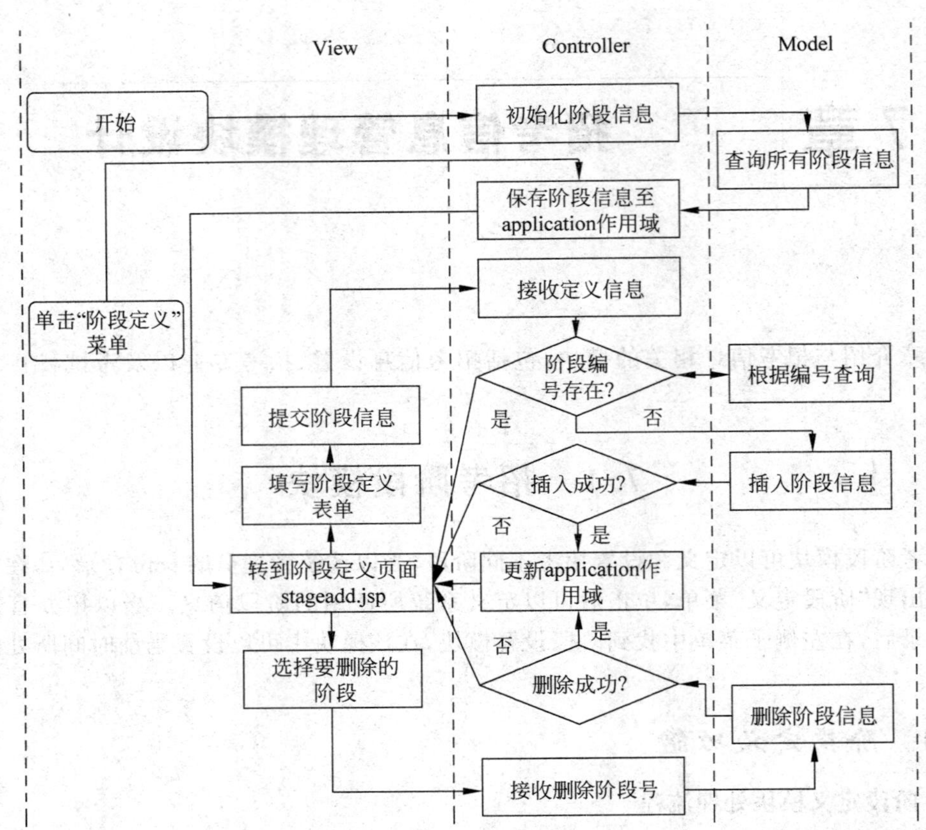

图 7.1 阶段定义模块流程图

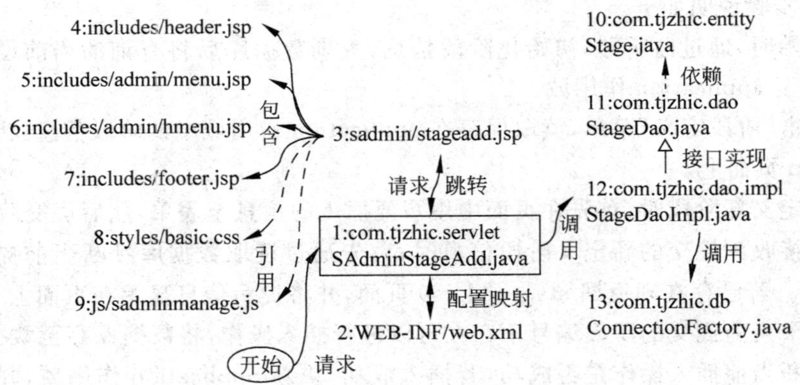

图 7.2 阶段定义功能文件关联图

admin/hmenu.jsp)以及前端脚本文件 9(js/sadminmanage.js)参见 6.3.1 节,引用的样式表文件 8(styles/basic.css)参见 4.3.2 节。

系统管理员登录系统成功后,在管理员页面左侧功能菜单中单击“阶段定义”菜单,开始了对 Servlet 文件 1(com.tjzhic.servlet 包中的 SAdminStageAdd.java)的请求,请求处理后通过内部跳转调用 jsp 文件 3(sadmin/stageadd.jsp)可以定义新的招考阶段。下面分别对阶段设置功能相关文件及其实现进行介绍。

2. 页面设计

阶段设置页面对应图 7.2 中的文件 3(sadmin/stageadd.jsp),页面效果如图 7.3 所示,页面上方以列表的形式显示所有已定义的阶段,并对已经定义的阶段进行删除,下方可以定义添加新的系统阶段。

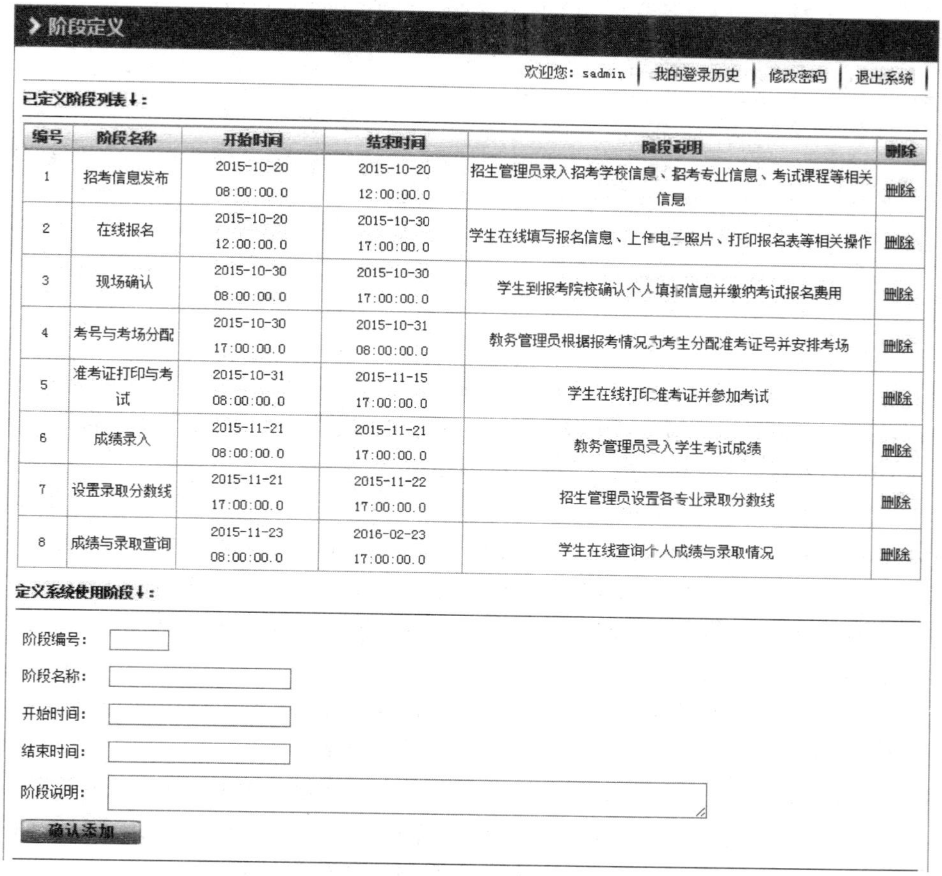

> 阶段定义

欢迎您: sadmin | 我的登录历史 | 修改密码 | 退出系统 |

已定义阶段列表↓:

编号	阶段名称	开始时间	结束时间	阶段说明	删除
1	招考信息发布	2015-10-20 08:00:00.0	2015-10-20 12:00:00.0	招生管理员录入招考学校信息、招考专业信息、考试课程等相关信息	删除
2	在线报名	2015-10-20 12:00:00.0	2015-10-30 17:00:00.0	学生在线填写报名信息、上传电子照片、打印报名表等相关操作	删除
3	现场确认	2015-10-30 08:00:00.0	2015-10-30 17:00:00.0	学生到报考院校确认个人填报信息并缴纳考试报名费用	删除
4	考号与考场分配	2015-10-30 17:00:00.0	2015-10-31 08:00:00.0	教务管理员根据报考情况为考生分配准考证号并安排考场	删除
5	准考证打印与考试	2015-10-31 08:00:00.0	2015-11-15 17:00:00.0	学生在线打印准考证并参加考试	删除
6	成绩录入	2015-11-21 08:00:00.0	2015-11-21 17:00:00.0	教务管理员录入学生考试成绩	删除
7	设置录取分数线	2015-11-21 17:00:00.0	2015-11-22 17:00:00.0	招生管理员设置各专业录取分数线	删除
8	成绩与录取查询	2015-11-23 08:00:00.0	2016-02-23 17:00:00.0	学生在线查询个人成绩与录取情况	删除

定义系统使用阶段↓:

阶段编号:

阶段名称:

开始时间:

结束时间:

阶段说明:

确认添加

图 7.3 阶段定义页面

阶段设置中显示当前已定义的阶段页面对应代码如下。

```
<div class = "operation">已定义阶段列表↓:
    <span class = "mess">
        <c:if test = "${'stageDeleteMess' eq sessionScope.mess.name}">${sessionScope.mess.content}</c:if>
    </span>
</div>
<table class = "dt" border = "0" cellspacing = "1">
    <tr>
        <th>编号</th>
        <th>阶段名称</th>
        <th>开始时间</th>
```

```
11            <th>结束时间</th>
12            <th>阶段说明</th>
13            <th>删除</th>
14        </tr>
15        <c:forEach items = "${applicationScope.stages}" var = "stage" varStatus = "rows">
16            <tr>
17                <td style = "width:40px;">${stage.stagenum}</td>
18                <td>${stage.stagename}</td>
19                <td>${stage.starttime}</td>
20                <td>${stage.endtime}</td>
21                <td>${stage.note}</td>
22                <td style = "width:40px;"><a href = "${webroot}/sadmin/stageadd.do?action
    = stageDelete&stagenum = ${stage.stagenum}">删除</a></td>
23            </tr>
24        </c:forEach>
25    </table>
```

代码说明如下。

(1) 第 01～05 行，显示操作信息和提示信息。在第 03 行，如果当前 Session 中的属性 mess 的名字为 stageDeleteMess，则显示 mess 中的内容。对 mess 的定义来自于 session 中的 setAttribute 方法，设置显示提示信息，可参考下文。

(2) 第 15 行，获取 application 作用域中的 stages 属性值。初始化时，通过 MyServletContextListener.java 文件，查询数据库中 stage 表，详情可参考第 3 章，获取当前已定义的阶段信息，并通过 setAttribute 方法，设置 application 作用域的全局变量 stages。当删除或增加新的阶段信息时，会在 Servlet 中执行 ServletContext 类中的 setAttribute 方法，对全局变量 stages 的值进行更新。

(3) 第 15～24 行，执行 for 循环，遍历存入到 application 作用域中的全局变量 stages，将获取到的每一个 stage 中的各个属性以列表的形式显示。

(4) 第 22 行，对已定义阶段进行删除操作，设置超链接为 SAdminStageAdd.java 这个 Servlet(对应的 URL 映射为/ stageadd.do)，并设置 action 的参数值为 stageDelete，同时将 stage.stagenum 的值赋给 stagenum，表示当前要删除的阶段编号。

定义系统使用阶段的对应代码如下。

```
<a name = "add"></a>
<div class = "operation">定义系统使用阶段↓:
    <span class = "mess">
        <c:if test = "${'stageAddMess' eq sessionScope.mess.name}">${
sessionScope.mess.content}</c:if>
    </span>
</div>
<div class = "ft">
 <form method = "post" action = "${webroot}/sadmin/stageadd.do?action = stageAdd">
  <table>
    <tr>
      <td class = "label">阶段编号:</td>
```

```
12              <td><input style="width:50px;" type="text" name="stagenum" id="stagenum"/></td>
13              <td class="hint"></td>
14          </tr>
15          <tr>
16              <td class="label">阶段名称: </td>
17              <td><input type="text" name="stagename" id="stagename"/></td>
18              <td class="hint"></td>
19          </tr>
20          <tr>
21              <td class="label">开始时间: </td>
22              <td><input type="text" name="starttime" id='starttime"/></td>
23              <td class="hint"></td>
24          </tr>
25          <tr>
26              <td class="label">结束时间: </td>
27              <td><input type="text" name="endtime" id="endtime"/></td>
28              <td class="hint"></td>
29          </tr>
30          <tr>
31              <td class="label">阶段说明: </td>
32              <td colspan="2">
33              <textarea name="note" id="note" style="width:500px;"></textarea>
34              </td>
35          </tr>
36          <tr>
37            <td colspan="2"><input class="button" type="submit" value="确认添加"/></td>
38          </tr>
39        </table>
40      </form>
41  </div>
```

代码说明如下。

(1) 第 01 行,设置页面跳转锚点 add。

(2) 第 02～06 行,显示操作的提示信息。在第 04 行,如果当前 Session 中的属性 mess 的名字为 stageAddMess,则显示 mess 中的内容。对 mess 的定义来自于 session 中的 setAttribute 方法。

(3) 第 08～40 行,添加新定义的阶段信息,在第 8 行,当确认提交后,注册表单属性 action指定信息提交至 SAdminStageAdd. java 这个 Servlet(对应的 URL 映射为 /stageadd. do),并设置 action 的参数值为 stageAdd。

(4) 第 37 行,添加确定按钮确认填写的阶段信息。

3. 阶段实体类

在数据库中 stage 表中每条记录就代表一条对阶段信息的描述,对应在 Java 中,我们用 Stage 类表示阶段信息,Stage 类中的各个属性分别对应数据库 stage 表中的各个字段,Stage 类仅提供对各个属性的设置(set)和获取(get)方法。对应上文图 7.2 中的文件 10

(com. tjzhic. entity 包中的 Stage. java),相应代码如下。

```
package com.tjzhic.entity;
public class Stage {
  private int stagenum;                        //阶段编号
  private String stagename;                    //阶段名称
  private String starttime;                    //开始时间
  private String endtime;                      //结束时间
  private String note;                         //阶段说明
  public int getStagenum() { return stagenum; }
  public void setStagenum(int stagenum) { this.stagenum = stagenum; }
  public String getStagename() { return stagename; }
  public void setStagename(String stagename) { this.stagename = stagename; }
  public String getStarttime() { return starttime; }
  public void setStarttime(String starttime) { this.starttime = starttime; }
  public String getEndtime() { return endtime; }
  public void setEndtime(String endtime) { this.endtime = endtime; }
  public String getNote() { return note; }
  public void setNote(String note) { this.note = note; }
}
```

4. 阶段定义 Serlvet 的实现

阶段定义的 Servlet 文件对应于上文图 7.2 中的文件 1(com. tjzhic. servlet 包中的 SAdmi-nStageAdd. java),其在项目文件 2(web. xml)中配置的 URL 映射为"/sadmin/stageadd. do"。SAdminStageAdd. java 中的 doPost()方法通过调用模型层相关功能来响应来自客户端的定义阶段说明的请求。下面给出 doPost()方法的实现代码。

```
public void doPost(HttpServletRequest request, HttpServletResponse response)
    throws ServletException, IOException {
  response.setContentType("text/html; charset = utf - 8");
  ServletContext servletContext = request.getServletContext();
  HttpSession session = request.getSession();
  StageDao stageDao = new StageDaoImpl();
  String action = request.getParameter("action");
  if ("stageAdd".equals(action)){
    int stagenum = Integer.parseInt(request.getParameter("stagenum").toString());
    Stage stage = new Stage();
    stage.setStagenum(stagenum);
    stage.setStagename(request.getParameter("stagename"));
    stage.setStarttime(request.getParameter("starttime"));
    stage.setEndtime(request.getParameter("endtime"));
    stage.setNote(request.getParameter("note"));
    if(stageDao.findByStagenum(stagenum) != null){
     session.setAttribute("mess", new Message("stageAddMess", "阶段编号不能重复!"));
    }else if(stageDao.add(stage) != 0){
      servletContext.setAttribute("stages", stageDao.findAll());
      session.setAttribute("mess", new Message("stageAddMess", "添加阶段成功!"));
    }else{
```

```
22            session.setAttribute("mess", new Message("stageAddMess", "添加阶段失败"));
23          }
24        response.sendRedirect(servletContext.getContextPath() + "/sadmin/stageadd.jsp#add");
25        //删除系统阶段
26        }else if("stageDelete".equals(action)){
27          int stagenum = Integer.parseInt(request.getParameter("stagenum").toString());;
28          if(stageDao.deleteByStagenum(stagenum) != 0){
29            servletContext.setAttribute("stages", stageDao.findAll());
30            session.setAttribute("mess", new Message("stageDeleteMess", "阶段删除成功!"));
31          }else{
32            session.setAttribute("mess", new Message("stageDeleteMess", "阶段删除失败!"));
33          }
34          response.sendRedirect(servletContext.getContextPath() + "/sadmin/stageadd.jsp");
35        //其他情况
36        }else{
37          session.removeAttribute("mess");
38          response.sendRedirect(servletContext.getContextPath() + "/sadmin/stageadd.jsp");
39        }
```

代码说明如下。

(1) 第 04 行,获取 ServletContext 的实例对象,实现数据共享。

(2) 第 05 行,获取 HttpSession 的实例对象。

(3) 第 07 行,在 stageadd.jsp 中,通过设置参数 action 的值,在 Servlet 中使用 getParameter 的方法获得 action 的值并进行判断,进而执行相应的操作。

(4) 第 08 行,当请求参数 action 为 stageAdd 时,表明当前执行插入操作。

(5) 第 09～15 行,获取表单输入的 stage 阶段信息,并依次将表单输入的值赋给新定义的 stage 对象。

(6) 第 16、17 行,通过 stagenum 阶段编号,判断是否有重复定义。若有将提示信息命名为 stageAddMess,设置对应提示信息,保存至 session 作用域中的属性 mess。在 jsp 页面中,通过对 mess 中提示信息 Message()第一个参数值的判断,可以显示对应的提示内容。

(7) 第 18～20 行,当阶段信息插入成功后,通过 stageDao 中的 findAll()方法,查询所有数据库中 stage 表中的信息,更新 application 作用域中属性 stages 的值。并设置提示信息为添加阶段成功。

(8) 第 21、22 行,其他不能成功保存新定义的阶段信息情况,设置提示信息为添加阶段失败。

(9) 第 24 行,当添加定义请求完成后,跳转至 stageadd.jsp 页面的锚点 add 位置。

(10) 第 26 行,当请求参数 action 为 stageDelete 时,执行删除操作。

(11) 第 27、28 行,获取 request 请求属性 stagenum 的值,该值由 stageadd.jsp 传入,判断是否删除成功。

(12) 第 29～33 行,当删除成功时,通过 findAll()方法,查询当前 stage 表中的信息,并更新 application 作用域中 stages 的值,并设置删除成功提示信息。提示信息命名为 stageDeleteMess,保存至 session 作用域中的属性 mess。在 jsp 页面中,通过对 mess 中提示信息 Message()第一个参数值的判断,可以显示对应的提示内容。若删除失败,同样对应

stageDeleteMess,设置删除失败提示信息。

(13) 第 34 行,执行删除操作后,跳转至 stageadd.jsp 页面。

(14) 第 36～38 行,当执行 post 操作,且 action 为其他值时,删除会话属性 mess 的值,并跳转至 stageadd.jsp 页面。

5. 阶段定义的模型层实现

与数据库中阶段信息表相关的操作定义在如图 7.2 所示的接口文件 11(com.tjzhic.dao 包中的 StageDao.java)中,共定义了 4 个方法,代码如下。

```
01 package com.tjzhic.dao;
02 import java.util.ArrayList;
03 import com.tjzhic.entity.Stage;
04 public interface StageDao {
05   public int add(Stage stage);
06   public int deleteByStagenum(int stagenum);
07   public ArrayList<Stage> findAll();
08   public Stage findByStagenum(int stagenum);
09 }
```

下面分别对接口中定义的方法进行说明。

(1) 第 05 行,增加定义阶段的方法,在阶段定义操作中使用。

(2) 第 06 行,依照给定的阶段编号删除阶段,用于删除已定义的阶段。

(3) 第 07 行,找到所有的已定义的节点信息。

(4) 第 08 行,依照给定的阶段编号找到阶段,返回 Stage 类。

文件 13(com.tjzhic.db 包中的数据库连接工厂类 ConnectionFactory.java),可参见 6.1.6 节,在如图 7.2 所示的文件 12(StageDaoImpl.java)中,阶段定义模块中使用了其中的 add()方法,该方法属于对数据库的增加操作,其中执行的 SQL 语句如下,其中占位符的具体值由方法传入的 Stage 对象提供。

```
insert into stage(stagenum,stagename,starttime,endtime,note) values(?,?,?,?,?)
```

在 StageDaoImpl.java 中,deleteByStagenum(int stagenum)方法执行的删除操作,SQL 语句如下,占位符由传入的参数提供。

```
delete from stage where stagenum = ?
```

7.1.2 阶段设置功能

当以招办管理员身份登录系统时,可以显示当前所处阶段,还可对已定义的阶段进行设置,设置当前系统所处的阶段。阶段设置功能所涉及的文件及其关联情况如图 7.4 所示。

不同于阶段定义模块,阶段设置功能引用脚本文件 9(js/basic.js),参考 6.3.2 节。

招办管理员登录系统成功后,在管理员页面左侧功能菜单中单击“阶段设置”菜单,开始了对 Servlet 文件 1(com.tjzhic.servlet 包中的 ZAdminStageSet.java)的请求,请求处理后通过内部跳转调用 jsp 文件 3(zadmin/stageset.jsp)显示当前的阶段以及所有已定义的阶段,此后招办管理员可以在此页面设置当前所处阶段操作。下面分别对阶段设置功能相关

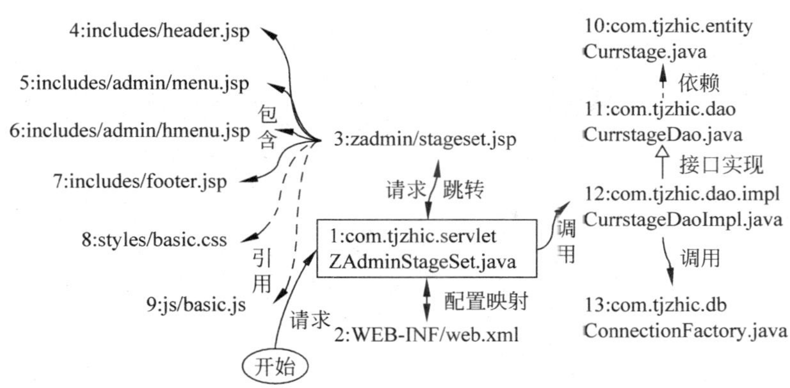

图 7.4　阶段设置功能文件关联图

文件及其实现进行介绍。

1. 页面代码设计

阶段设置页面对应图 7.4 中的文件 3(zadmin/stageset.jsp)，页面效果如图 7.5 所示，其中页面上方可以以下拉菜单的方式设置当前所处的阶段，下方显示所有已定义的阶段以列表的形式显示。

> 阶段设置

欢迎您：zhaoban | 我的登录历史 | 修改密码 | 退出系统 |

设置当前阶段↓：

选择阶段：1：招考信息发布 ▼ 确认设置

阶段列表与说明（当前处于 《招考信息发布》 阶段）↓：

编号	阶段名称	开始时间	结束时间	阶段说明
1	招考信息发布	2015-10-20 08:00:00.0	2015-10-20 12:00:00.0	招生管理员录入招考学校信息、招考专业信息、考试课程等相关信息
2	在线报名	2015-10-20 12:00:00.0	2015-10-30 17:00:00.0	学生在线填写报名信息、上传电子照片、打印报名表等相关操作
3	现场确认	2015-10-30 08:00:00.0	2015-10-30 17:00:00.0	学生到报考院校确认个人填报信息并缴纳考试报名费用
4	考号与考场分配	2015-10-30 17:00:00.0	2015-10-31 08:00:00.0	教务管理员根据报考情况为考生分配准考证号并安排考场
5	准考证打印与考试	2015-10-31 08:00:00.0	2015-11-15 17:00:00.0	学生在线打印准考证并参加考试
6	成绩录入	2015-11-21 08:00:00.0	2015-11-21 17:00:00.0	教务管理员录入学生考试成绩
7	设置录取分数线	2015-11-21 17:00:00.0	2015-11-22 17:00:00.0	招生管理员设置各专业录取分数线
8	成绩与录取查询	2015-11-23 08:00:00.0	2016-02-23 17:00:00.0	学生在线查询个人成绩与录取情况

图 7.5　阶段设置页面

阶段设置页面的代码如下。

```
<div class = "operation">设置当前阶段↓：
    <span class = "mess">
        <c:if test = " ${'stageSetMess' eq sessionScope.mess.name}"> ${sessionScope.mess.content}</c:if>
    </span>
</div>
<div class = "ft">
    <form method = "post" action = " ${webroot}/zadmin/stageset.do?action = stageSet">
```

```
        <table>
            <tr>
                <td class="label">选择阶段:
                    <select name="currstage" id="currstage">
                        <c:forEach items="${applicationScope.stages}" var="stage">
                            <c:choose>
                                <c:when test="${ stage.stagename eq currstage.stagename }">
                                    <option value="${stage.stagename}" selected="selected">${stage.stagenum} : ${stage.stagename}</option>
                            </c:when>
                            <c:otherwise>
                                    <option value="${stage.stagename}">${stage.stagenum} : ${stage.stagename}</option>
                                </c:otherwise>
                            </c:choose>
                        </c:forEach>
                    </select>
                </td>
                <td><input class="button" type="submit" value="确认设置"/></td>
            </tr>
        </table>
    </form>
</div>
<div class="operation">阶段列表与说明(当前处于<span style="color:#DE5B25;">&lt;&lt; ${currstage.stagename} &gt;&gt;</span>阶段)↓:
    <span class="mess">
        <c:if test="${'stageDeleteMess' eq sessionScope.mess.name}">${sessionScope.mess.content}</c:if>
    </span>
</div>
<table class="dt" border="0" cellspacing="1">
    <tr>
        <th>编号</th>
        <th>阶段名称</th>
        <th>开始时间</th>
        <th>结束时间</th>
        <th>阶段说明</th>
    </tr>
    <c:forEach items="${applicationScope.stages}" var="stage" varStatus="rows">
        <tr>
            <td style="width:40px;">${stage.stagenum}</td>
            <td>${stage.stagename}</td>
            <td>${stage.starttime}</td>
            <td>${stage.endtime}</td>
            <td>${stage.note}</td>
        </tr>
    </c:forEach>
</table>
```

代码说明如下。

(1) 第 06～28 行，通过下拉菜单选择当前所处的状态，单击“确认设置”按钮后设置。

(2) 第 07 行，对已定义阶段进行设置操作，设置参数 action 的值为 stageSet。

(3) 第 12 行，取得属性名为 stages 的属性值。在阶段设置中，需要获取当前已设置的所有阶段定义。在阶段定义 StageAdd.java 的 doPost()方法，可参考 7.1.1 节，调用 ServletContext 类中的 setAttribute 方法进行键值对应将数据库 stage 中已定义的所有阶段信息保存至 application 作用域的属性 stages 中，实现数据共享。

(4) 第 13～21 行，执行判断，找到当前所在阶段。

(5) 第 14～16 行，当前遍历的阶段名称是否等于当前的阶段名称。当前阶段名称，在初始化时，来源于 MyServletContextListener.java 文件，通过读取数据库获得当前所处阶段信息，并将该信息通过 setAttribute 保存至属性 currstage，可参考第 8 章。当再次进行设置时，通过相对的 Servlet 修改 currstage 的值。

(6) 第 15 行，当前遍历的阶段名称是当前阶段，则设置当前阶段为选中状态。

(7) 第 17～19 行，当遍历的阶段非当前阶段时，设置为下拉菜单选项。

(8) 第 29 行，读取 application 作用域属性 currstage 值，显示当前所在阶段名称。

(9) 第 42～50 行，循环遍历读取 application 作用域属性 stages 各个阶段信息，并以列表方式显示。

2. 阶段信息实体类

在阶段设置功能模块中，要保存设置该阶段的基本信息，在数据库中 currstage 表中每条记录就代表一条改变当前阶段的基本信息，对应在 Java 中，我们用 Currstage 类进行描述，Currstage 类中的各个属性分别对应数据库 currstage 表中的各个字段，对应图 7.4 中的文件 10(com.tjzhic.entity 包中的 Currstage.java)，相应代码如下。

```
package com.tjzhic.entity;
public class Currstage {
  private int configid;                          //设置编号
  private String adminname;                      //设置人
  private String settime;                        //设置时间
  private String stagename;                      //当前阶段名称
  public int getConfigid() { return configid; }
  public void setConfigid(int configid) { this.configid = configid; }
  public String getAdminname() { return adminname; }
  public void setAdminname(String adminname) { this.adminname = adminname;}
  public String getSettime() { return settime; }
  public void setSettime(String settime) { this.settime = settime; }
  public String getStagename() { return stagename; }
  public void setStagename(String stagename) { this.stagename = stagename; }
}
```

3. 阶段设置 Servlet 实现

阶段定义的 Servlet 文件对应于图 7.4 中的文件 1(com.tjzhic.servlet 包中的 ZAdminStageSet.java)，其在项目文件 2(web.xml)中配置的 URL 映射为“/zadmin/stageset.do”。ZAdminStageSet.java 中的 doPost()方法通过调用模型层相关功能来响应来自客户

端的阶段设置的请求。下面给出 doPost()方法的实现代码。

```
01 public void doPost(HttpServletRequest request, HttpServletResponse response)
02       throws ServletException, IOException {
03    response.setContentType("text/html; charset=utf-8");
04    ServletContext servletContext = request.getServletContext();
05    HttpSession session = request.getSession();
06    String action = request.getParameter("action");
07    if("stageSet".equals(action)){
08      CurrstageDao currstageDao = new CurrstageDaoImpl();
09      Adminuser adminuser = (Adminuser)session.getAttribute("adminuser");
10      String adminname = adminuser.getAdminname();
11      String currstage = request.getParameter("currstage");
12      if (currstageDao.set(adminname, currstage) != 0) {
13        servletContext.setAttribute("currstage", currstageDao.findCurrent());
14        session.setAttribute("mess", new Message("stageSetMess", "阶段设置成功!"));
15      }else {
16        session.setAttribute("mess", new Message("stageAddMess", "阶段设置失败!"));
17      }
18      response.sendRedirect(servletContext.getContextPath() + "/zadmin/stageset.jsp");
19    }else{
20      session.removeAttribute("mess");
21      response.sendRedirect(servletContext.getContextPath() + "/zadmin/stageset.jsp");
22    }
23 }
```

代码说明如下。

(1) 第 04 行,获取 ServletContext 的实例对象,实现数据共享。

(2) 第 05 行,获取 HttpSession 的实例对象。

(3) 第 06 行,在 stageset.jsp 中,设置参数 action 的值,在 Servlet 中使用 getParameter 的方法获得 action 的值并进行判断,执行设置当前阶段操作。

(4) 第 09、10 行,获取会话属性 adminuser,得到登录用户名。

(5) 第 11 行,获取 application 作用域中的属性 currstage,得到当前阶段。

(6) 第 12 行,将得到的登录用户名和当前阶段执行插入操作,判断是否设置当前阶段成功。

(7) 第 13 行,更新 application 作用域中的属性 currstage,更新当前设置信息。

(8) 第 18 行,设置完成后,跳转至 stageset.jsp 页面。

(9) 第 19~22 行,当获取的 action 值不是 stageSet 时,删除会话属性 mess 的值,并跳转至 stageset.jsp 页面。

4. 阶段设置的模型层实现

在阶段设置功能模块中,定义 CurrstageDao,对应图 7.4 中的文件 11(com.tjzhic.dao 包中的 CurrstageDao.java)用于保存当前阶段。

```
package com.tjzhic.dao;
import com.tjzhic.entity.Currstage;
public interface CurrstageDao {
```

```
04    public int set(String adminname,String currstage);
05    public Currstage findCurrent();
06 }
```

下面分别对接口中定义的方法进行说明。

(1) 第 04 行,设置当前阶段,参数内表示设置的管理员名和设置的阶段。

(2) 第 05 行,查找当前设置的阶段的相关信息。

在阶段定义模块中使用了其中的 set()方法,该方法属于对数据库的插入操作,增加一行记录,记录操作的管理员名和设置的阶段,它在图 7.4 的文件 12(com. tjzhic. dao. impl 包中的 CurrstageDaoImpl. java)中实现,方法中执行的 SQL 语句如下。

```
insert into currstage(adminname,settime,stagename) values(?,NOW(),?)
```

在 CurrstageDaoImpl. java 中,findCurrent()方法执行的 SQL 语句如下,占位符由传入的参数提供。

```
delete from stage where stagenum = ?
```

7.2 招考信息设置模块

当以招办管理员的身份登录后,进入招考信息设置页面。在该页面可以实现三个功能模块,可以设置当前的招生学校的基本信息,设置招考专业,并以列表形式显示,还可以针对每门考试设置考试科目。

招考信息功能所涉及的文件及其关联情况如图 7.6 所示。

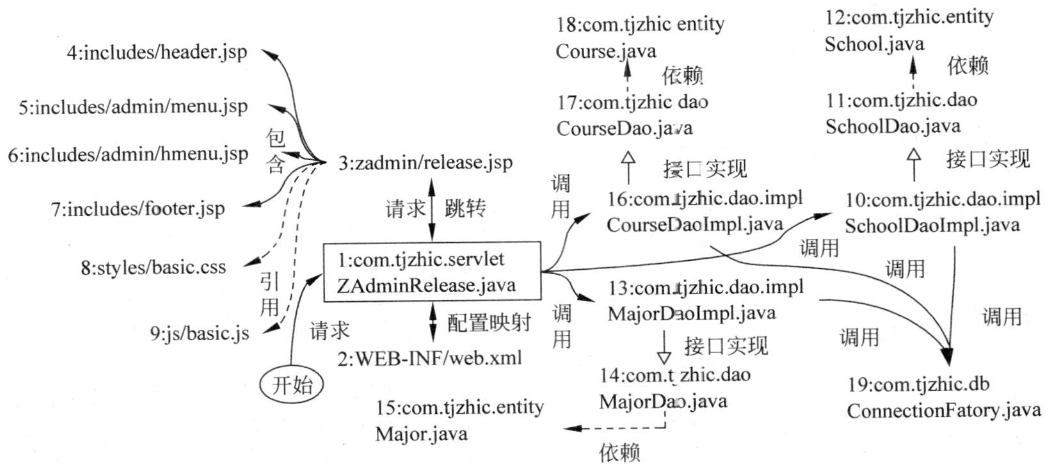

图 7.6　招考信息功能文件关联图

如图 7.6 所示,招考信息功能模块和阶段设置功能相似,都包含文件 4(includes/header. jsp)、文件 5(includes/admin/menu. jsp)、文件 6(includes/admin/hmenu. jsp)、文件 7(includes/footer. jsp)并引用文件 8(styles/basic. css)和文件 9(js/basic. js),可以参考 7.1.2 节。

招办管理员登录系统成功后，在管理员页面左侧功能菜单中单击“阶段设置”菜单，开始对 Servlet 文件 1(com. tjzhic. servlet 包中的 ZAdminRelease. java)的请求，其在项目文件 2(web. xml)中配置的 URL 映射为“/zadmin/release. do”。请求处理后通过内部跳转调用 jsp 文件 3(zadmin/release. jsp)显示招考信息设置功能，在该页面中，包含三个子功能，分别是招生学校的基本信息，对应文件 12 (com. thzhic. entity 包中的 School. java)，调用文件 10 (com. tjzhic. dao. impl 包中的 SchoolDaoImpl. java)；招考专业信息设置，对应文件 15 (com. thzhic. entity 包中的 Major. java)，调用文件 13 (com. tjzhic. dao. impl 包中的 MajorDaoImpl. java)；考试科目信息设置，对应文件 18(com. thzhic. entity 包中的 Course. java)，调用文件 16(com. tjzhic. dao. impl 包中的 CourselDaoImpl. java)。

7.2.1 设置学校基本信息功能

1. 页面代码设计

学校信息界面位于招考信息设置页面右侧的上方，对应图 7.6 中的文件 3(release. jsp)，效果如图 7.7 所示。设置学校基本信息可以实现系统的不同情况下的复用。

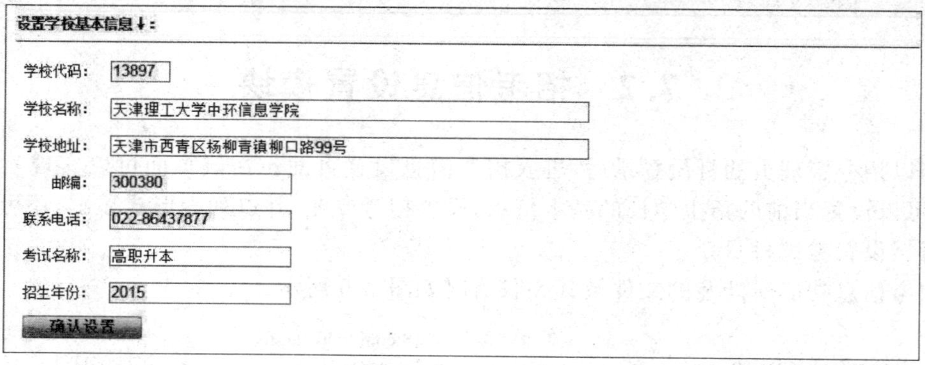

设置学校基本信息↓：

学校代码：13897
学校名称：天津理工大学中环信息学院
学校地址：天津市西青区杨柳青镇柳口路99号
邮编：300380
联系电话：022-86437877
考试名称：高职升本
招生年份：2015
确认设置

图 7.7 学校信息设置页面

对应该模块的代码如下所示。

```
<div class = "operation">设置学校基本信息↓:
<span class = "mess">
        <c:if test = " $ {'schoolAddMess' eq sessionScope. mess. name}">
  $ {sessionScope. mess. content}</c:if>
</span>
 </div>
<div class = "ft">
<form method = "post" action = " $ {webroot}/zadmin/release. do?action =
    schoolAdd">
        <table>
            <tr>
                <td class = "label">学校代码: </td>
                <td><input style = "width:50px;" type = "text" name =
"shcode" id = "shcode" value = " $ {applicationScope. school. shcode}"/></td>
                <td class = "hint"></td>
```

```
13            </tr>
14            <tr>
15                <td class = "label">学校名称: </td>
16                <td><input class = "long" type = "text" name = "shname" id = "shname" value = " ${applicationScope.school.shname}"/></td>
17                <td class = "hint"></td>
18            </tr>
19            <tr>
20                <td class = "label">学校地址: </td>
21                <td><input class = "long" type = "text' name = "shaddr" id = "shaddr" value = " ${applicationScope.school.shaddr}"/></td>
22                <td class = "hint"></td>
23            </tr>
24            <tr>
25                <td class = "label">邮编: </td>
26                <td><input type = "text" name = "shzip' id = "shzip" value = " ${applicationScope.school.shzip}"/></td>
27                <td class = "hint"></td>
28            </tr>
29            <tr>
30                <td class = "label">联系电话: </td>
31                <td><input type = "text" name = "shtel" id = "shtel" value = " ${applicationScope.school.shtel}"/></td>
32                <td class = "hint"></td>
33            </tr>
34            <tr>
35                <td class = "label">考试名称: </td>
36                <td><input type = "text" name = "shtest" id = "shtest" value = " ${applicationScope.school.shtest}"/></td>
37                <td class = "hint"></td>
38            </tr>
39            <tr>
40                <td class = "label">招生年份: </td>
41                <td><input type = "text" name = "shyear" id = "shyear" value = " ${applicationScope.school.shyear}"/></td>
42                <td class = "hint"></td>
43            </tr>
44            <tr>
45                <td colspan = "2"><input class = "button" type = "submit" value = "确认设置"/></td>
46            </tr>
47        </table>
48 </form>
49 </div>
```

代码说明如下。

(1) 第 01～05 行,设置操作提示信息,通过 session 作用域的属性 mess,对应 schoolAddMess,得到提示信息。

(2) 第 07 行,设置参数 action 的值为 schoolAdd,在 Servlet 中使用 getParameter 的方

法获得 action 的值并进行判断，进而执行相应的操作。

(3) 第 09～46 行，表单读取 application 作用域属性 school 的对应参数值完成填充。初始化时，通过 MyServletContextListener. java 文件，查询数据库中 school 表，获取当前已定义的学校信息，并通过 setAttribute 方法，设置 application 作用域的全局变量 school，详情可参考第 8 章。

2. 学校实体类

学校的信息保存在数据库 school 表中，在该表中记录了招考学校的基本信息，对应 Java 中，我们用 school 类进行描述。对应图 7.6 中的文件 12(com. tjzhic. entity 包中的 School. java)，相应代码如下。

```
package com.tjzhic.entity;
public class School {
  private String shcode;                          //学校代码
  private String shname;                          //学校名称
  private String shaddr;                          //学校地址
  private String shzip;                           //邮编
  private String shtel;                           //联系电话
  private String shtest;                          //考试名称
  private String shyear;                          //考试年份
  public String getShcode() { return shcode; }
  public void setShcode(String shcode) { this.shcode = shcode; }
  public String getShname() { return shname; }
  public void setShname(String shname) { this.shname = shname; }
  public String getShaddr() { return shaddr; }
  public void setShaddr(String shaddr) { this.shaddr = shaddr; }
  public String getShzip() { return shzip; }
  public void setShzip(String shzip) { this.shzip = shzip; }
  public String getShtel() { return shtel; }
  public void setShtel(String shtel) { this.shtel = shtel; }
  public String getShtest() { return shtest; }
  public void setShtest(String shtest) { this.shtest = shtest; }
  public String getShyear() { return shyear; }
  public void setShyear(String shyear) { this.shyear = shyear; }
}
```

3. 招考学校信息 Servlet 的实现

招考学校信息对应的 Servlet 来自于图 7.6 中的文件 1(com. tjzhic. servlet 包中的 ZAdminRelease. java)，doPost()函数中用于处理招考学校信息的部分代码如下。

```
if("schoolAdd".equals(action)){
   School school = new School();
   school.setShcode(request.getParameter("shcode"));
   school.setShname(request.getParameter("shname"));
   school.setShaddr(request.getParameter("shaddr"));
   school.setShzip(request.getParameter("shzip"));
   school.setShtel(request.getParameter("shtel"));
   school.setShtest(request.getParameter("shtest"));
```

```
09      school.setShyear(request.getParameter("shyear"));
10      if(schoolDao.add(school) != 0){
11        servletContext.setAttribute("school", school);
12         session.setAttribute("mess", new Message("schoolAddMess", "学校基本信息设置
    成功!"));
13      }else{
14         session.setAttribute("mess", new Message("schoolAddMess", "学校基本信息设置
    失败!"));
15      }
16      response.sendRedirect(servletContext.getContextPath() + "/zadmin/release.jsp");
17  }
```

代码说明如下。

(1) 第 01 行,通过 action 的值判断当前执行增加学校信息操作,action 的值来源于 release.jsp,可参考上文。

(2) 第 03～09 行,获取表单输入的学校信息,并依次将表单输入的值赋给新定义的 school 对象。

(3) 第 10～15 行,判断信息是否设置成功。如果成功,在第 11 行将学校信息更新至 application 作用域的属性 school 中。并设置提示信息属性 mess 的值,再重新载入 release.jsp 后,在相应位置按照对应的信息名 schoolAddMess 更新提示信息。

(4) 第 16 行,操作结束后,跳转至 release.jsp。

4. 学校信息功能的模型层实现

学校信息模型对应于图 7.6 中的文件 11(com.tjzhic.dao 包中的 SchoolDao.java),包括 add()和 getSchool()两个方法,用于增加和获取学校信息,方法的具体实现定义在接口的实现类文件 10(com.tjzhic.dao.impl 包中的 SchoolDaoImpl.java)中,参见本书附带源码。

7.2.2 设置招考专业功能

1. 页面代码实现

招考专业以列表的形式显示,并可以增加新的招考专业,对应图 7.6 中的文件 3 (release.jsp),页面效果如图 7.8 所示。

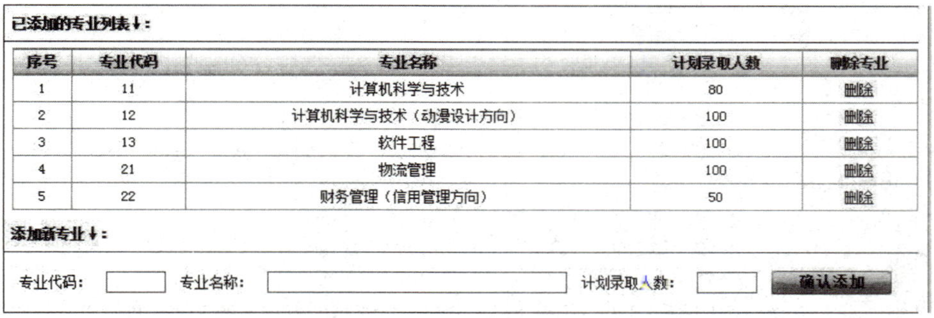

已添加的专业列表↓:

序号	专业代码	专业名称	计划录取人数	删除专业
1	11	计算机科学与技术	80	删除
2	12	计算机科学与技术(动漫设计方向)	100	删除
3	13	软件工程	100	删除
4	21	物流管理	100	删除
5	22	财务管理(信用管理方向)	50	删除

添加新专业↓:

专业代码: 专业名称: 计划录取人数: 确认添加

图 7.8 招考专业信息模块

该模块在 release.jsp 中对应的部分代码如下。

```
<a name="major"></a>
<div class="operation">已添加的专业列表↓:
    <span class="mess">
        <c:if test="${'majorDeleteMess' eq sessionScope.mess.name}">${sessionScope.mess.content}</c:if>
    </span>
</div>
<table class="dt" border="0" cellspacing="1">
    <tr>
        <th>序号</th>
        <th>专业代码</th>
        <th>专业名称</th>
        <th>计划录取人数</th>
        <th>删除专业</th>
    </tr>
    <c:forEach items="${applicationScope.majors}" var="major" varStatus="rows">
        <tr>
            <td>${rows.index + 1}</td>
            <td>${major.mcode}</td>
            <td>${major.mname}</td>
            <td>${major.plannum}</td>
            <td><a href="${webroot}/zadmin/release.do?action=majorDelete&mcode=${major.mcode}">删除</a></td>
        </tr>
    </c:forEach>
</table>
<div class="operation">添加新专业↓:
    <span class="mess">
        <c:if test="${'majorAddMess' eq sessionScope.mess.name}">${sessionScope.mess.content}</c:if>
    </span>
</div>
<div class="ft">
<form method="post" action="${webroot}/zadmin/release.do?action=majorAdd">
        <table>
          <tr>
            <td class="label">专业代码:</td>
            <td><input style="width:50px;" type="text" name="mcode" id="mcode" /></td>
            <td class="label">专业名称:</td>
            <td><input style="width:250px;" type="text" name="mname" id="mname" /></td>
            <td class="label">计划录取人数:</td>
            <td><input style="width:50px;" type="text" name="plannum" id="plannum" /></td>
            <td><input class="button" type="submit" value="确认添加"/></td>
          </tr>
        </table>
```

```
43        </form>
44    </div>
```

代码说明如下。

(1) 第 01 行,设置页面锚点,用于返回页面跳转操作。

(2) 第 02～06 行,设置操作提示信息,通过 sessicn 作用域的属性 mess,对应 majorDeleteMess,得到删除提示信息。

(3) 第 15 行,通过遍历 application 作用域的属性 majors,获取专业信息。

(4) 第 21 行,设置参数 action 的值为 majorDelete,并传入要删除的专业编号,在 Servlet 中使用 getParameter 的方法获得 action 的值并进行判断,进而执行相应的操作。

(5) 第 25～29 行,设置操作提示信息,通过 session 作用域的属性 mess,对应 majorAddMess,得到增加专业提示信息。

(6) 第 31 行,设置参数 action 的值为 majorAdd,在 Servlet 中使用 getParameter 的方法获得 action 的值并进行判断,执行增加专业信息操作。

2. 招考专业实体类

学校的信息保存在数据库 major 表中,在该表中记录了招考专业的基本信息,每一条记录对应存储一个招考专业信息。在 Java 中,用 major 类进行描述。对应图 7.6 中的文件 15(com. tjzhic. entity 包中的 Major. java),相应代码如下。

```
package com.tjzhic.entity;
public class Major {
  private String mcode;                      //专业代码
  private String mname;                      //专业名称
  private int plannum;                       //计划录取人数
  private int applynum;                      //实际报考人数
  private int passscore;                     //录取分数线
  private int admitnum;                      //实际录取人数
  public String getMcode() { return mcode; }
  public void setMcode(String mcode) { this.mcode = mcode; }
  public String getMname() { return mname; }
  public void setMname(String mname) { this.mname = mname; }
  public int getPlannum() { return plannum; }
  public void setPlannum(int plannum) { this.plannum = plannum; }
  public int getApplynum() { return applynum; }
  public void setApplynum(int applynum) { this.applynum = applynum; }
  public int getPassscore() { return passscore; }
  public void setPassscore(int passscore) { this.passscore = passscore; }
  public int getAdmitnum() { return admitnum; }
  public void setAdmitnum(int admitnum) { this.admitnum = admitnum; }
}
```

3. 招考专业信息的 Servlet 实现

招考专业信息对应的 Servlet 来自于图 7.6 中的文件 1(com. tjzhic. servlet 包中的 ZAdminRelease. java),doPost()函数中用于处理招考专业信息的部分代码如下。

```
01 else if("majorAdd".equals(action)){
02   String mcode = request.getParameter("mcode");
03   Major major = new Major();
04   major.setMcode(mcode);
05   major.setMname(request.getParameter("mname"));
06   major.setPlannun(Integer.parseInt(request.getParameter("plannum")));
07   if(majorDao.findByMcode(mcode) != null){
08     session.setAttribute("mess", new Message("majorAddMess", "专业代码不能重复!"));
09   }else if(majorDao.add(major) != 0){
10     servletContext.setAttribute("majors", majorDao.findAll());
11     session.setAttribute("mess", new Message("majorAddMess", "专业添加成功!"));
12   }else{
13     session.setAttribute("mess", new Message("majorAddMess", "专业添加失败!"));
14   }
15    response.sendRedirect(servletContext.getContextPath() + "/zadmin/release.jsp#major");
16 }else if("majorDelete".equals(action)){
17   String mcode = request.getParameter("mcode");
18   Major major = majorDao.findByMcode(mcode);
19   if (major != null && !courseDao.findByCmname(major.getMname()).isEmpty()){
20     session.setAttribute("mess", new Message("majorDeleteMess", "请先删除'" + major.getMname() + "'专业的所有课程!"));
21   }
22   else if(majorDao.deleteByMcode(mcode) != 0){
23     servletContext.setAttribute("majors", majorDao.findAll());
24     session.setAttribute("mess", new Message("majorDeleteMess", "专业删除成功!"));
25   }else{
26     session.setAttribute("mess", new Message("majorDeleteMess", "专业删除失败!"));
27   }
28    response.sendRedirect(servletContext.getContextPath() + "/zadmin/release.jsp#major");
29 }
```

代码说明如下。

(1) 第 01 行,当 action 的值为 majorAdd 时,用于处理增加专业的操作。

(2) 第 02～06 行,获取表单输入的专业信息,并保存至 major 中。

(3) 第 07、08 行,通过 findByMcode()查询当前插入的专业编号,如果不为空,则表示当前存在该专业,设置 mess 相关提示信息。

(4) 第 09～11 行,通过 add()操作增加专业信息,增加成功后,调用 findAll()方法查询当前数据库 major 中的全部信息,并保存至 application 作用域的属性 majors。并设置增加成功提示信息。

(5) 第 12～14 行,当非以上两种情况时,增加新专业不成功,并设置提示信息。

(6) 第 15 行,增加专业操作完成后,跳转至 release.jsp 页面锚点 major 位置。

(7) 第 16～18 行,当 action 的值为 majorDelete 时,获取保存至 application 作用域中的属性 mcode 的值,用于删除已添加的专业信息。

(8) 第 19、20 行,当执行删除专业操作时,判断当前专业存在,并且和该专业相关的考试科目不为空，则删除专业无法进行，此时设置相关提示信息值 majorDeleteMess 提示用户。

(9) 第 22～26 行，进行删除操作，若删除成功，则查询数据库 major 表，更新 application 作用域中的属性 majors，设置提示信息，否则设置提示信息为“专业删除失败”。

(10) 第 28 行，跳转至/zadmin/release. jsp 页面锚点 major 位置。

4. 招考专业信息的模型层实现

与报考专业表相关的操作定义在如图 7.6 所示的接口文件 14(com. tjzhic. dao 包中的 MajorDao. java)中，共定义了 4 个方法，add()用于增加报考专业，deleteByMcode()按照招考代码删除，findAll()以列表形式返回所有已添加的专业，findByMcode()按照专业代码查找专业信息。方法的具体实现定义在接口的实现类文件(com. tjzhic. dao. impl 包中的 MajorDaoImpl. java)中，具体参见本书附带源码。

7.2.3 设置考试科目信息功能

考试科目信息以列表的形式显示，并可以增加新的招考专业，对应图 7.6 中的文件 3 (release. jsp)，页面效果如图 7.9 所示。

已添加的考试课程列表↓：

序号	课程编号	课程名称	隶属专业	考试开始时间	考试结束时间	删除课程
1	101	计算机文化基础	计算机科学与技术	2015-12-11 08:00:00.0	2015-12-11 10:00:00.0	删除
2	102	计算机组成原理	计算机科学与技术	2015-12-11 14:00:00.0	2015-12-11 16:00:00.0	删除
3	103	计算机平面设计	计算机科学与技术（动漫设计方向）	2015-12-11 08:00:00.0	2015-12-11 10:00:00.0	删除
4	104	艺术概论	计算机科学与技术（动漫设计方向）	2015-12-11 14:00:00.0	2015-12-11 16:00:00.0	删除
5	105	软件工程	软件工程	2015-12-11 08:00:00.0	2015-12-11 10:00:00.0	删除
6	106	Java语言程序设计	软件工程	2015-12-11 14:00:00.0	2015-12-11 16:00:00.0	删除
7	201	管理学	物流管理	2015-12-11 08:00:00.0	2015-12-11 10:00:00.0	删除
8	202	物流管理	物流管理	2015-12-11 14:00:00.0	2015-12-11 16:00:00.0	删除
9	203	财务管理	财务管理（信用管理方向）	2015-12-11 08:00:00.0	2015-12-11 10:00:00.0	删除
10	204	会计学原理	财务管理（信用管理方向）	2015-12-11 14:00:00.0	2015-12-11 16:00:00.0	删除

添加新课程↓：

课程编号：

课程名称：

隶属专业：计算机科学与技术 ▼

考试开始时间：

考试结束时间：

确认添加

图 7.9 考试科目信息页面

考试科目信息页面和报考专业页面模块基本一致，读者可以结合图 7.6，参考报考专业信息模块进行编码实现。

第 8 章　Servlet 监听器在网站中的应用

本章介绍网站应用的 Servlet 事件监听器，使用 Servlet 监听器完成站点共享数据的初始化以及当前在线人数统计等功能。

8.1　Servlet 监听器

Servlet 监听器也称为 Listener，通过它可以监听 Web 应用的上下文信息、Servlet 请求信息、Servlet 会话信息，并自动根据不同情况，在后台调用相应的处理程序。

Servlet API 提供了基本的应用程序事件监听器接口。编程者可以通过实现这些接口来使用管理事件的功能。Servlet 2.4 以后提供了对 ServletContext、HttpSession 和 ServletRequest 三类对象的事件监听。监听 ServletContext 可以使 Web 程序得知整个应用程序载入和卸载等运行情况。监听 HttpSession 可以使 Web 程序了解应用程序会话期间的状况并做出响应。监听 ServletRequest 可以使 Web 程序控制 Web 请求的生命周期。

1. ServletContext 事件及监听器

Servlet 上下文监听器用于管理资源或者把应用的状态保持在一个 JVM 级别，其事件类型和监听器接口如表 8.1 所示。

表 8.1　Servlet 上下文事件及监听器

事件类型	监听器接口及事件类	描　　述
生命周期事件	javax. servlet. ServletContextListener javax. servlet. ServletContextEvent	Servlet 上下文刚刚创建并可用于服务它的第一个请求或者 Servlet 上下文即将关闭时触发
属性改变事件	javax. servlet. ServletContextAttributeListener javax. servlet. ServletContextAttributeEvent	在 Servlet 上下文的属性添加、删除、替换(即调用 ServletContext 对象的 setAttribute()和 removeAttribute()方法)时触发

2. HttpSession 事件及监听器

HTTP 会话监听器用于管理从相同客户端或用户进入 Web 应用的一系列与请求关联的状态或资源。其事件类型和监听器接口如表 8.2 所示。

3. ServletRequest 事件及监听器

ServletRequest 监听器用于监听客户端请求的创建、撤销以及属性的变化。其事件类型和监听器接口如表 8.3 所示。

表 8.2 HttpSession 事件及监听器

事件类型	监听器接口及事件类	描　　述
生命周期事件	javax. servlet. http. HttpSessionListener javax. servlet. http. HttpSessionEvent	当会话创建、无效或超时触发
属性改变事件	javax. servlet. http. HttpSessionAttributeListener javax. servlet. http. HttpSessionBindingEvent	在 HttpSession 上添加、移除、替换属性时触发，即调用 HttpSession 的 setAttribute()、removeAttribute()方法时触发
会话迁移事件	javax. servlet. http. HttpSessionActivationListener javax. servlet. http. HttpSessionEvent	会话被激活或者挂起时触发
对象绑定事件	javax. servlet. http. HttpSessionAttributeListener javax. servlet. http. HttpSessionBindingEvent	将一个对象绑定到 HttpSession 对象上或从 HttpSession 对象上移除一个对象时触发

表 8.3 Servlet 上下文事件及监听器

事件类型	监听器接口及事件类	描　　述
生命周期事件	javax. servlet. ServletRequestListener javax. servlet. ServletRequestEvent	客户端请求创建和撤销时触发
属性改变事件	javax. servlet. ServletRequestAttributeListener javax. servlet. ServletRequestAttributeEvent	客户端请求中对象的增加、修改、删除时，即调用 Request 对象的 setAttribute()、removeAttribute()方法时触发

8.2 应用数据的全局监听

招考报名系统中的某一些基础数据是为所有用户所共享的，例如学校基本信息、招考专业信息、考试科目信息、阶段定义信息以及当前所处阶段信息。这些数据都存储在对应的数据库表中，系统运行过程中对它们的访问频度非常高，如果每次都从数据库中直接读取则会影响系统性能。此外，基础信息的数据量很少且在系统运行过程中的修改频度非常小。鉴于以上特点，可以在应用程序载入时将这些共享的基础信息存放在 Application 作用域中，方便用户的共享和使用，当应用程序卸载时将其从 Application 作用域中删除，当基础信息被修改时，修改数据库表的同时更新 Application 作用域中的信息，从而保证数据的一致性(参考第 7 章相关基础信息设置的实现代码)。

下面使用 Servlet 上下文监听器实现应用数据的全局监听，步骤如下。

1. 创建 Servlet 上下文监听器

在 com. tjzhic. listener 包中创建一个监听器类 MyServletContextListener. java，并实现 ServletContextListener 接口，重写其中的 contextInitialized()方法实现当应用程序装载时从数据库表中读取基础数据到共享的 Application 作用域中，重写 contextDestroyed()方法实现当应用程序卸载时的数据删除工作，实现代码如下所示。

```
public class MyServletContextListener implements ServletContextListener{
  public void contextInitialized(ServletContextEvent sce) {
    SchoolDao schoolDao = new SchoolDaoImpl();
    MajorDao majorDao = new MajorDaoImpl();
    CourseDao courseDao = new CourseDaoImpl();
    StageDao stageDao = new StageDaoImpl();
    CurrstageDao currstageDao = new CurrstageDaoImpl();
    School school = schoolDao.getSchool();
    ArrayList<Major> majors = majorDao.findAll();
    ArrayList<Course> courses = courseDao.findAll();
    ArrayList<Stage> stages = stageDao.findAll();
    Currstage currstage = currstageDao.findCurrent();
    sce.getServletContext().setAttribute("school", school);
    sce.getServletContext().setAttribute("majors", majors);
    sce.getServletContext().setAttribute("courses", courses);
    sce.getServletContext().setAttribute("stages", stages);
    sce.getServletContext().setAttribute("currstage", currstage);
  }
  public void contextDestroyed(ServletContextEvent sce) {
    sce.getServletContext().removeAttribute("school");
    sce.getServletContext().removeAttribute("majors");
    sce.getServletContext().removeAttribute("courses");
    sce.getServletContext().removeAttribute("stages");
    sce.getServletContext().removeAttribute("currstage");
  }
}
```

2. 监听器部署

创建完一个监听器类后，必须在部署文件(WEB-INF/web.xml)中使用 listener 元素进行声明注册才能起作用，代码如下。

```
<listener>
    <listener-class>com.tjzhic.listener.MyServletContextListener</listener-class>
</listener>
```

Web 容器为每一个监听器类创建一个实例，并在应用处理第一个请求之前为事件通知注册它。Web 容器根据它们实现的接口和出现在部署描述中的顺序注册监听器实例。在 Web 应用执行期间，监听器按照它们注册的顺序进行调用。

3. 应用

监听器部署完毕后重新启动 Tomcat 服务器，当应用程序装载时，监听器将从数据库表中读取基础数据到全局共享的 Application 作用域中。

8.3 在线人数统计

网站在线人数统计的作用不言而喻，就是为了网站管理者可以知道当前用户的数目，然后根据用户数量来观察服务器或者程序的性能，从而可以直观地了解到网站的吸引力或者网站程序的效率。本节介绍一个用于粗略统计在线用户数量的方法，该方法使用

HttpSession 监听器的生命周期事件对会话的创建和销毁进行监听处理，当有新的会话创建时，在线人数加 1，当会话超时失效被销毁时在线人数减 1，从而实现在线用户数的粗略统计，实现步骤如下。

1. 创建 HttpSession 监听器

在项目 com. tjzhic. listener 包中创建一个新的监听器类 CountListener. java，并实现 HttpSessionListener 接口，重写接口中的 sessionCreated()方法和 sessionDestroyed()方法实现在线人数的统计功能，将当前的在线人数保存至 ServletContext 上下文中，具体实现代码如下所示。

```
public class CountListener implements HttpSessionListener {
  public void sessionCreated(HttpSessionEvent se) {
    ServletContext context = se.getSession().getServletContext();
    if(context.getAttribute("count") == null){
      Integer count = new Integer(1);
      context.setAttribute("count", count);
    }else{
      Integer count = (Integer)context.getAttribute("count");
      context.setAttribute("count", count + 1);
    }
  }
  public void sessionDestroyed(HttpSessionEvent se) {
    ServletContext context = se.getSession().getServletContext();
    Integer count = (Integer)context.getAttribute("count");
    context.setAttribute("count", count - 1);
  }
}
```

2. 监听器部署

必须在部署文件(WEB-INF/web. xml)中使用 listener 元素声明注册该监听器，代码如下。

```
<listener>
    <listener-class>com.tjzhic.listener.CountListener</listener-class>
</listener>
```

3. 页面显示结果

所有管理员都可以查看当前系统状态信息，在页面 admin/state. jsp 中显示，包括系统当前所处的阶段和当前在线用户数。系统当前所处阶段和当前在线用户数信息都可以从 ServletContext 上下文中读取，页面右侧关键代码如下所示。

```
<div class = "operation">当前系统状态信息↓：</div>
<div class = "ft">
  <table>
    <tr>
      <td>1.系统当前处于
    <span style = "color: #DE5B25;">${applicationScope.currstage.stagename}</span>
阶段
```

```
            </td>
        </tr>
        <tr>
            <td>2.当前在线人数
                <span style="color:#DE5B25;">${applicationScope.count}</span>人
            </td>
        </tr>
    </table>
</div>
```

页面效果如图 8.1 所示。

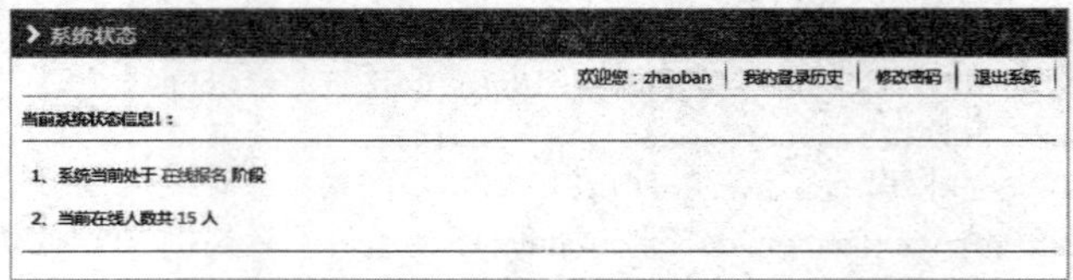

图 8.1　系统当前状态显示页面

第 9 章　在线报名与打印模块设计

本章介绍与用户报名以及打印相关的模块，包括注册学生在线填报基本信息，上传照片，报名表打印，准考证打印等相关功能。

9.1　在线填报基本信息模块

如图 9.1 所示，在学生注册之后，报考单位可以根据自身需要，要求考生提供基本信息以进行资格验证，选择报考不同专业等基本业务，提高了资格验证效率，同时为考生省去了现场信息填报的繁琐流程，方便了考生及时对误填信息进行修改。

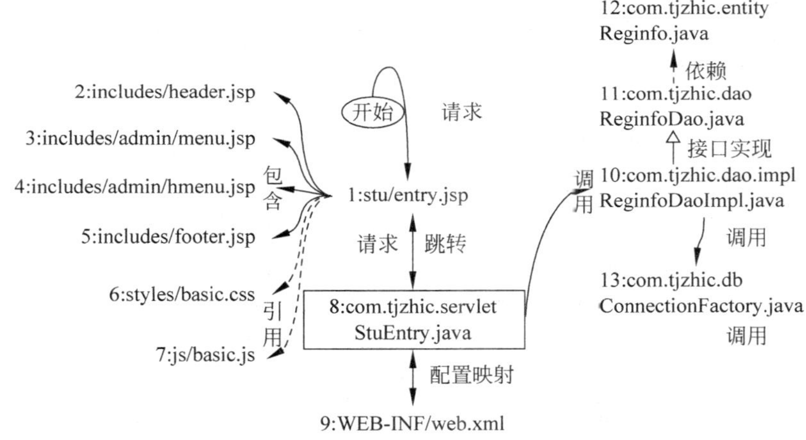

图 9.1　学生在线填报基本信息模块文件关联图

9.1.1　表单设计

1. 页面代码总体结构

```
<! DOCTYPE HTML PUBLIC " - //W3C//DTD HTML 4.01 Transitional//EN">
< html >
< head >
< meta http - equiv = "content - type" content = "text/html; charset = UTF - 8">
< c:set var = "title" value = "我的报名信息" />
< title > $ {title}</title >
< link rel = "stylesheet" type = "text/css"
href = " $ {pageContext.request.contextPath}/styles/basic.css" />
```

```
08 <script type = "text/javascript"
   src = " ${pageContext.request.contextPath}/js/basic.js"></script>
09 </head>
10 <body>
11     <%@ include file = "../includes/header.jsp" %>
12     <div id = "content">
13         <div id = "left">
14             <h1>报考步骤</h1>
15             <%@ include file = "../includes/stu/menu.jsp" %>
16         </div>
17         <div id = "right">
18             <h1>${title}</h1>
19                 <%@ include file = "../includes/stu/hmenu.jsp" %>
20                 <civ class = "operation">请您认真填写报考信息: ↓</div>
21                 <civ class = "ft">
22                     <form>
23                         ....
24                     </form>
25                 </div>
26           </div>
27         <div class = "clearf"></div>
28     </div>
29     <%@ include file = "../includes/footer.jsp" %>
30 </body>
31 </html>
```

代码说明如下。

(1) 第 01～09 行,网页 head 部分,定义页面内容类型、页面标题、页面引用的 CSS 文件以及 JavaScript 文件等。

(2) 第 11 行和第 29 行分别使用 include 指令将页面头部和页面底部包含进来。

(3) 第 12～16 行,页面左侧部分设计,与其他页面相同。

(4) 第 17～26 行,在线信息填报页面主要业务部分,表单设计下面详细介绍。

2. 在线报名表单设计

```
<form method = "post" action = " ${pageContext.request.contextPath}/stu/entry.do?action
 = entry">
<fieldset>
  <legend> 报考信息 </legend>
  <table>
    <tr>
      <td class = "label">报考专业: </td>
      <td>
          <select name = "mname" id = "mname">
          <c:forEach items = " ${applicationScope.majors}" var = "major">
            <c:choose>
              <c:when test = " ${major.mname == requestScope.reginfo.mname}">
                <option value = " ${major.mname}" selected = 'selected'> ${major.mname}
                </cption>
              </c:when>
              <c:otherwise>
                <option value = " ${major.mname}"> ${major.mname}</option>
```

```
17                </c:otherwise>
18              </c:choose>
19            </c:forEach>
20         </select>
21       </td>
22      </tr>
23    </table>
24  </fieldset>
25  <fieldset>
26      ...
27  </fieldset>
28  <table>
29    <tr>
30      <td colspan="2"><input type="submit" value="保存并下一步" class="button" /></td>
31    </tr>
32  </table>
33  </form>
```

代码说明如下。

（1）第 01 行，设定表单属性，此处使用 post 方法，并指明表单提交的目的 URL。

（2）第 02～24 行，为表单一个区域，主要完成报考专业的选择。

（3）第 08～20 行，通过下拉菜单，向考生显示出可报考的专业，所有可报考专业从数据库中直接获得，无需手动配置。

（4）第 25～27 行，其他需考生填报的信息，如考生年龄、性别、学习经历等，与第一部分相似，考虑到篇幅问题，不再赘述，供读者自行练习。

（5）第 29～31 行，设置“提交”按钮，用户填写信息完成单击按钮，将表单信息传递至指定 URL。

学生在线填报基本信息页面如图 9.2 所示。

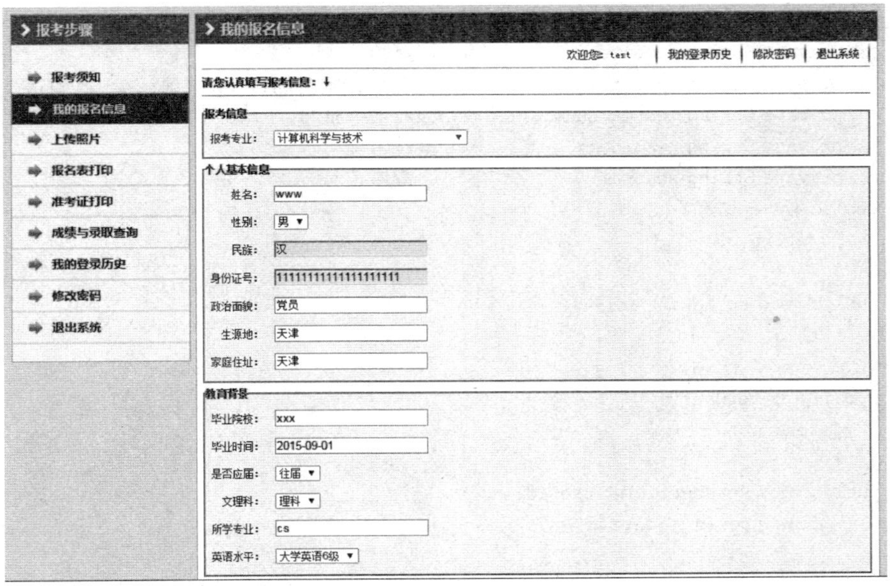

图 9.2　学生在线填报基本信息页面

9.1.2 表单处理

本节完成考生填报信息提交表单处理，主要包括考生信息实体设计，表单处理方法，其中根据考生填报状态不同，又将表单处理功能分为信息添加、信息修改、信息查询几个部分。

1. 学生信息实体设计

```
package com.tjzhic.entity;
public class Reginfo {
        private int id;                              //记录 ID
        private int userid;                          //用户 ID
        private String username;                     //用户名
        private String sname;                        //姓名
        private String idcode;                       //身份证号
        private String ssex;                         //性别
        private String nation;                       //民族
        private String political;                    //政治面貌
        private String birthday;                     //生日
        private String homeaddr;                     //家庭住址
        private String source;                       //生源地
        private String school;                       //毕业学校
        private String gradutetime;                  //毕业时间
        private String isnew;                        //应往届
        private String aos;                          //文理科
        private String major;                        //原专业
        private String cet;                          //英语水平
        private String mname;                        //报考专业
        private String piclocation;                  //照片位置
        private String mobile;                       //手机号
        private String telphone;                     //联系电话
        private String zipcode;                      //邮编
        private String conaddr;                      //联系地址
        private String receiver;                     //接收人
        private int isconfirm;                       //是否缴费确认 0: 未确认 1: 已确认
        private String testcartnum;                  //准考证号
        private String examroom;                     //考场号
        private String seatnum;                      //座位号
    public int getId() {
        return id;
    }
    public void setId(int id) {
        this.id = id;
    }
    public int getUserid() {
        return userid;
    }
    public void setUserid(int userid) {
        this.userid = userid;
    }
}
```

本节给出考生注册信息实体的简单描述，根据 MVC 设计模式，对用户信息实体进行抽象，得到用户实体信息类，该类中的属性应包含所有考生填报信息，如考生姓名、考生号等，方法主要由对属性进行获得与设置的方法构成；属性获取方法使用 get×××()为方法名，属性设置使用 set×××()作为方法名，其中×××代表某一属性，例如，getID()完成对考生 ID 的获取，setID()完成对考生 ID 的设置，以上给出完整属性定义，以及部分方法定义，其他方法读者自行练习实现。

2. 表单信息处理

该节对用户信息填报页面所提交表单进行处理，根据用户对表单信息填报状态不同，下面分为以下几个方面进行介绍。在考生第一次进行信息填写时，由于该考生信息在数据库中并未存在，所以对于该表单处理应进行数据添加，将该考生信息添加入数据库中进行保存；当考生填写信息完成并提交后，考生信息已存入数据库，此时考生信息已存在，当考生再一次登录至当前页面时，应该显示其所填报的相关信息，此时需要进行信息查找工作；如考生发现已填报信息中存在错误，可直接在当前页面进行修改，并将修改结果进行提交，此时对表单信息的处理为修改操作。根据所采取的操作不同，以下分别对其进行介绍。

```
package com.tjzhic.dao;

import com.tjzhic.entity.Reginfo;

public interface ReginfoDao {
    public int add(Reginfo reginfo);
    public int update(Reginfo reginfo);
    public Reginfo findByUser(String username);
}
```

设计接口 ReginfoDao，该接口中包含抽象方法 add()、updata()、findByUser()，对应以上功能中的考生信息添加，考生信息修改，以及考生信息查询。根据接口 ReginfoDao 新建类型 ReginfoDaoImpl，该类实现接口 ReginfoDao，并实现其中的全部抽象方法，用来完成表单处理中的添加信息，修改信息以及查询信息功能。

1）考生信息添加操作

```
public int add(Reginfo reginfo) {
    int rows = 0;
    Connection con = ConnectionFactory.getConnection();
    PreparedStatement pre = null;
    try {
        String sql = "insert into reginfo ( sname,idcode,ssex,nation,political,homeaddr,
                    source,school,gradutetime,isnew,aos,major,cet,mname,mobile,
                    telphone,zipcode,conaddr,receiver isconfirm,username)
                    values(?,?,?,?,?,?,?,?,?,?,?,?,? ?,?,?,?,?,?,?,?)";
        pre = con.prepareStatement(sql);
        pre.setString(21, reginfo.getUsername());
        pre.setString(1, reginfo.getSname());
        pre.setString(2, reginfo.getIdcode());
        pre.setString(3, reginfo.getSsex());
```

```
15         pre.setString(4, reginfo.getNation());
16         pre.setString(5,reginfo.getPolitical());
17         pre.setString(6,reginfo.getHomeaddr());
18         pre.setString(7,reginfo.getSource());
19         pre.setString(8,reginfo.getSchool());
20         pre.setString(9,reginfo.getGradutetime());
21         pre.setString(10,reginfo.getIsnew());
22         pre.setString(11,reginfo.getAos());
23         pre.setString(12,reginfo.getMajor());
24         pre.setString(13,reginfo.getCet());
25         pre.setString(14,reginfo.getMname());
26         pre.setString(15,reginfo.getMobile());
27         pre.setString(16,reginfo.getTelphone());
28         pre.setString(17,reginfo.getZipcode());
29         pre.setString(18,reginfo.getConaddr());
30         pre.setString(19,reginfo.getReceiver());
31         pre.setInt(20, 0);
32         rows = pre.executeUpdate();
33     } catch (SQLException e) {
34         e.printStackTrace();
35     } finally {
36         try{
37             if (pre!= null)
38                 pre.close();
39             if (con != null)
40                 con.close();
41         }catch (SQLException e) {
42             e.printStackTrace();
43         }
44     }
45     return rows;
46 }
```

代码说明如下。

(1) 第 02～04 行，局部变量声明，初始化阶段。

(2) 第 06～10 行，构造用于添加信息的 sql 语句，并获得 PreparedStatement 类型对象 pre。

(3) 第 11～31 行，根据形参 Reginfo 将要添加的考生信息填写入 pre 对象之中，构造完整的添加语句。

(4) 第 32 行，执行 sql 语句进行信息添加。

(5) 第 33～44 行，进行异常处理，在数据库操作时有可能发生异常，所以必须进行异常处理，特别需要注意无论是否发生异常都需要对数据库连接对象进行关闭操作。

2) 考生信息查询操作

```
public Reginfo findByUser(String username) {
    Connection con = ConnectionFactory.getConnection();
    PreparedStatement pre = null;
```

```
04      Reginfo reg = new Reginfo();
05      try {
06          String sql = "select username, sname, idcode, ssex, aos, cet, conaddr, gradutetime,
07                  homeaddr, isnew, major, mname, mobile, nation, political, receiver, school,
08                  source, telphone, zipcode from reginfo where username = ?";
09          pre = con.prepareStatement(sql);
10          pre.setString(1, username);
11          ResultSet rs = pre.executeQuery();
12          if(rs.next()){
13              reg.setUsername(rs.getString(1));
14              reg.setSname(rs.getString(2));
15              reg.setIdcode(rs.getString(3));
16              reg.setSsex(rs.getString(4));
17              reg.setAos(rs.getString(5));
18              reg.setCet(rs.getString(6));
19              reg.setConaddr(rs.getString(7));
20              reg.setGradutetime(rs.getString(8));
21              reg.setHomeaddr(rs.getString(9));
22              reg.setIsnew(rs.getString(10));
23              reg.setMajor(rs.getString(11));
24              reg.setMname(rs.getString(12));
25              reg.setMobile(rs.getString(13));
26              reg.setNation(rs.getString(14));
27              reg.setPolitical(rs.getString(15));
28              reg.setReceiver(rs.getString(16));
29              reg.setSchool(rs.getString(17));
30              reg.setSource(rs.getString(18));
31              reg.setTelphone(rs.getString(19));
32              reg.setZipcode(rs.getString(20));
33          }
34          return reg;
35      } catch (SQLException e) {
36          e.printStackTrace();
37          return null;
38      }
39  }
```

代码说明如下。

(1) 第 02～04 行，局部变量声明，初始化阶段。

(2) 第 06～09 行，构造用于查询信息的 sql 语句，并获得 PreparedStatement 类型对象 pre。

(3) 第 10、11 行，设置待查询考生信息，并执行查找操作。

(4) 第 12～34 行，根据查找结果，将查找到的学生信息添加入创建好的 Reginfo 对象之中，并返回该对象。

(5) 第 35～38 行，进行异常处理。

3）考生信息修改操作

```
public int update(Reginfo reginfo) {
    int rows = 0;
    Connection con = ConnectionFactory.getConnection();
    PreparedStatement pre = null;
    try {
        String sql = "update reginfo set sname=?,idcode=?,ssex=?,nation=?,political=?,
                  homeaddr=?,source=?,school=?,gradutetime=?,isnew=?,aos=?,
                  major=?,cet=?,mname=?,mobile=?,telphone=?,zipcode=?,
                  conaddr=?,receiver=?,isconfirm=? where username=?";
        pre = con.prepareStatement(sql);
        pre.setString(21, reginfo.getUsername());
        pre.setString(1, reginfo.getSname());
        pre.setString(2, reginfo.getIdcode());
        pre.setString(3, reginfo.getSsex());
        pre.setString(4, reginfo.getNation());
        pre.setString(5,reginfo.getPolitical());
        pre.setString(6,reginfo.getHomeaddr());
        pre.setString(7,reginfo.getSource());
        pre.setString(8,reginfo.getSchool());
        pre.setString(9,reginfo.getGradutetime());
        pre.setString(10,reginfo.getIsnew());
        pre.setString(11,reginfo.getAos());
        pre.setString(12,reginfo.getMajor());
        pre.setString(13,reginfo.getCet());
        pre.setString(14,reginfo.getMname());
        pre.setString(15,reginfo.getMobile());
        pre.setString(16,reginfo.getTelphone());
        pre.setString(17,reginfo.getZipcode());
        pre.setString(18,reginfo.getConaddr());
        pre.setString(19,reginfo.getReceiver());
        pre.setInt(20, 0);
        rows = pre.executeUpdate();
    } catch (SQLException e) {
        e.printStackTrace();
    } finally {
        try{
            if (pre!= null)
                pre.close();
            if (con != null)
                con.close();
        }catch (SQLException e) {
            e.printStackTrace();
        }
    }
    return rows;
}
```

代码说明如下。

(1) 第 02～04 行,局部变量声明,初始化阶段。

(2) 第 06～10 行,构造用于修改信息的 sql 语句,并获得 PreparedStatement 类型对象 pre。

(3) 第 11～31 行,根据形参 Reginfo 将要修改的考生信息填写入 pre 对象之中,构造完整的修改语句。

(4) 第 32 行,执行 sql 语句进行信息修改。

(5) 第 33～44 行,进行异常处理。

9.2 上传照片模块

当前报考信息几乎全部包括电子照片以方便准考证打印以及后续考试时候的资格认证等工作,故应当在考生填写个人信息时,将电子照片作为其中的一个重要部分进行设计,以满足需求。本系统中,使用 JspSmartUpload 组件来进行照片上传模块的实现,所以在本节首先对 JspSmartUpload 组件进行简单介绍,接下来使用该组件完成照片上传功能。

9.2.1 JspSmartUpload 组件简介

1. JspSmartUpload 组件功能介绍

JspSmartUpload 是一个可免费使用的全功能的文件上传下载组件,适于嵌入执行上传下载操作的 JSP 文件中。该组件具有以下几个特点。

(1) 使用简单。在 JSP 文件中仅书写三五行 Java 代码就可以完成文件的上传或下载,十分方便。

(2) 能全程控制上传。利用 JspSmartUpload 组件提供的对象及其操作方法,可以获得全部上传文件的信息(包括文件名、大小、类型、扩展名、文件数据等),方便存取。

(3) 能对上传的文件在大小、类型等方面做出限制。如此可以过滤掉不符合要求的文件。

(4) 下载灵活。仅写两行代码,就能把 Web 服务器变成文件服务器。不管文件在 Web 服务器的目录下或在其他任何目录下,都可以利用 JspSmartUpload 进行下载。

2. JspSmartUpload 组件主要类型介绍

1) File 类

这个类包装了一个上传文件的所有信息。通过它,可以得到上传文件的文件名、文件大小、扩展名、文件数据等信息。

File 类主要提供以下方法。

saveAs 作用:将文件换名另存。

getFilePathName 作用:取文件全名(带目录)。

getFileExt 作用:取文件扩展名(后缀)。

getSize 作用:取文件长度(以字节计)。

getBinaryData 作用:取文件数据中指定位移处的一个字节,用于检测文件等处理。

2）Files 类

这个类表示所有上传文件的集合，通过它可以得到上传文件的数目、大小等信息。该类具有以下方法。

getCount 作用：取得上传文件的数目。

getFile 作用：取得指定位移处的文件对象 File。

getSize 作用：取得上传文件的总长度，可用于限制一次性上传的数据量大小。

getCollection 作用：将所有上传文件对象以 Collection 的形式返回，以便其他应用程序引用，浏览上传文件信息。

3）Request 类

这个类的功能等同于 JSP 内置的对象 request。之所以提供这个类，是因为对于文件上传表单，通过 request 对象无法获得表单项的值，必须通过 JspSmartUpload 组件提供的 Request 对象来获取。该类提供如下方法。

getParameter 作用：获取指定参数的值。当参数不存在时，返回值为 null。

getParameterValues 作用：当一个参数可以有多个值时，用此方法来取其值。它返回的是一个字符串数组。当参数不存在时，返回值为 null。

getParameterNames 作用：取得 Request 对象中所有参数的名字，用于遍历所有参数。它返回的是一个枚举型的对象。

4）SmartUpload 类

这个类完成上传下载工作。该类提供的方法如下。

(1) 上传与下载共用的方法：initialize。

作用：执行上传下载的初始化工作，必须第一个执行。

(2) 上传文件使用的方法。

upload：作用是上传文件数据。对于上传操作，第一步执行 initialize 方法，第二步就要执行这个方法。

save：作用是将全部上传文件保存到指定目录下，并返回保存的文件个数。

getSize：作用是取上传文件数据的总长度。

getFiles：作用是取全部上传文件，以 Files 对象形式返回，可以利用 Files 类的操作方法来获得上传文件的数目等信息。

getRequest：作用是取得 Request 对象，以便由此对象获得上传表单参数的值。

setAllowedFilesList：作用是设定允许上传带有指定扩展名的文件，当上传过程中有文件名不允许时，组件将抛出异常。

setDeniedFilesList：作用是用于限制上传那些带有指定扩展名的文件。若有文件扩展名被限制，则上传时组件将抛出异常。

setMaxFileSize：作用是设定每个文件允许上传的最大长度。

setTotalMaxFileSize：作用是设定允许上传的文件的总长度，用于限制一次性上传的数据量大小。

注：由于本系统中仅使用该组件的上传功能，故此处对于完成下载功能的方法没有一一列举，有兴趣的读者可根据自己的实际需要进行学习。

9.2.2 实现照片上传功能

```
01 public class StuPhoto extends HttpServlet {
02   public StuPhoto() {
03     super();
04   }
05 public void destroy() {
06   super.destroy();
07   }
08  public void doGet(HttpServletRequest request, HttpServletResponse response)
09     throws ServletException, IOException {
10   this.doPost(request, response);
11   }
12 public void doPost(HttpServletRequest request, HttpServletResponse response)
13     throws ServletException, IOException {
14   HttpSession session = request.getSession();
15   String username = session.getAttribute("username").toString();
16   SmartUpload upload = new SmartUpload();
17   upload.initialize(this.getServletConfig(),request,response);
18   upload.setAllowedFilesList("jpg,JPG");
19   try {
20       upload.upload();
21       String filename = "/upload/" + username + ".jpg";
22       Files files = upload.getFiles();
23       files.getFile(0).saveAs(filename, SmartUpload.SAVE_VIRTUAL);
24     } catch (SmartUploadException e1) {
25         e1.printStackTrace();
26     }
27   ReginfoDao regDao = new ReginfoDaoImpl();
28   regDao.update(username + ".jpg", username);
29   request.getRequestDispatcher("/stu/photo.jsp").forward(request, response);  }
30 public void init() throws ServletException {
31 }
32}
```

代码说明如下。

(1) 第14、15行,使用request对象获得当前session,并使用session对象得到当前考生的用户名(username)。

(2) 第16～18行,创建SmartUpload对象,并调用方法initialize对上传进行初始化,并将可接受的上传文件类型限定为jpg或者JPG。

(3) 第19～26行,调用方法upload()完成数据上传,并使用考生注册名作为当前上传照片的文件名,将照片进行存储。

(4) 第27、28行,将上传并保存的图片路径写入到数据库中,此处需使用ReginfoDaoImpl中的一个重载的update方法,根据当前考生名将保存的照片路径写入,由读者自行完成。

9.3 报名表以及准考证打印设计

9.3.1 报名表打印设计

当考生正确填写报名信息后，根据所填写信息自动产生报名表，并提供考生下载打印，为后续现场确认信息提供依据，如图 9.3 所示。

2016年XXXXXXXXXX大学XXXXXXXXXXXXX考试	
==报考信息==	
考生号：	
报考专业：	
==个人信息==	
姓名：	
性别：	
民族：	
政治面貌：	
身份证号：	
生源地：	
家庭住址：	
毕业院校：	
是否应届：	
毕业时间：	
文理科：	
所学专业：	
英语水平：	
==联系人信息==	
收件人姓名：	
收信地址：	
邮政编码：	
手机号码：	
备用电话：	
==本人承诺==	
本报名表所有信息准确无误，照片真实有效，若有虚假，所产生的后果由本人承担。 报名人（签名）： 年　月　日	

图 9.3 考生报名表设计图

```
<!DOCTYPE HTML PUBLIC "-//W3C//DTD HTML 4.01 Transitional//EN">
<html>
    <head>
        <meta http-equiv="Content-Type" content="text/html; charset=utf-8" />
        <link rel="stylesheet" type="text/css" href="../styles/printtable.css" />
        <title>报名系统-打印报名表</title>
    </head>
    <body>
        <div id="control">
            <a href=""><input type="button" id="print" value="打印报名表"/></a>
            <a href="table.jsp"><input type="button" id="close" value="关闭"/></a>
        </div>
        <div id="infocard">
```

```
14            <div id="header">2016 年 XXXXXX 大学 XXXXXXXXXXXXX 考试</div>
15            <div id="photoline">
16                <div id="ulline">
17                    <ul>
18                        <li class="label">== 报考信息 ==</li>
19                        <li><b>考生号: ${requestScope.reginfo.ID}</b></li>
20                        <li><b>报考专业: ${requestScope.reginfo.mname}</b></li>
21                        <li class="label">== 个人信息 ==</li>
22                        <li><b>姓名: ${requestScope.reginfo.sname}</b></li>
23                    </ul>
24                </div>
25                <div id="photo"><img width="115px" height="135px" src="" /></div>
26            </div>
27            <div id="center">
28                <ul>
29                    <li><b>性别: ${requestScope.reginfo.ssex}</b></li>
30                    <li><b>民族: ${requestScope.reginfo.nation}</b></li>
31                    <li><b>政治面貌: ${requestScope.reginfo.political}</b></li>
32                    <li><b>身份证号: ${requestScope.reginfo.idcode}</b></li>
33                    <li><b>生源地: ${requestScope.reginfo.source}</b></li>
34                    <li><b>家庭住址: ${requestScope.reginfo.homeaddr}</b></li>
35                    <li><b>毕业院校: ${requestScope.reginfo.school}</b></li>
36                    <li><b>是否应届: ${requestScope.reginfo.isnew}</b></li>
37                    <li><b>毕业时间: ${requestScope.reginfo.gradutetime}</b></li>
38                    <li><b>文理科: ${requestScope.reginfo.aos}</b></li>
39                    <li><b>所学专业: ${requestScope.reginfo.major}</b></li>
40                    <li><b>英语水平: ${requestScope.reginfo.cet}</b></li>
41                    <li class="label">== 联系人信息 ==</li>
42                    <li><b>收件人姓名: ${requestScope.reginfo.receiver}</b></li>
43                    <li><b>收信地址: ${requestScope.reginfo.conaddr}</b></li>
44                    <li><b>邮政编码: ${requestScope.reginfo.zipcode}</b></li>
45                    <li><b>手机号码: ${requestScope.reginfo.mobile}</b></li>
46                    <li><b>备用电话: ${requestScope.reginfo.telephone}</b></li>
47                    <li class="label">== 本人承诺 ==</li>
48                </ul>
49            </div>
50            <div id="footer">
51                <p>本报名表所有信息准确无误,照片真实有效,若有虚假,所产生的后果由本人承担。</p>
52                <p class="rp">报名人(签名):
53                <p class="rp">年月日</p>
54            </div>
55        </div>
56    </body>
57 </html>
```

代码说明如下。

(1) 第 9～12 行,显示“打印报名表”以及“关闭”按钮。

(2) 第 13、14 行,显示打印报名表表头。

(3) 第 15～55 行，显示打印报名信息表基本内容，包括报考信息、考生信息、联系人信息部分，信息由数据库中导出。

9.3.2 准考证打印设计

准考证打印设计如图 9.4 所示。

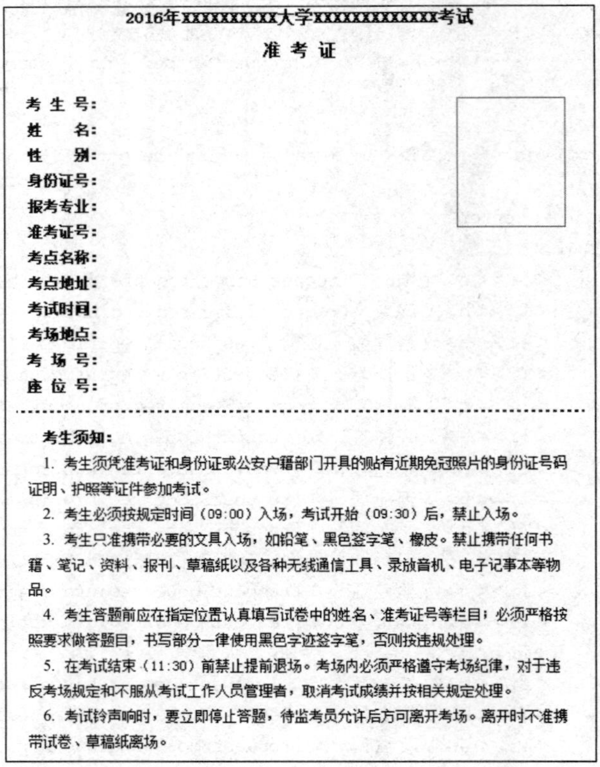

2016年XXXXXXXXXX大学XXXXXXXXXXXXX考试

准 考 证

考 生 号：
姓　　名：
性　　别：
身份证号：
报考专业：
准考证号：
考点名称：
考点地址：
考试时间：
考场地点：
考 场 号：
座 位 号：

考生须知：

1. 考生须凭准考证和身份证或公安户籍部门开具的贴有近期免冠照片的身份证号码证明、护照等证件参加考试。

2. 考生必须按规定时间（09:00）入场，考试开始（09:30）后，禁止入场。

3. 考生只准携带必要的文具入场，如铅笔、黑色签字笔、橡皮。禁止携带任何书籍、笔记、资料、报刊、草稿纸以及各种无线通信工具、录放音机、电子记事本等物品。

4. 考生答题前应在指定位置认真填写试卷中的姓名、准考证号等栏目；必须严格按照要求做答题目，书写部分一律使用黑色字迹签字笔，否则按违规处理。

5. 在考试结束（11:30）前禁止提前退场。考场内必须严格遵守考场纪律，对于违反考场规定和不服从考试工作人员管理者，取消考试成绩并按相关规定处理。

6. 考试铃声响时，要立即停止答题，待监考员允许后方可离开考场。离开时不准携带试卷、草稿纸离场。

图 9.4　准考证打印设计图

考生在填写信息、确认缴费、分配考场之后，系统自动为考生生成准考证，并提供准考证下载打印功能。

```
<!DOCTYPE HTML PUBLIC "-//W3C//DTD HTML 4.01 Transitional//EN">
<html>
    <head>
        <meta http-equiv="Content-Type" content="text/html; charset=utf-8" />
        <link rel="stylesheet" type="text/css" href="../styles/printview.css" />
    <title>报名系统 - 打印准考证</title>
    </head>
    <body>
        <div id="control">
            <input type="button" id="print" value="打印准考证" />
            <a href="print.jsp"><input type="button" id="close" value="关闭本页面" />
            </a>
    </div>
```

```
14          <div id="testcard">
15              <h2>
16                  2016 年 XXXXXXXXXX 大学 XXXXXXXXXXXXX 考试
17              </h2>
18              <h3>
19                  准 考 证
20              </h3>
21              <div id="left">
22                  <p><span class="label">考 生 号: </span></p>
23                  <p>
24                      <p><span class="label">姓    名: </span></p>
25                      <p><span class="label">性    别: </span></p>
26                      <p><span class="label">身份证号: </span></p>
27                      <p><span class="label">报考专业: </span></p>
28                      <p><span class="label">准考证号: </span></p>
29                      <p><span class="label">考点名称: </span>
30                  </p>
31                  <p><span class="label">考点地址: </span></p>
32                  <p><span class="label">考试时间: </span></p>
33                  <p><span class="label">考场地点: </span></p>
34                  <p><span class="label">考 场 号: </span></p>
35                  <p><span class="label">座 位 号: </span></p>
36          </div>
37          <div id="right">
38                  <img width="91px" height="112px" src="" />
39          </div>
40          <hr />
41          <div id="bottom">
42                  <p><b>考生须知: </b></p>
43                  <p>  1.考生须凭准考证和身份证或公安户籍部门开具的贴有近期免冠照片的身份证号码证明、护照等证件参加考试。</p>
44                  <p>  2.考生必须按规定时间(09:00)入场,考试开始(09:30)后,禁止入场。</p>
45                  <p>3.考生只准携带必要的文具入场,如铅笔、黑色签字笔、橡皮。禁止携带任何书籍、笔记、资料、报刊、草稿纸以及各种无线通信工具、录放音机、电子记事本等物品。</p>
46                  <p>  4.考生答题前应在指定位置认真填写试卷中的姓名、准考证号等栏目;必须严格按照要求做答题目,书写部分一律使用黑色字迹签字笔,否则按违规处理。</p>
47                  <p>  5.在考试结束(11:30)前禁止提前退场。考场内必须严格遵守考场纪律,对于违反考场规定和不服从考试工作人员管理者,取消考试成绩并按相关规定处理。</p>
48                  <p>  6.考试铃声响时,要立即停止答题,待监考员允许后方可离开考场。离开时不准携带试卷、草稿纸离场。</p>
49          </div>
50      </div>
51    </body>
52  </html>
```

代码说明如下。

(1) 第 9～12 行,显示"打印准考证"以及"关闭本页面"按钮。

(2) 第 15～20 行,显示打印准考证表头。

(3) 第 21～50 行,显示打印准考证基本内容,包括考生信息、考场安排、考生须知。

第10章 报考信息管理与现场确认模块

在学生进行注册并填写有关报考信息后，作为招生办工作人员，应该能够查询当前报考情况的统计信息，以及按照不同专业、是否确认信息等不同的条件对报名情况进行查询。根据统计以及查询信息的情况，为后续工作做好准备。另外，考生到现场确认也是报考过程中必不可少的一个环节，通过考生的现场确认，学校可以对考生的报考资质进行评判，同时作为后期安排考试工作的重要因素。

因此在本章中，根据这一需求，将为招生办的工作人员添加相关统计查询以及现场确认信息操作。本章介绍与管理功能相关的模块，包括考生报考信息统计，按不同条件查询学生报考信息，学生现场确认等相关功能。

10.1 报考信息统计及信息查询模块

根据报考信息统计及查询的处理流程，编程实现时涉及的各类文件及其关联关系如图10.1所示，其中的文件均按照在流程中出现或应用的顺序进行了编号。在用户登录账号后，按照左侧导航栏提示，可以单击报考信息管理，进行报考信息的统计及查询。

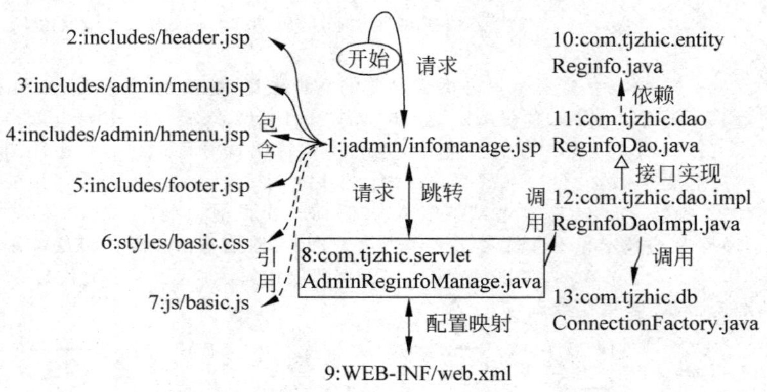

图10.1 报考信息统计及查询模块文件关联图

当用户单击报考信息管理导航后，浏览器向服务器发出相应请求，请求 infomanage.jsp 页面，服务器在得到请求之后，对该请求给予响应，将会话中已得到的专业统计信息进行显示，使用户得到一个拥有统计信息的页面。同时，页面提供进行具体信息查询的相关控件，选择查询条件，单击“查询”按钮，页面向服务器再次发出请求；页面在获得浏览器提交的请求之后，转到 AdminReginfoManage.java 程序中进行处理，最终将处理的结果返回至用户浏览器。整个过程中会涉及的实体有 Reginfo.java,涉及对实体信息进行操作的方法定义在 ReginfoDao 接口中,并由 ReginfoDaoImpl 进行实现。

10.1.1 学生报考信息统计及查询页面

```
<%@ include file="../includes/header.jsp" %>
<div id="content">
    <div id="left">
        <h1>管理员菜单</h1>
        <%@ include file="../includes/admin/menu.jsp' %>
    </div>
    <div id="right">
        <h1>${title}</h1>
        <%@ include file="../includes/admin/hmenu.jsp" %>
        <div class="operation">各专业报考信息列表↓:</div>
        <table class="dt" border="0" cellspacing="1">
            <tr>
                <th>专业名称</th>
                <th>计划招生人数</th>
                <th>实际报考人数</th>
                <th>录取人数</th>
            </tr>
            <c:forEach items="${majors}" var="major" varStatus="rows">
                <tr>
                    <td>${major.mname}</td>
                    <td>${major.plannum}</td>
                    <td>${major.applynum}</td>
                    <td>${major.admitnum}</td>
                </tr>
            </c:forEach>
        </table>
        <br>
        <form action="${pageContext.request.contextPath}/admin/reginfomanage.do"
                    method="post">
            <table>
                <tr>
                    <td class="label">报考专业:</td>
                    <td>
                    <select name="mname" id="mname">
                        <option value="all" selected='selected'>全部</option>
                        <c:forEachitems="${applicationScope.majors}"
                                    var="major">
                    <option value="${major.mname}">${major.mname}</option>
                    </c:forEach>
                </select>
                </td>
                <td></td>
                <td class="label">是否确认:</td>
                <td>
```

```
43                      <select name="isconfirm" id="isconfirm">
44                          <option value="all" selected='selected'>全部</option>
45                          <option value="true">已确认</option>
46                          <option value="false">未确认</option>
47                      </select>
48                  </td>
49                  <td><input class="button" type="submit" name="submit"
                        value="查询" id="submit" />
50              </tr>
51          </table>
52      </form>
53      <table class="dt" border="0" cellspacing="1">
54          <tr>
55              <th>身份证号</th>
56              <th>考生姓名</th>
57              <th>考生性别</th>
58              <th>报考专业</th>
59              <th>是否确认</th>
60          </tr>
61          <c:forEach items="${pm.data}" var="reginfo" varStatus="rows">
62              <tr>
63                  <td>${reginfo.idcode}</td>
64                  <td>${reginfo.sname}</td>
65                  <td>${reginfo.ssex}</td>
66                  <td>${reginfo.mname}</td>
67                  <td>${reginfo.isconfirm}</td>
68              </tr>
69          </c:forEach>
70      </table>
71      <div class="pagenav">${pm.pageNav}</div>
72   <div class="clearf"></div>
73 </div>
74 <%@ include file="../includes/footer.jsp" %>
```

该页面用于实现学生报考信息统计以及学生报考信息查询功能，下面对其进行进一步解释。

(1) 第 01 行，在页面中使用 include 加入已经设计好的页面头部信息。

(2) 第 02～73 行，对页面中的内容进行划分，最顶层 div 中包含 left 和 right 两大部分。

(3) 第 03～06 行，实现页面中的 left 部分，该部分主要使用 include 将已经写好的 menu 文件引入，完成左侧菜单导航的实现。

(4) 第 07～10 行，用于实现页面 right 部分的划分，以及该部分 title 的描述并引入另一导航栏 hmenu。

(5) 第 11～17 行，使用表格显示当前报考基本信息统计的基本内容，包括专业信息，计划招生人数，实际报考人数以及最终录取人数信息。

(6) 第 18～25 行，使用<c:forEach>标签循环读取全部报考专业的相关信息，报考专业信息已经通过监听器进行读取，并存于 application 之中，通过使用 ${majors}可以读出相关信息，每轮循环读出一条信息，包含专业名字、计划招生人数、实际报考人数及最终录取人数，并将该信息显示在页面的表格之中，完成报考专业信息的统计工作。

(7) 第 28～52 行，该表单的功能用于实现学生信息的查询，可根据报考专业以及是否确认对学生信息进行查询，分别使用两个下拉列表来完成该功能。其中，选择专业下拉列表再次利用 application 中的 majors 进行实现，将所有的专业提供选择；通过选择并单击“查询”按钮，将该表单信息提交到 reginfomanage 进行处理。

(8) 第 53～71 行，根据查询结果将学生信息显示到表格之中，并采用分页显示的方式进行展示。

(9) 第 74 行，使用 include 加入已经设计好的页脚信息。

通过该页面可以对当前的报考情况进行统计查询，并根据特定的条件有针对性地进行查询，该系统中实现了根据报考专业以及是否确认两个限定信息来共同查询。查询结果通过分页列表的形式显示在页面中，如图 10.2 所示。

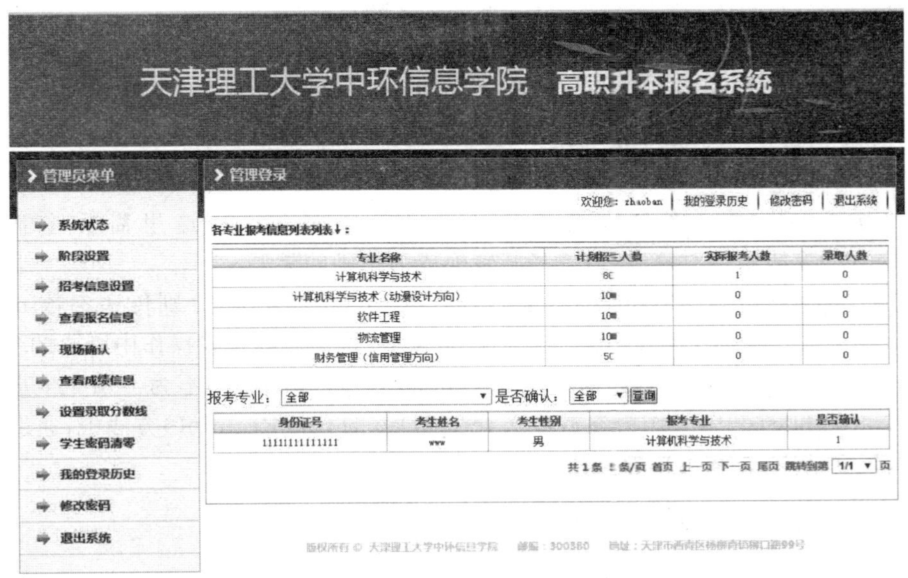

图 10.2　报考信息统计及信息查询页面

10.1.2　报考信息查询业务逻辑

在进行学生信息查询时，通过表单对要查询的信息进行提交，如本系统中的报考专业以及是否确认，信息将会提交到相应的 Servlet 中，下面对进行查询处理的 reginfomanage 进行讲解。

```
int pageSize = request.getParameter("pageSize") == null?5:
Integer.parseInt(request.getParameter("pageSize").toString());
int pageNo  =  request.getParameter("pageNo") == null?1:
                Integer.parseInt(request.getParameter("pageNo").toString());
RegInfoDao regInfoDao = new RegInfoDaoImpl();
ArrayList < Major > majors =
                (ArrayList < Major >)this.getServletContext().getAttribute("majors");
String majorName  =  request.getParameter("mname");
```

```
06 String isconfirm = request.getParameter("isconfirm");
07 if(majorName!= null && isconfirm!= null){
08     PageModel < Reginfo > pm = regInfoDao.pageReginfo(majorName,isconfirm,
                                                        pageSize, pageNo);
09     pm.setPageNav(request.getRequestURI());
10     request.setAttribute("pm", pm);
11 }
12 request.getRequestDispatcher("/jadmin/infomanage.jsp").forward(request, response);
```

以上程序片段主要用于实现报考信息查询的业务逻辑，下面对其进行简单说明。

(1) 第 01、02 行，用于定义分页显示中每页所包含的信息条数，当 pageSize 值为 null 的时候，默认 pageSize 取值为 5，即每页中所显示的信息条数为 5；pageNo 用来显示指定页的信息，如果 pageNo 的值为 null，默认显示页号为 1 的页。

(2) 第 03 行，创建 RegInfoDao 对象，通过使用该对象中的方法实现分页列表，此处前文已有详述，此处不再重复。

(3) 第 04 行，this 对象调用 getServletContext()方法获得当前 Servlet 上下文对象，并使用其方法 getAtrribute("majors")获得监听器中已获得的有关专业的对象列表，并将其引用赋值给 majors 对象，该对象类型为 ArrayList < Major >，这里需要注意在使用 getAttribute()方法获得对象后，需要将其转换成为正确的类型。

(4) 第 05、06 行，调用 request 对象的 getParameter()方法，分别传递参数 mname 和 isconfirm 用来获得页面中对于查询操作的限定条件，作为后续查找操作中必要的参数。

(5) 第 07～11 行，当查询条件 majorName 以及 isconfirm 都不为 null 时，进行查询。将 majorName 和 isconfirm 作为参数传入 recordDao 的 pageReginfo()方法中，通过该方法，可以获得查询结果，并调用相应方法以分页列表的形式展现出来。

10.1.3 报考信息查询方法

通过 Servlet 的使用，可以根据用户的需求获得具体的查询限制条件，调用 pageReginfo()方法，并将获得的查询条件作为该方法的参数，获得分页查询结果，下面对查询方法进行具体描述。

```
public PageModel < Reginfo > pageReginfo(String mname, String isconfirm,
        int pageSize, int pageNo) {
    String sql = "select idcode,sname,ssex,mname,isconfirm from reginfo";
    if (!mname.equals("all") && !isconfirm.equals("all")) {
        sql += " where mname = '" + mname + "' and isconfirm = " + isconfirm;
    } else if (!mname.equals("all")) {
        sql += " where mname = '" + mname + "'";
    } else if (!isconfirm.equals("all")) {
        sql += " where isconfirm = " + isconfirm;
    }
    ArrayList < Reginfo > reginfos = new ArrayList < Reginfo >();
    PageModel < Reginfo > pm = new PageModel < Reginfo >(pageSize, pageNo,
        total(sql));
    Connection con = ConnectionFactory.getConnection();
```

```
14      PreparedStatement pre = null;
15      ResultSet rs = null;
16      try {
17          pre = con.prepareStatement(sql + " limit " + (pm.getPageNo() - 1)
18                  * pm.getPageSize() + "," + pm.getPageSize());
19          rs = pre.executeQuery();
20          while (rs.next()) {
21              Reginfo reginfo = new Reginfo();
22              reginfo.setIdcode(rs.getString(1));
23              reginfo.setSname(rs.getString(2));
24              reginfo.setSsex(rs.getString(3));
25              reginfo.setMname(rs.getString(4));
26              reginfo.setIsconfirm(rs.getInt(5));
27              reginfos.add(reginfo);
28          }
29          pm.setData(reginfos);
30      } catch (Exception e) {
31          e.printStackTrace();
32      } finally {
33          try {
34              if (rs != null)
35                  rs.close();
36              if (pre != null)
37                  pre.close();
38              if (con != null)
39                  con.close();
40          } catch (SQLException e) {
41              e.printStackTrace();
42          }
43      }
44      return pm;
45  }
```

(1) 第 01 行，定义该方法的方法名，参数列表以及返回类型，该方法参数列表包含 4 个参数，分别是待查询的专业名称 mname，是否确认 isconfirm，每页中所显示的信息条数 pageSize 以及查询的页码 pageNo，并返回一个 PageModel<Reginfo>类型的对象。

(2) 第 02～09 行，构造所查询语句，定义字符串 sql，并根据参数对字符串进行拼接，完成需要的查询操作；当 mname 以及 isconfirm 值都不为 all，即查询指定专业的已确认或未确认人数时，进行字符串拼接得到相应查询语句，当其中一者为 all 时，构造不同的查询语句；当 mname 和 isconfirm 都为 all 时，无须进行拼接。

(3) 第 10 行，构造 ArrayList<Reginfo>类型对象，用来存放查询得到的全部学生信息。

(4) 第 11～13 行，建立与数据库的连接，构造查询条件，创建返回结果对象，此处与前文所述分页查询类似，不再赘述。

(5) 第 14～27 行，按照构造好的查询语句进行查询，将结果对象 rs 中的每一条信息读出，创建相应的 Reginfo 类型对象，将全部对象加入构造好的 ArrayList<Reginfo>对象中。

(6) 第 30～43 行，数据库操作的过程中所必要的异常处理。

(7) 第 44 行，将结果进行返回。

10.2 考生现场确认信息模块

考生确认信息功能是整个系统中必不可少的一个重要环节，通过考生的信息确认，可以对考生的资格进行确认，同时确认的结果将成为后续工作的一个重要因素，该模块涉及文件如图 10.3 所示，其中部分文件已经完成并且进行描述。

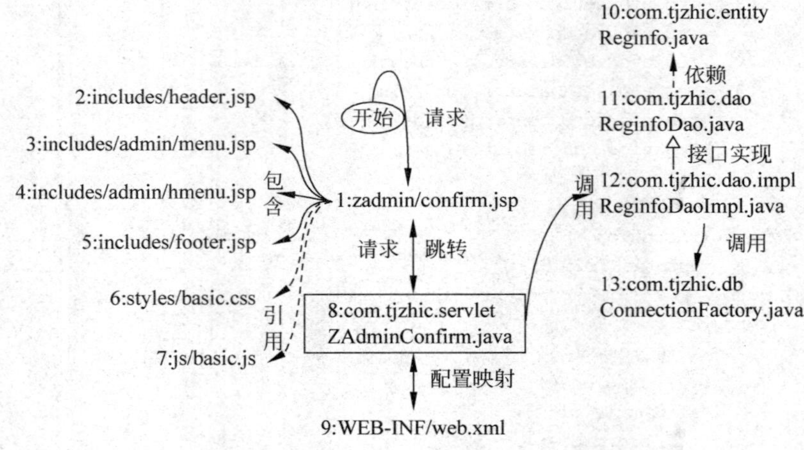

图 10.3 考生确认信息模块文件关联图

现场确认模块，由招生办相关工作人员负责，工作人员通过单击导航按钮，转入信息确认页面 cofirm.jsp，浏览器发出请求并得到回应，在 confirm.jsp 页面中，工作人员可以根据待确认的学生信息对其确认状态进行查询，如果未确认可以对其信息确认，并录入确认结果。该模块涉及的实体有 Reginfo.java，涉及对实体信息进行操作的方法定义在 ReginfoDao 接口中，并由 ReginfoDaoImpl 进行实现。

10.2.1 现场确认页面

```
<%@ include file="../includes/header.jsp"%>
<div id="content">
    <div id="left">
        <h1>管理员菜单</h1>
            <%@ include file="../includes/admin/menu.jsp"%>
    </div>
    <div id="right">
        <h1>${title}</h1>
        <%@ include file="../includes/admin/hmenu.jsp"%>
        <div class="operation">
            考生现场确认↓:
            <span class="mess"><c:iftest=
        "${'stageSetMess'eq sessionScope.mess.name}">${sessionScope.mess.content}
                        </c:if>
            </span>
        </div>
        <div class="ft">
```

```
            <form method="post" action="${webroot}/zadmin/confirm.do">
                <table>
                    <tr>
                        <td class="label">输入身份证号:</td>
                        <td><input class="" type="text" name="idcode">
                        </td>
                        <td><input class="button" type="submit" value="查询" />
                        </td>
                    </tr>
                </table>
            </form>
        </div>
        <table class="dt" border="0" cellspacing="1">
            <tr>
                <th>考生姓名</th>
                <th>考生身份证号</th>
                <th>性别</th>
                <th>是否应届生</th>
                <th>报考专业</th>
                <th>确认情况</th>
            </tr>
            <tr>
                <td>${reginfo.sname}</td>
                <td>${reginfo.idcode}</td>
                <td>${reginfo.ssex}</td>
                <td>${reginfo.isnew}</td>
                <td>${reginfo.mname}</td>
                <td>${reginfo.isconfirm}</td>
            </tr>
            <tr>
                <c:if test="${not empty reginfo.piclocation}">
                    <img src="/bkxt/upload/${reginfo.piclocation}" />
                </c:if>
            </tr>
        </table>
        <div>
            <form method="post"
            action="${webroot}/zadmin/confirm.do?confirm=${reginfo.idcode}">
                <c:choose>
                    <c:when test="${isconfirmed=='1'}">
                                                    已确认
                </c:when>
                <c:when test="${isconfirmed=='0'}'>
                    <td><input class="button" type="submit" value="确定" />
                    </td>
                </c:when>
                </c:choose>
            </form>
        </div>
    </div>
    <div class="clearf"></div>
</div>
<%@ include file="../includes/footer.jsp" %>
```

该页面用于实现现场确认功能，下面对其进行进一步解释。

(1) 第 01 行，在页面中使用 include 加入已经设计好的页面头部信息。

(2) 第 02～72 行，对页面中的内容进行划分，最顶层 div 中包含 left 和 right 两大部分。

(3) 第 03～06 行，实现页面中的 left 部分，该部分主要使用 include 将已经写好的 menu 文件引入，完成左侧菜单导航的实现。

(4) 第 07～09 行，用于实现页面 right 部分的划分，以及该部分 title 的描述并引入另一导航栏 hmenu。

(5) 第 10～13 行，判断确认功能是否开放，如果开放可以进行确认，否则，暂时无法提供确认功能。

(6) 第 15～27 行，使用文本输入框以及"查询"按钮，在文本输入框内输入待查询的考生身份证号，单击"查询"按钮，向服务器发起请求，提交待查身份证号。

(7) 第 29～45 行，用于显示查询到的相关考生的基本信息，包括考生姓名，性别，身份证号，是否应届，报考专业名称以及确认状态。

(8) 第 46～49 行，当所查询考生信息存在时，从 upload 文件夹中读出考生照片，并显示。

(9) 第 52～62 行，判断考生确认状态，如果考生已确认，给出提示；如果考生尚未确认，给出"确定"按钮，单击"确定"按钮，可以对考生信息进行确认。

(10) 第 67 行，使用 include 加入已经设计好的页脚信息。

通过该页面可以对报考学生信息进行确认，确认结果将作为后续生成准考证号，分配考场的重要依据，该系统通过考生注册时提供的身份证号码进行查询，得到考生的确认状态以及基本信息，根据基本信息与确认状态进行现场确认。图 10.4 给出该页面实现截图。

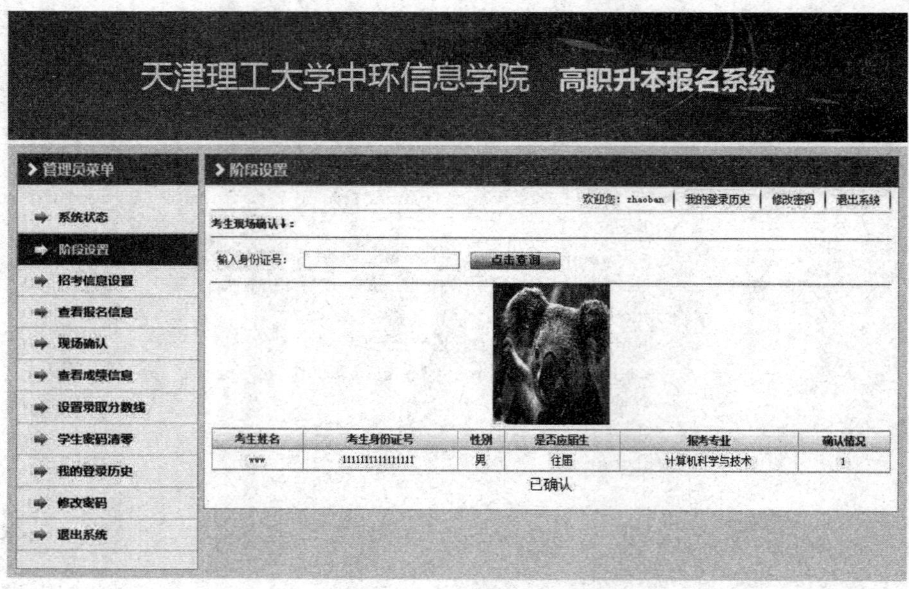

图 10.4 现场确认操作页面

10.2.2 现场确认业务逻辑

```
01 public void doPost(HttpServletRequest request, HttpServletResponse response)
02             throws ServletException, IOException {
03     response.setContentType("text/html");
04     String idcode = request.getParameter("idcode");
05     String confirmid = request.getParameter("confirm");
06     if (idcode != null) {
07         ReginfoDaoImpl reginfoImp = new ReginfoDaoImpl();
08         Reginfo reg = null;
09         reg = reginfoImp.findByIdcode(idcode);
10         request.setAttribute("reginfo", reg);
11         request.setAttribute("isconfirmed", reg.getIsconfirm());
12     }
13     if (confirmid != null) {
14         ReginfoDaoImpl reginfoImp = new ReginfoDaoImpl();
15         reginfoImp.update(confirmid, 1);
16     }
17     request.getRequestDispatcher("/zadmin/confirm.jsp").forward(request,response);
18 }
```

以上程序片段主要用于实现学生信息确认的业务逻辑，下面对其进行简单说明。

（1）第04、05行，获得发来的请求，idcode为考生身份证号，作为查询考生报考信息的限制条件，confirmid获得对该考生的确认，当收到confirm参数时代表可以对该考生信息进行确认。

（2）第06～09行，创建ReginfoDaoImpl类对象，用来进行考生信息查询，调用方法findByIdcode()进行查询，传递参数为待查询考生身份证号，并将查询结果赋值于Reginfo类对象reg。

（3）第10、11行，将查询到的该考生信息对象reg返回客户端，并在相关jsp页面上进行显示，同时调用方法getIsconfirm()，获得该考生确认状态。

（4）第13～15行，当confirmid不为null时，代表现在可对该考生信息进行确认，调用ReginfoDaoImpl类对象reginfoImp中的方法update()，对学生信息进行确认。

10.2.3 确认信息查询以及现场确认方法

```
public Reginfo findByIdcode(String idcode) {
    Connection con = ConnectionFactory.getConnection();
    PreparedStatement pre = null;
    Reginfo reg = new Reginfo();
    String sql = "select sname, idcode, ssex, isnew, mname, mobile, piclocation, isconfirm
                    from reginfo where idcode = ?";
    try {
        pre = con.prepareStatement(sql);
        pre.setString(1, idcode);
        ResultSet rs = pre.executeQuery();
```

```
10            if (rs.next()) {
11                reg.setSname(rs.getString(1));
12                reg.setIdcode(rs.getString(2));
13                reg.setSsex(rs.getString(3));
14                reg.setIsnew(rs.getString(4));
15                reg.setMname(rs.getString(5));
16                reg.setMobile(rs.getString(6));
17                reg.setPiclocation(rs.getString(7));
18                reg.setIsconfirm(rs.getInt(8));
19            }
20            return reg;
21        } catch (SQLException e) {
22            //TODO Auto - generated catch block
23            e.printStackTrace();
24            return null;
25        }
26    }
```

(1) 第 01 行,定义该方法的方法名、参数列表以及返回类型,该方法参数列表包含一个参数,即考生身份证号,并返回一个 Reginfo 类型的对象。

(2) 第 02～09 行,建立与数据库的连接,构造所查询语句,定义字符串 sql,根据 idcode 在 reginfo 表中进行查找,并返回 sname, idcode, ssex, isnew, mname, mobile, piclocation, isconfirm 字段,并执行查找。

(3) 第 10～20 行,将结果对象 rs 中的信息读出,创建相应的 Reginfo 类型对象,并根据查询结果对属性进行赋值,并返回结果。

(4) 第 21～24 行,数据库操作的过程中所必要的异常处理。

Servlet 调用上述方法,在数据库中进行查找,获得指定 idcode 的学生信息,并将该信息返回给用户,在页面上进行显示;用户可以根据当前考生确认状态,以及所显示出的考生信息予以确认,下面给出考生信息确认方法,作为参考。

```
public int update(String idcode, int confirm) {
    int rows = 0;
    Connection con = ConnectionFactory.getConnection();
    PreparedStatement pre = null;
    try {
        String sql = "update reginfo set isconfirm = ? where idcode = ?";
        pre = con.prepareStatement(sql);
        pre.setString(2, idcode);
        pre.setInt(1, confirm);
        rows = pre.executeUpdate();
    } catch (SQLException e) {
        e.printStackTrace();
    } finally {
        try {
            if (pre != null)
                pre.close();
            if (con != null)
```

```
                con.close();
            } catch (SQLException e) {
                e.printStackTrace();
            }
        }
        return rows;
}
```

第11章 考号与考场分配功能模块

按照要求，考生要根据所考专业分配考场，在考试进行时需要设计每一考场的考生人数，根据考生人数来进行考场安排。传统的教务管理中，由教务人员手动为学生进行考号的分配，以及考场安排。这种传统的管理方法，将消耗大量的人力资源，同时由于工作量较大容易出现各种问题，遇到考试要求有变化时会再次花费大量时间重复以上工作，这样的策略是比较低效的。

分析该问题，可以发现考号分配遵循一定的规则，而给出指定好的规则，完全可以由计算机来代替人工操作，自动生成考号。这样做可以高效、准确地完成工作，并且遇到突发情况只需重新生成即可，大大提高了效率以及灵活性。而考场安排的工作也可以完全由计算机系统来代替人工，通过系统相应功能的使用，可以实现按考场人数自动为考生安排考场，并根据需求，为每个考场安排教师，这样也大大降低了人力成本以及时间成本。所以，本章根据系统的需求，来设计实现一个具体的考号与考场分配功能模块。

11.1 准考证号的生成

11.1.1 准考证号生成规则

在具体考虑准考证号生成功能设计实现之前，首先需要对准考证的生成规则进行设计。对学生注册信息进行分析，可以在其中选择若干项用来为每一个考生生成一个唯一的准考证号。

首先，考虑到考试每年都会进行，所以为了区分不同学年的考生，可以将考生参加考试的年份考虑到准考证号中，该值存在于 school 表中的 shyear 字段，如图 11.1 所示，用来代表招生年份。

Field	Type	Null	Key	Default	Extra
shid	mediumint(8) unsigned	NO	PRI	NULL	auto_increment
shcode	varchar(10)	NO		NULL	
shname	varchar(100)	NO		NULL	
shaddr	varchar(100)	NO		NULL	
shzip	char(6)	NO		NULL	
shtel	varchar(40)	NO		NULL	
shtest	varchar(40)	NO		NULL	
shyear	char(4)	NO		NULL	

图 11.1　school(报考学校)表结构

其次，为了考虑本系统的可扩展性，有可能将其用于一个较大范围的考试之中，例如全市的某项招生考试之中，所以在设计时必须要考虑到，报考不同学校的考生应该拥有不同的标识，这个在划分考点以及处理试卷及成绩中都会大大简化操作，所以可以将考生报考学校代码作为生成准考证号的第二个参考项目，该学校代码存放在 school 表中的 shcode 字段，如图 11.1 所示。

通过以上两个字段，现在可以将不同学年以及报考不同学校的学生区别开来，接下来在这个基础之上，需要对同一学年报考同一学校的考生再进行区别，这里考虑报考同一学校的考生会报考不同专业，所以可以将专业信息作为准考证号中的一个部分，为了获得每位考生的报考专业号，需要根据考生所选择的报考专业，在 major 表中进行查找，如图 11.2 所示，最终获得学生的报考专业。

Field	Type	Null	Key	Default	Extra
mcode	varchar(10)	NO	PRI	NULL	
mname	varchar(40)	NO	UNI	NULL	
plannum	smallint(6)	YES		NULL	
applynum	smallint(6)	YES		NULL	
passcore	tinyint(4)	YES		NULL	
admitnum	smallint(6)	YES		NULL	

图 11.2　major(专业)表结构

此时，已经可以根据学生按照报考年份、报考学校以及报考专业的不同生成一个准考证号的片段，将学生划分到了具体年份、具体学校的具体专业之上，接下来需要考虑的是如何为所有报考同一专业的考生分配不同的准考证号。到现在为止，准考证号可以分为几个子串，第一个子串为报考年份，第二个子串为报考学校代码，第三个子串为报考专业代码，为了区分不同的考生，需要第四个字段为所有报考该专业的学生进行编号，该编号从 1 开始依次递增。但此时存在一个问题，准考证号的长度如何确定，可以采取两种办法：第一种，为该子串选择一个足够长的字符串来进行分配，即每个专业报考人数都小于该串能表示的总人数，这样做实现方便操作简单，可扩展性好，但会存在一定的存储空间浪费，也会使学生需要记忆更长的准考证号；第二种，考察所有报考专业中人数最多的，将其作为最大值，其他子串都按照其长度进行分配，这样做能尽可能地减少了准考证的长度，但是在实现时需要考虑所有专业的报考人数，会增加生成难度，同时不适于扩展，当报考人数增多后，可能需要生成与过去不同位数的准考证号。所以下面的例子中选择第一种方式进行编号。

最后，将以上获得的不同子串进行拼接即可得到最终的准考证号，以下给出生成准考证号所用计算公式：

准考证号＝报考年份＋学校代码＋专业代码＋顺序号

通过图 11.3 可以看到，该功能涉及的类较多，除了显示页面，以及逻辑处理 Servlet——JAdminCardNum 外，还需要利用 MajorDaoImpl 以及 ReginfoDaoImpl 两个类，利用这两个类分别对 Major 和 Reginfo 两个实体类进行查询修改，接下来重点对显示页面的设计以及业务处理逻辑 JAdminCardNum 进行详细介绍。

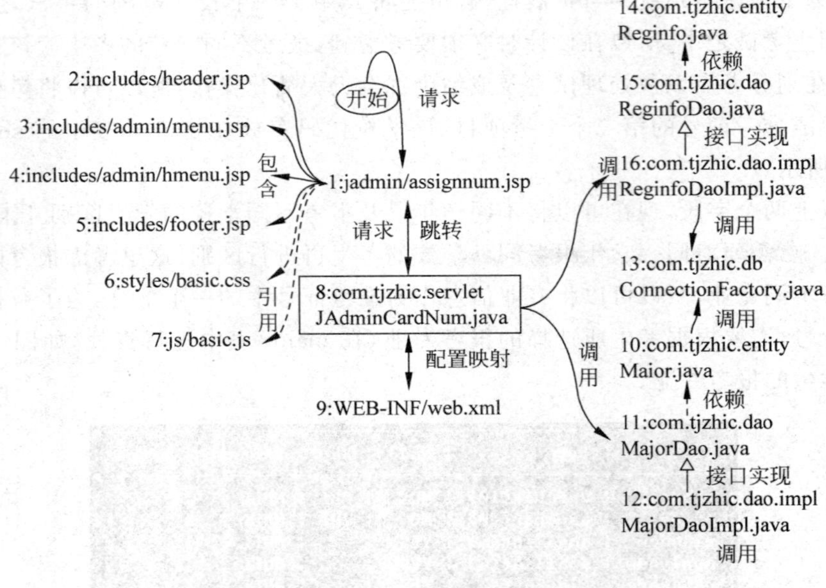

图 11.3　考号与考场分配模块文件关联图

11.1.2　准考证号生成页面

在完成设计准考证号的生成规则之后，进入对该功能的实现，首先关注该功能页面的设计。

```
<%@ include file="../includes/header.jsp" %>
<div id="content">
    <div id="left">
        <h1>管理员菜单</h1>
        <%@ include file="../includes/admin/menu.jsp" %>
    </div>
    <div id="right">
        <h1>${title}</h1>
        <%@ include file="../includes/admin/hmenu.jsp" %>
        <div class="operation">准考证号分配列表↓:</div>
        <table class="dt" border="0" cellspacing="1">
            <tr>
                <th>身份证号</th>
                <th>考生姓名</th>
                <th>报考专业</th>
                <th>准考证号</th>
            </tr>
            <c:forEach items="${pm.data}" var="reginfo" varStatus="rows">
                <tr>
                    <td>${reginfo.idcode}</td>
                    <td>${reginfo.sname}</td>
```

```
22                      <td>${reginfo.mname}</td>
23                      <td>${reginfo.testcardnum}</td>
24                  </tr>
25              </c:forEach>
26          </table>
27          <div class="pagenav">${pm.pageNav}</div>
28          <form action =
            "${pageContext.request.contextPath}/jadmin/cardnum.do?action=assign"
            method="post">
29              <table style="margin:0 auto;">
30                  <tr>
31                      <td><input class="button" type="submit" name="submit"
                        value="确认分配" id="submit" />
32                  <tr />
33              </table>
34          </form>
35      </div>
36      <div class="clearf"></div>
37  </div>
38  <%@ include file="../includes/footer.jsp" %>
```

该页面用于实现准考证号生成功能，下面对其进行进一步解释。

(1) 第 01 行，在页面中使用 include 加入已经设计好的页面头部信息。

(2) 第 02～37 行，对页面中的内容进行划分，最顶层 div 中包含 left 和 right 两大部分。

(3) 第 03～06 行，实现页面中的 left 部分，该部分主要使用 include 将已经写好的 menu 文件引入，完成左侧菜单导航的实现。

(4) 第 07～09 行，用于实现页面 right 部分的划分，以及该部分 title 的描述并引入另一导航栏 hmenu。

(5) 第 10～27 行，使用列表，将所有考生的几个参考信息进行输出，包括考生姓名，身份证号，报考专业，以及生成的准考证号。在准考证号生成之前，此处的准考证号一栏值为空，待生成准考证号之后，将生成的准考证号显示在该列之上，这里同样使用分页显示的方法对考生信息进行显示。

(6) 第 28～34 行，该部分中使用一个表单以及提交按钮，当输出考生信息无误后，教务人员可以单击按钮，提交表单，交由服务器端相应 Servlet 处理该请求，对考生号进行分配，分配完毕后，返回生成准考证号，并进行显示。

(7) 第 38 行，使用 include 加入已经设计好的页脚信息。

以上为准考证生成页面实现方法，下面给出具体实现页面，如图 11.4 所示。

11.1.3 准考证号生成业务逻辑

当单击“确认分配”按钮时，将请求提交服务器端，交由相应的 Servlet 进行处理，最终根据准考证号设计原则为每一考生分配唯一的准考证号，下面讲述具体生成代码。

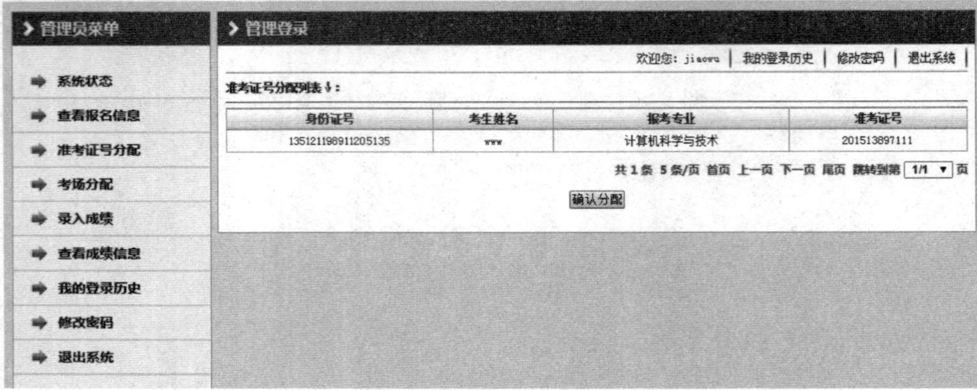

图 11.4 准考证号分配页面

```java
public void doPost(HttpServletRequest request, HttpServletResponse response) throws
        ServletException, IOException {
    response.setContentType("text/html");
    int pageSize = request.getParameter("pageSize") == null ? 5 :
                      Integer.parseInt(request.getParameter("pageSize").toString());
    int pageNo = request.getParameter("pageNo") == null ? 1 :
                      Integer.parseInt(request.getParameter("pageNo").toString());
    RecordDao recordDao = new RecordDaoImpl();
    String method = request.getParameter("action");
    if (method != null && method.equals("assign")) {
        ReginfoDaoImpl reginfoDao = new ReginfoDaoImpl();
        ArrayList<Reginfo> array = reginfoDao.findAll();
        School school = (School) this.getServletContext().getAttribute("school");
        ArrayList<Major> majors = (ArrayList<Major>)
                          this.getServletContext().getAttribute("majors");
        String shoolCode = school.getShcode();
        String year = school.getShyear();
        String testcardnum = year + shoolCode;
        Map<String, Integer> map = new HashMap<String, Integer>();
        for (Major major : majors) {
            map.put(major.getMname(), 1);
        }
        for (Reginfo reg : array) {
            MajorDaoImpl majorimp = new MajorDaoImpl();
            if (reg.getIsconfirm() == 0)
                continue;
            String tempMajor = reg.getMname();
```

```
24                 int tempNum = (Integer) map.get(tempMajor);
25                 map.put(tempMajor, tempNum + 1);
26                 testcardnum = testcardnum + majorimp.getByName(tempMajor) + tempNum;
27                 reginfoDao.addCode(reg.getUsername(), testcardnum);
28             }
29         }
30         PageModel<Reginfo> pm = recordDao.pageReginfo(pageSize, pageNo);
31         pm.setPageNav(request.getRequestURI());
32         request.setAttribute("pm", pm);
33         request.getRequestDispatcher("/jadmin/assignnum.jsp").forward(request,response);
34 }
```

以上程序片段主要用于准考证号生成的业务逻辑，下面对其进行简单说明。

(1) 第 03、04 行，用于定义分页显示中每页所包含的信息条数，当 pageSize 值为 null 的时候，默认 pageSize 取值为 5，即每页中所显示的信息条数为 5；pageNo 用来显示指定页的信息，如果 pageNo 的值为 null，默认显示页号为 1 的页。

(2) 第 05 行，创建 RecordDao 对象，通过使用该对象中的方法实现分页列表，前文已有详述，不再重复。

(3) 第 06 行，调用 request 对象方法 getParameter()，获得页面请求参数，根据请求参数进行操作。

(4) 第 07～09 行，判断参数值，当参数值为“assign”时，对准考证号进行生成，创建 ReginfoDaoImpl 类型对象 reginfoDao，并调用其方法 findAll()，通过该方法的调用，获得所有学生对象，并返回一个 Reginfo 类型对象列表。

(5) 第 10、11 行，利用事件监听器，获得 School 类型对象 school，该对象包含关于报考学校信息；再次使用监听器，获得 Major 类型的对象列表，包含所有可报考专业信息。

(6) 第 12～14 行，利用 school 对象获得报考招生年份信息，以及学校代码，并将两个字符串进行拼接，构成最终的准考证号的一部分，赋值于字符串 testcardnum。

(7) 第 15～18 行，构造 HashMap＜String，Integer＞类型对象，将 Map 中的 key 值赋值为专业名称，对应的 value 值初始为 1，代表当前分配考生号的顺序号为 1，每进行一次分配后该值将加 1，这样做可以保证每个专业内部对于自己的考生单独编号，而不考虑其他专业报考情况。

(8) 第 19、20 行，对每一个考生进行处理，循环操作每一个考生信息，并创建 MajorDaoImpl 类型对象。

(9) 第 21、22 行，查询考生信息，当考生未进行现场确认，则不对其进行准考证号分配。

(10) 第 23～25 行，获得考生报考专业名称，在 map 对象中进行查找，得到其对应 value 值，即当前考生准考证顺序号，在获得顺序号之后，对 value 值进行加 1，表示下一个待分配的顺序号。

(11) 第 26、27 行，根据报考专业名称获得相应专业编号，将报考学年、学校代码、专业代码以及顺序号进行拼接，得到最终准考证号，并将其写回数据库中。

(12) 第 30～33 行，将当前考生信息使用分页显示的方式反馈到客户端浏览器中，在浏览器中显示。

11.2 考场与座位号的分配

11.2.1 考场与座位号分配原则

在所有报考结束之后，学校需要根据考生报考情况为考生安排考场以及每个考生的座位号。而为考生安排考场以及安排座位必须遵循一定的原则：第一，如果没有特殊要求，需要将同一专业的学生安排在同一考场，如果人数大于考场所容纳人数时，安排至下一考场；第二，每一考场根据学校要求人数确定，一般情况每一考场人数应当相等；第三，尽量充分利用考场资源，避免出现资源的大量浪费。

遵循以上基本原则，可以有两种比较常用的分配方法进行考场分配。第一种办法，按照考生的专业对所有考生进行划分，为每一专业考生单独分配考场，这种分配方法比较简单，容易实现，但可能存在一些问题，当考场按照指定人数要求进行分配后，会存在个别考生单独占用考场的情况，浪费考试资源，如占用考场，分配额外监考教师等情况产生，如果将各专业学生组织在同一考场，又会给监考人员带来额外工作，不易管理；第二种办法，也是本系统采用的办法，对所有考生按照专业连续分配，当一个专业人员分配完成而考场未完全占满时，可以将下一个专业考生在同一考场继续进行分配，这种分配方式只会在最后一个考场有较少的资源利用不足，而每一个考场都不会有过多专业，监考人员相对易于管理。

根据以上分配方法，本系统将按照学生专业进行排序，将同一专业的学生连续安排，后续专业安排在前一专业之后。当教务人员按照考场要求，指定每一考场具体考生数量后，自动对考场进行划分，当考场人数发生变化后可以重新生成；分配考场之后，对每一考场所有考生分配座位号，座位号按照准考证号顺序进行分配。在所有考场及座位号分配结束之后，教务管理人员可以对每一考场指定具体教室，将分配结果，包括考场号、座位号、教室号录入学生信息表如图 11.5 所示，examroom 字段值由考场号与座位号组成，seatnum 为座位号。

Field	Type	Null	Key	Default	Extra
id	mediumint(8) unsigned	NO	PRI	NULL	auto_increment
username	varchar(40)	NO		NULL	
sname	varchar(40)	YES		NULL	
idcode	char(18)	YES			
ssex	enum('?','?')	YES		NULL	
isconfirm	tinyint(1)	NO		0	
testcardnum	varchar(12)	YES		NULL	
examroom	varchar(20)	YES		NULL	
seatnum	int(11)	YES		NULL	

图 11.5 学生信息表 reginfo 页面

11.2.2 考场与座位号分配页面设计

```
<%@ include file="../includes/header.jsp" %>
<div id="content">
    <div id="left">
        <h1>管理员菜单</h1>
        <%@ include file="../includes/admin/menu.jsp" %>
    </div>
    <div id="right">
        <h1>${title}</h1>
        <%@ include file="../includes/admin/hmenu.jsp" %>
        <div class="operation">考场分配↓: </div>
        <form action=
        "${pageContext.request.contextPath}/jadmin/room.do?action=assign"
        method="post">
            <table style="margin:0 auto;">
                <tr>
                    <td>单考场人数: </td>
                    <td><input type="text" name="perRoom" /></td>
                    <td><input class="button" type="submit" name="submit"
                        value="分配考场" id="submit" /></td>
                <tr />
            </table>
        </form>
        <form action =
        "${pageContext.request.contextPath}/jadmin/room.do?action=assure"
        method="post">
            <table class="dt" border="0" cellspacing="1">
                <tr>
                    <th>考场号</th>
                    <th>考场人数</th>
                    <th>分配教室</th>
                </tr>
                <c:if test="${room>0}">
                    <c:forEach var="rom" begin="1" end="${room-1}">
                        <tr>
                            <td>${rom}</td>
                            <td>${perroom}</td>
                            <td><input type="text" name="rooms" /></td>
                        </tr>
                    </c:forEach>
                    <tr>
                        <td>${room}</td>
                        <td>${remain}</td>
                        <td><input type="text" name="rooms" /></td>
                    </tr>
                </c:if>
            </table>
            <div>
                <input class="button" type="submit" name="submit"
                        value="确认分配" id="submit" />
            </div>
```

```
45            </form>
46        </div>
47        <div class="clearf"></div>
48    </div>
49    <%@ include file="../includes/footer.jsp"%>
```

该页面用于实现考场与座位号分配功能，下面对其进行进一步解释。

(1) 第 01 行，在页面中使用 include 加入已经设计好的页面头部信息。

(2) 第 02～49 行，对页面中的内容进行划分，最顶层 div 中包含 left 和 right 两大部分。

(3) 第 03～06 行，实现页面中的 left 部分，该部分主要使用 include 将已经写好的 menu 文件引入，完成左侧菜单导航的实现。

(4) 第 07～09 行，用于实现页面 right 部分的划分，以及该部分 title 的描述并引入另一导航栏 hmenu。

(5) 第 11～19 行，使用表单对欲分配考场人数进行设计，表单中包含一个输入框，一个提交按钮，在输入框中可以输入每考场人数，单击按钮提交，将考场人数信息发送至服务器，交由相应 Servlet 进行处理。

(6) 第 21～41 行，经过 Servlet 处理，返回考场分配情况，包括考场号、考场容纳考生人数，特别注意，最后一个考场的考生人数与前面不同，在返回考场分配情况后，可由教务人员在每考场所对应的文本框内填写预分配的教室。

(7) 第 42～44 行，单击“确认分配”按钮，此时将所有考场的分配情况以及具体所对应教室情况发送至服务器，由相应 Servlet 将分配结果写入数据库，完成考场和座位号分配。

(8) 第 49 行，使用 include 加入已经设计好的页脚信息。

以上为考场及座位号分配页面设计，下面给出具体实现页面，如图 11.6 所示。

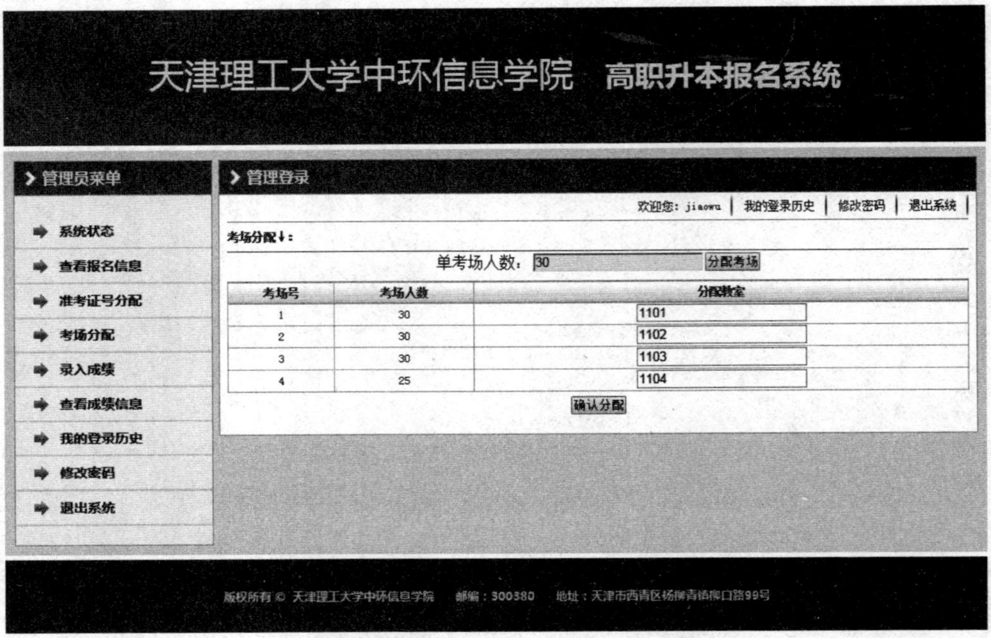

图 11.6　考场与座位号分配页面

11.2.3 考场与座位号分配功能业务逻辑

```
01 public void doPost(HttpServletRequest request, HttpServletResponse response)
02         throws ServletException, IOException {
03     response.setContentType("text/html");
04     ReginfoDaoImpl regInfoD = new ReginfoDaoImpl();
05     String action = request.getParameter("action");
06     if (action != null) {
07         if (action.equals("assign")) {
08             int number = Integer.parseInt(request.getParameter("perRoom"));
09             ArrayList<Reginfo> regs = regInfoD.findByIncrease();
10             int totalNumber = regs.size();
11             request.getSession().setAttribute("reginfos", regs);
12             request.getSession().setAttribute("perRoom", number);
13             int remain = totalNumber % number;
14             int roomNum = remain == 0?totalNumber/number:totalNumber/number + 1;
15             request.setAttribute("room", roomNum);
16             request.setAttribute("perroom", number);
17             request.setAttribute("remain", remain);
18         } else if (action.equals("assure")) {
19             ArrayList<Reginfo> regsAssure = (ArrayList<Reginfo>)
                                 request.getSession().getAttribute("reginfos");
20             int number = (Integer)request.getSession().getAttribute("perRoom");
21             String[] rooms = request.getParameterValues("rooms");
22             Iterator<Reginfo> regIter = regsAssure.iterator();
23             int exameNum = 1;
24             for (String room : rooms) {
25                 for (int i = 1; i <= number; i++) {
26                     if (!regIter.hasNext())
27                         break;
28                     Reginfo tempReg = regIter.next();
29                     regInfoD.update(tempReg.getUsername(),exameNum + " - " + room, i);
30                 }
31                 exameNum++;
32             }
33         }
34     }
35     request.getRequestDispatcher("/jadmin/assignroom.jsp").forward(request, response);
36 }
```

以上程序片段主要用于考场与座位号分配的业务逻辑，下面对其进行简单说明。

(1) 第 04、05 行，创建 ReginfoDaoImpl 类型对象来对 Reginfo 类型进行处理，并获得页面发来请求动作 action。

(2) 第 07～10 行，当 action 值为 assign 时，系统为考生分配考场，此时，从请求页面获得欲设置的考场人数 number，接下来调用 ReginfoDaoImpl 类型对象的方法 findByIncrease()，按照准考证号递增的次序返回全部已确认学生信息。这个地方需要注意，由于准考证号与专业有关，所以同一专业考生的准考证号应该相连，并按照顺序号排列。

(3) 第 13、14 行，根据每一考场的人数，以及总人数，可以计算出共需要多少个考场，用总人数/考场人数，得到的结果加 1 为共有考场数，最后一个考场可能未满，所剩考生人数为总人数%考场人数，将得到的考场分配结果以及各考场人数返回客户端显示。

(4) 第 18～21 行，action 值为 assure 时，执行分配具体教室，并将分配结果写入考生信息表中，根据提交表单，可以得到为每一考场分配教室的结果，所有结果存在数组中。

(5) 第 22～31 行，循环每一考生对象，得到其考场号以及与考场相对应的教室号，并根据其在该考场所有学生的顺序计算得到对应的座位号，最后，将考场信息与座位写入学生信息表中。

第12章 成绩管理模块

本章将进入整个报考系统的最后一个功能模块——成绩管理模块，该模块是整个报考系统中最后的一个环节，也是必不可少的一个重点内容。当考生完成前期报名、考试之后，教务人员会将学生的考试信息录入系统，使考生在第一时间得到准确的考试结果，同时为学校进行后续录取等相关工作提供了重要保证。

成绩管理模块的主要内容包括成绩录入和成绩查询两大功能，成绩录入由教务人员根据考试结果录入系统，保存于数据库之内；成绩查询在成绩录入后，提供学生可以查询个人成绩，管理人员可以查询全部考试成绩信息，并能够对有问题信息进行及时修改、补充、删除等。在实现成绩录入功能的时候，考虑尽量减少教务工作人员负担，避免教务人员在录入大量信息时产生误差，导致比较严重的后果，所以采用批量导入的形式进行。教务人员根据阅卷老师提交的成绩，将其按照指定格式录入 Excel 表格，并通过 Excel 表格进行批量录入，这样减少了线上直接录入时出错的问题，并且可以由多位老师共同完成，分担教务管理人员工作量。

在使用批量导入时，为了方便准确地读取 Excel 文件，本系统采用了完全免费的第三方库，降低功能的实现难度，并保证其正确性。本章将分为两节进行介绍，在讲述功能具体实现之前，先来了解并学习一个功能强大但非常容易学习的第三方库——JExcelAPI。

12.1 JExcelAPI 介绍

12.1.1 JSP 操作 Excel 工具汇总

在 Java 处理 Excel 这个领域已经有很多开源的解决方案，目前在这方面做得比较出色的有 ApachePOI 和 JExcelApi(jxl)。

ApachePOI 是 Apache 基金组织 Jakarta 项目的子项目。POI 包括一系列的 API，可以操作多种格式的 Microsoft Office 文件，通过这些 API 可以在 Java 中很方便地读写 Excel、Word 等文件。POI 是比较完整的 Java Excel 和 Java Word 解决方案。其子项目包括：POIFS、HSSF、HDF、HPSF。其中，HSSF 是 Java 到 Microsoft Excel 1997/2002 文件的接口，支持读写功能。

JExcelAPI 是一个 Java 操作 Excel 的接口。它也是一个开源的解决方案，虽然在名气方面比不上大名鼎鼎的 ApachePOI，但是在操作 Excel 的功能上丝毫不比 POI 逊色，而且在某些方面做得比 POI 更出色，例如，生成 Excel 文件时给合并单元格加边框的问题，在 POI 中很难实现，POI 的官方仅承诺在以后的版本中会添加这个功能。然而在 JExcelApi

中通过一个简单的设置语句就可以实现。而且总体上 JExcelAPI 使用都是比较简单方便的。

利用 Java 进行开发,尤其当使用第三方类库进行开发的时候,最让人头疼的就是中文乱码问题,在这方面就连 Apache POI 也不例外,在生成 Excel 文件时必须经过复杂的编码设置才能看到中文显示。但是使用 JExcelAPI 就没有这个问题,只需要简单的选择即可生成漂亮的中文 Excel 文件,这也是很多开发人员愿意选择这个 API 的又一个重要原因。

采用这两种工具都可以很方便地操作 Excel 文件,在这里只介绍 JExcelAPI 的使用方法,其他类似的第三方类库在使用方法上都很类似,参考其文档都是很容易学习的。

12.1.2 JExcelAPI 开发环境简单配置

JExcelAPI 是一个开源的项目,可以在官方网站下载其最新版本。在 JExcelAPI 的官方网站上提供各种版本的下载,例如,要下载版本为 2.4.2 的 JExcelAPI,下载下来的文件为 Jexcelapi-2-4-2.tar.gz,直接解压这个压缩文件即可。

其中,docs 目录下是类库参考档案。Src 目录下是整个 JExcelAPI 的源代码,在 src 目录下有 demo 子目录,里面有示例代码,demo 中的源代码对初学者来说是最好的教材,参考其中的例程可以实现其绝大部分功能。

JExcelAPI 这个目录下面可以看到 jxl.jar 文件,这个文件就是 JExcelAPI 打包的类库文件,如果要在项目中使用 JExcelAPI 只需要把 jxl.jar 文件的路径加入 classpath 中或项目 lib 目录下。

12.1.3 JExcelAPI 基本语法

jxl 的 API 主要有三个包:jxl,jxl.format,jxl.write。如果单独分析 API,可能对于更明确地了解此 API 没有太多的帮助,还是从 Excel 文件的层次来剥离此 API。

一个 Excel 文件由一个工作簿组成,一个工作簿可能由多个工作表组成,每个工作表又由多个单元格组成。对应于 jxl 结构见表 12.1。

表 12.1 jxl 与 Excel 结构对应关系

包 / 说明	读文件(包 jxl)	写文件(包 jxl.write)
工作簿	Workbook	WritableWorkbook
工作表	Sheet	WritableSheet
单元格/图像/超链接	Cell/Image/Hyperlink	WritableCell/WritableImage/WritableHyperlink

通过表 12.1 的 Excel 与 jxl 对应关系可以看到,在 jxl 包和 jxl.write 包中,分别包含不同的类与 Excel 表中的工作簿、工作表以及其他元素相对应。当然这个结构并不能完全包括 jxl 中的全部内容,这里只给出可以用于读取 Excel 以及写入 Excel 的两个包。在本系统中,使用 jxl 包来进行 Excel 文件的读入,将会用到 Workbook 类、Sheet 类、Cell 类,具体使用形式以及涉及方法,在示例代码中进行描述。

12.2 成绩管理模块实现

本节介绍具体如何进行成绩的录入以及成绩的查询，由于个人成绩查询较全部成绩查询更加简单容易实现，所以在本节中没有进行详细描述，仅给出全部成绩查询作为实例，个人成绩查询部分由读者自己进行设计实现。

12.2.1 成绩管理页面设计

```
<%@ include file="../includes/header.jsp" %>
<div id="content">
    <div id="left">
        <h1>管理员菜单</h1>
        <%@ include file="../includes/admin/menu.jsp" %>
    </div>
    <div id="right">
         <h1>${title}</h1>
         <%@ include file="../includes/admin/hmenu.jsp" %>
         <form action="${pageContext.request.contextPath}/jadmin/gradeinput.do"
                  method="post" name="upload" ENCTYPE="multipart/form-data">
             <table style="margin:0 auto;">
                 <tr>
                     <td style="text-align:center;"><input type="file" name="file1"
                      id="file1" size="20" id="file1" style="border:1px solid #999;" />
                     </td>
                     <td><input class="button" type="submit" name="submit"
                         value="点击上传" id="submit" />
                 <tr/>
             </table>
         </form>
         <div class="operation">学生成绩列表↓：</div>
             <table class="dt" border="0" cellspacing="1">
                 <c:forEach items="${pm.data}" var="supgrade" varStatus="rows">
                     <tr>
                         <td>${supgrade.testcardnum}</td>
                         <td>${supgrade.sname}</td>
                         <td>${supgrade.coursename}</td>
                         <td>${supgrade.score}</td>
                     </tr>
                 </c:forEach>
             </table>
             <div class="pagenav">${pm.pageNav}</div>
         </div>
    <div class="clearf"></div>
</div>
<%@ include file="../includes/footer.jsp" %>
```

该页面用于实现准考证号生成功能,下面对其进行进一步解释。

(1) 第 01 行,在页面中使用 include 加入已经设计好的页面头部信息。

(2) 第 02～32 行,对页面中的内容进行划分,最顶层 div 中包含 left 和 right 两大部分。

(3) 第 03～06 行,实现页面中的 left 部分,该部分主要使用 include 将已经写好的 menu 文件引入,完成左侧菜单导航的实现。

(4) 第 07～09 行,用于实现页面 right 部分的划分,以及该部分 title 的描述并引入另一导航栏 hmenu。

(5) 第 10～17 行,实现文件导入,创建 input 元素,设定 input 中的 type 属性值为 file 用于文件的导入,单击按钮,会将该文件作为请求的一部分提交至服务器进行处理。

(6) 第 18～30 行,将所有已导入学生成绩以分页列表的形式显示出来,供教务人员查看。

(7) 第 33 行使用 include 加入已经设计好的页脚信息。

以上为成绩管理页面设计,下面给出具体实现页面,如图 12.1 所示。

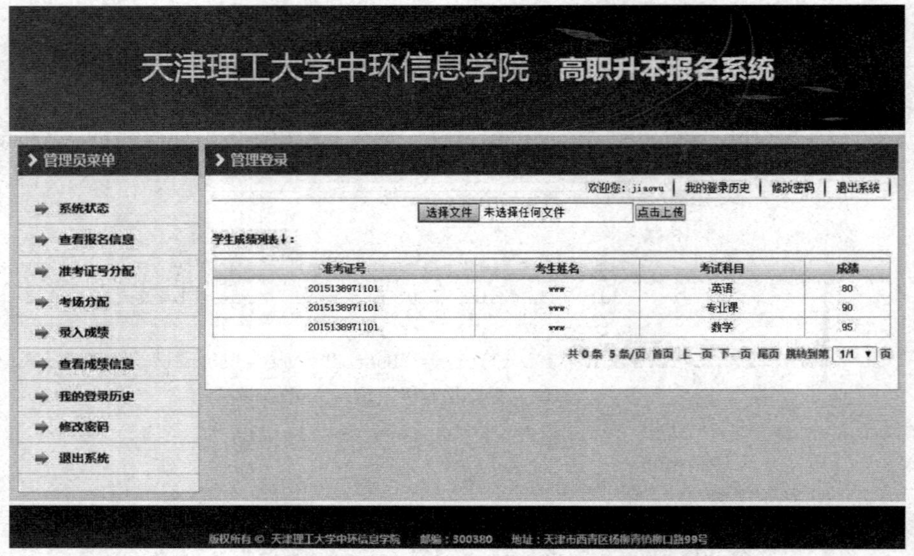

图 12.1 成绩管理页面

12.2.2 成绩管理模块业务逻辑

```
public void doPost(HttpServletRequest request, HttpServletResponse response)
throws ServletException, IOException {
    response.setContentType("text/html");
    int pageSize = request.getParameter("pageSize") == null ? 5 :
                  Integer.parseInt(request.getParameter("pageSize").toString());
    int pageNo = request.getParameter("pageNo") == null ? 1 :
               Integer.parseInt(request.getParameter("pageNo").toString());
    PageModel<SupGrade> pm =  recordDao.pageByLogname(pageSize, pageNo);
    pm.setPageNav(request.getRequestURI());
    RecordDao recordDao = new RecordDaoImpl();
    File file = (File)request.getAttribute("file1");
```

```
10      if(file != null){
11          try {
12              GradeDaoImpl gradeImpl = new GradeDaoImpl();
13              Workbook workbook = Workbook.getWorkbook(file);
14              Sheet sheet = workbook.getSheet(0);
15              for(int row = 2;row < sheet.getRows() - 1;row++){
16                  SupGrade supgrade = new SupGrade();
17                  supgrade.setTestcardnum(sheet.getCell(1,row).getContents().trim());
18                  supgrade.setSname(sheet.getCell(2,row).getContents().trim());
19                  supgrade.setCname(sheet.getCell(3,row).getContents().trim());
20                  supgrade.setScore(Integer.parseInt(sheet.getCell(4,row).getContents()));
21                  supgrade.setNote(sheet.getCell(5,row).getContents().trim());
22                  gradeImpl.gradeAdd(supgrade);
23                  }
24          } catch (BiffException e) {
25              //TODO Auto - generated catch block
26              e.printStackTrace();
27          }
28      }
29  request.setAttribute("pm", pm);
30  request.getRequestDispatcher("/jadmin/grade.jsp").forward(request, response);
31  }
```

以上程序片段主要用成绩管理模块的业务逻辑，下面对其进行简单说明。

(1) 第 04、05 行，用于定义分页显示中每页所包含的信息条数，当 pageSize 值为 null 的时候，默认 pageSize 取值为 5，即每页中所显示的信息条数为 5；pageNo 用来显示指定页的信息，如果 pageNo 的值为 null，默认显示页号为 1 的页。

(2) 第 06、07 行，创建 RecordDao 对象，通过使用该对象中的方法实现分页列表。

(3) 第 08、09 行，创建 ReginfoDaoImpl 类型对象，用于对 Reginfo 进行操作，调用 request 对象方法 getParameter()，获得客户端发来请求，在这里，发来的请求为导入文件。

(4) 第 10～12 行，在 file 不等于 null 的情况下，即有文件导入时，创建 GradeDaoImpl 类型对象，用于对下面代码中的 Grade 对象进行操作。

(5) 第 13 行，创建 Workbook 类型对象，读取导入的 Excel 文件，注意此处使用 Workbook 类型的静态方法 getWorkbook()来获得操作导入文件的对象。

(6) 第 14 行，调用上面 workbook 对象中的 getSheet()方法来获得希望操作的工作表，默认操作第一个工作表 0。

(7) 第 15～23 行，使用 sheet 方法 getRows()用来获得该工作表中所包含的行数作为循环判断条件，为每一行数据创建相应的 SupGrade 类型对象，该类型包含属性 testcardnum(准考证号)，sname(考生名字)，cname(考试科目)，score(成绩)，note(备注)，并从设计好的导入表格中依次读取内容，对 supergrade 对象进行设置；本段代码中利用到了 sheet 对象方法 getCell(int row,int col)，参数 row,col 代表该 cell 在工作表中的行、列值，该方法结果为 Cell 类型对象，通过调用该对象的 getContents()方法获得工作表相应 cell 中的值。

(8) 第 24～26 行，异常处理语句，在 Excel 文件的操作过程中，可能会发生 BiffException 类型异常，必须对其进行捕获处理。

第13章 数据库备份与恢复

当使用一段时间后，需要将数据库进行备份，防止因意外造成的数据丢失。本章介绍数据库备份与恢复的相关功能。

13.1 功能及页面设计

13.1.1 数据库管理功能

当以系统管理员的身份登录系统后，单击左侧的数据库管理，即可进入数据库管理页面，在该页面中，所涉及的文件及其关联情况如图 13.1 所示。

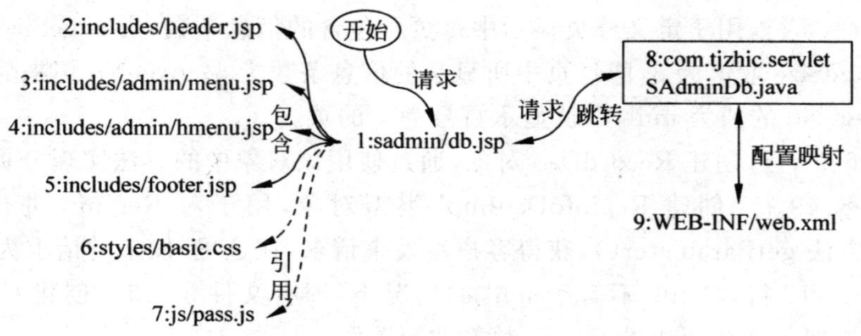

图 13.1　数据库管理功能文件关联图

系统管理员登录系统成功后，在管理员页面左侧功能菜单中单击数据库管理，调用 jsp 文件 1(sadmin/db. jsp)，开始对 Servlet 文件 8(com. tjzhic. servlet 包中的 SAdminDb. java)的请求，可以进行数据库的备份与恢复。

13.1.2 页面设计

数据库管理页面对应图 13.1 中的文件 1(sadmin/db. jsp)，页面效果如图 13.2 所示，页面上方单击“开始备份”按钮后，进行数据库备份，可将备份后数据库保存至本地，下方可以进行数据库恢复，首先单击选择文件，选择需要恢复的数据库，然后单击“确定”按钮恢复后，可以将系统数据库恢复成选定的数据库文件。

数据库管理页面较为简单，读者可参考前文完成页面编码。

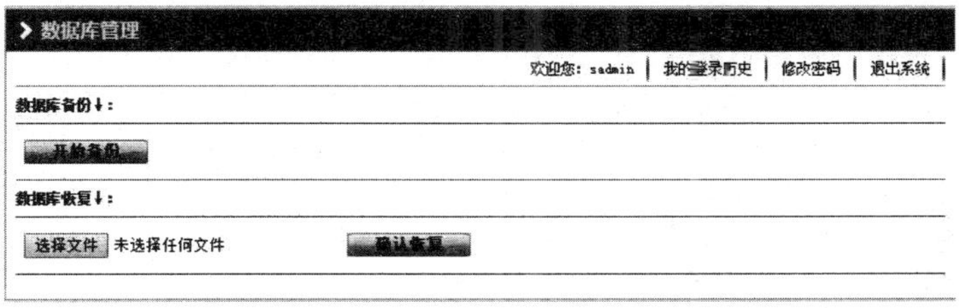

图 13.2　数据库管理页面

13.2　数据库备份功能实现

13.2.1　数据库备份基本方法

在 MySQL 数据库中，实现数据库备份的命令为 mysqldump。常见的数据库备份操作为：

```
mysqldump -u用户名 -p密码 -h主机 数据库>路径
```

在本地进行数据库备份时，首先要考虑是否将 MySQL 安装目录的 bin 文件夹路径加入到 Windows 的环境变量 path 中，如果已添加可以直接执行 mysqldump 命令。若没有添加，则需要先进入 MySQL 安装目录的 bin 文件夹，再执行备份操作。

以下命令可以将数据库 abc 备份至 abc.sql 文件。

```
mysqldump -uroot -p abc>abc.sql
```

13.2.2　数据库备份 Servlet 的实现

数据库备份的 Servlet 文件对应于图 13.1 中的文件 8（com.tjzhic.servlet 包中的 SAdminDb.java），其在项目 web.xml 中配置的 URL 映射为“/sadmin/db.do”。SAdminDb.java 中的 doPost()方法可以实现数据库的备份与恢复。数据库备份的部分 doPost()代码如下。

```
if("backup".equals(action)){
    Runtime runtime = Runtime.getRuntime();
    Date date = new Date();
    DateFormat format = new SimpleDateFormat("yyyyMMddHHmmss");
    String time = format.format(date);
    Process process = runtime.exec("cmd /c mysqldump -uroot -proot bkxt > C:/Progra~1/apache-tomcat-7.0.56/webapps/bkxt/backup/" + time + ".sql");
    try {
        int tag = process.waitFor();
        if(tag == 0){
            session.setAttribute("mess", new Message("backupMess", "备份成功"));
        }else{
```

```
12                session.setAttribute("mess", new Message("backupMess", "备份失败"));
13            }
14            SmartUpload su = new SmartUpload();
15            su.initialize(this.getServletConfig(),request,response);
16            su.setContentDisposition(null);
17            su.downloadFile("/backup/" + time + ".sql");
18            response.getOutputStream().close();
19        } catch (Exception e) {
20            //TODO Auto - generated catch block
21            e.printStackTrace();
22        }
23        response.sendRedirect(servletContext.getContextPath() + "/sadmin/db.jsp")
24    }
```

代码说明如下。

(1) 第 01 行,当请求参数 action 为 backup 时,进行数据库备份。

(2) 第 02～06 行,以 yyyyMMddHHmmss 的格式命名数据库备份文件,并将文件备份至指定目录。

(3) 第 06 行,执行 Windows 系统的 cmd 命令操作,备份数据,若备份至的路径中包含空格,路径不能被识别,需要进行替换操作,保留 6 位字母后加"～1",如"Program Files"替换为"Progra～1"。

(4) 第 08～13 行,判断备份是否成功。

(5) 第 14～17 行,使用 SmartUpload 将备份好的文件保存至本地。

13.3 数据库恢复功能实现

13.3.1 数据库恢复基本方法

在 MySQL 数据库中,实现数据库恢复的命令为 mysql。常见的数据库恢复操作为:

```
mysql -u用户名 -p密码 -h主机 数据库 < 路径
```

在本地进行数据库恢复时,和数据库备份类似,首先要考虑是否将 MySQL 安装目录的 bin 文件夹路径加入到 Windows 的环境变量 path 中,如果已添加可以直接执行 mysql 命令。若没有添加,则需要先进入 MySQL 安装目录的 bin 文件夹,再执行恢复操作。

以下命令可以将 c 盘下 aa.sql 数据库恢复到数据库 db1。

```
mysql -uroot -p1234 db1 < c:\aa.sql
```

13.3.2 数据库恢复 Servlet 的实现

数据库恢复的 Servlet 文件对应于图 13.1 中的文件 8(com.tjzhic.servlet 包中的 SAdminDb.java),其在项目 web.xml 中配置的 URL 映射为"/sadmin/db.do"。数据库恢复的部分 doPost()代码如下。

```
else if("restore".equals(action)){
    Runtime runtime = Runtime.getRuntime();
    String relativepath = "/backup/";
    SmartUpload su = new SmartUpload();
    String message = null;
    Date date = new Date();
    DateFormat format = new SimpleDateFormat("yyyyMMddHHmmss");
    String time = format.format(date);
    try {
        su.initialize(getServletConfig(), request, response);
        su.setMaxFileSize(1000000);
        su.setAllowedFilesList("sql");
        su.upload();
        com.jspsmart.upload.File file = su.getFiles().getFile(0);
        if (file.isMissing()) {
            message = "*请先选择要上传的文件";
        } else {
            file.saveAs(relativepath + time + ".sql",SmartUpload.SAVE_VIRTUAL);
            message = "*上传成功!";
        }
    }catch (SecurityException e) {
        if (e.getMessage().trim().matches("(.*)1010\\)\\.$")) {
            message = "*上传的文件类型不正确!";
        } else if (e.getMessage().trim().matches("(.*)1105\\)\\.$")) {
            message = "*文件大小超出了 1MB!";
        }else {
            message = "*上传错误!";
        }
    } catch (Exception e) {
        e.printStackTrace();
    }
    Process process = runtime.exec("cmd /c mysql -uroot -proot bkxt
    <C:/Progra~1/apache-tomcat-7.0.56/webapps/bkxt/backup/" + time + ".sql");
    try {
        int tag = process.waitFor();
        if(tag == 0){
            session.setAttribute("mess", new Message("restoreMess", "还原成功"));
        }else{
            session.setAttribute("mess", new Message("restoreMess", message + "
        还原失败"));
        }
    } catch (Exception e) {
        //TODO Auto-generated catch block
        e.printStackTrace();
    }
    response.sendRedirect(servletContext.getContextPath() + "/sadmin/db.jsp");
}
```

代码说明如下。

(1) 第 10～13 行,规定文件上传的大小以及类型。

(2) 第 14～20 行,判断是否选择文件,并上传文件至服务器。

(3) 第 21～28 行,依据错误返回值,判断当前上传的错误原因。

(4) 第 32～38 行,将已上传的数据库文件恢复成系统数据库,同样需要注意路径中不能有空格。根据返回值判断是否恢复成功。

附录A 技术要点索引

序　号	技 术 要 点	对 应 章 节
1	Servlet 技术示例	1.3.3
2	Servlet＋JavaBean 应用示例	1.4.3
3	Servlet 过滤器技术示例	1.5.2
4	JSTL 标签示例	1.7.3
5	JDBC 连接数据库	3.5.1
6	数据源连接数据	3.5.2
7	解决中文乱码问题	5.2
8	使用过滤器设置用户权限	5.3
9	表单数据前端 JavaScript 验证	6.1.2
10	验证码的生成	6.1.3
11	密码加密	6.1.4
12	在线人数统计	8.3
13	JspSmartUpload 文件上传	9.2.2
14	报名表打印设计	9.3.1
15	Jxl 组件操作 Excel 表	12.2
16	Java 实现数据库备份	13.1
17	Java 实现数据库恢复	13.2

教学资源支持

敬爱的教师：

感谢您一直以来对清华版计算机教材的支持和爱护。为了配合本课程的教学需要，本教材配有配套的电子教案(素材)，有需求的教师请到清华大学出版社主页(http://www.tup.com.cn)上查询和下载，也可以拨打电话或发送电子邮件咨询。

如果您在使用本教材的过程中遇到了什么问题，或者有相关教材出版计划，也请您发邮件告诉我们，以便我们更好地为您服务。

我们的联系方式：

地　　址：北京海淀区双清路学研大厦 A 座 707

邮　　编：100084

电　　话：010－62770175－4604

课件下载：http://www.tup.com.cn

电子邮件：weijj@tup.tsinghua.edu.cn

教师交流 QQ 群：136490705

教师服务微信：itbook8

教师服务 QQ：883604

(申请加入时，请写明您的学校名称和姓名)

用微信扫一扫右边的二维码，即可关注计算机教材公众号。

扫一扫

课件下载、样书申请

教材推荐、技术交流